フローマイクロ合成の実用化への展望

Prospects for Practical Applications of Flow Microreactor Synthesis

監修：吉田潤一
Supervisor : Jun-ichi Yoshida

シーエムシー出版

はじめに

微細な構造をもつ流路を製作するマイクロ加工技術の発展に伴って，1990年代から始まったフローマイクロリアクター技術は21世紀に入ってめざましい発展を遂げてきた。細い流路の中に反応溶液を連続的に流しながら化学反応を行うこの新しい方法は，まず分析化学の分野でLab on a Chipとして広まっていった。合成化学の分野でも，フローマイクロリアクターを用いる方法は，フラスコやバッチ型反応器で化学反応を行う従来の方法とは全く異なるものとして，化学者や化学技術者の意識に大きな変革をもたらした。そしてフローマイクロ合成は，持続可能な環境にやさしい化学プロセスを実現するものとして有機化合物や高分子の精密合成などの分野で研究開発が活発に行われてきた。このような背景のもと，多くの製薬企業や農薬企業，化学系企業ではフローマイクロ合成の導入による生産プロセスの強化に積極的に取り組んできた。しかし，ポンプなどを含めた装置のコストが比較的高いことやフロー合成の経験をもつ研究者が少ないことなどから，まだ導入を躊躇している企業が多くあるのも事実である。そこで，化学産業や医農薬産業の分野で，さらにフローマイクロリアクター技術が広く利用されるための一助となるべく本書を企画した。

本書では，フローマイクロ合成の特長，フローマイクロ合成を行うための装置，そして医薬品やファインケミカルズなどの化学品製造への応用について，様々な分野の企業の研究者の方々に執筆をお願いした。そして，どのような反応に対してフローマイクロ合成を適用するのか，そのためにどのような装置を利用すればよいのか，また，企業において実際にどのような研究開発が行われ実用化に向けてどのような取り組みが行われているかなどについて，解説していただいた。本書はフローマイクロ合成の導入を検討している製薬や化学系企業の研究者に対して，また，これからそれらの企業に就職してこの分野の研究開発に取り組もうと考えている学生さんたちに対して，研究開発の現状や実用化のための課題などについて適切な指針を与えてくれるものと期待している。

2016年11月

京都大学
吉田潤一

執筆者一覧（執筆順）

吉田潤一　京都大学　大学院工学研究科　合成・生物化学専攻　教授

富樫盛典　㈱日立製作所　研究開発グループ　機械イノベーションセンタ　主管研究員

三宅　亮　東京大学　大学院工学系研究科　バイオエンジニアリング専攻　教授

荒井秀紀　㈱タクミナ　開発センター　流体機器開発課　課長

伊藤寿英　㈱タクミナ　開発センター　基礎研究課　主任研究員

島崎寿也　㈱タクミナ　東京支社　営業開発課　課長

橘内卓児　富士テクノ工業㈱　技術部　部長

前澤　真　㈱ワイエムシィ　東京営業部　次長

野村伸志　㈱中村超硬　新規事業開発室　副室長

嶋田茂人　㈱ナード研究所　ライフサイエンス研究部　2グループ　アシスタントマネージャー

野一色公二　㈱神戸製鋼所　機械事業部門　産業機械事業部　機器本部　技術部　担当次長

中原祐一　味の素㈱　イノベーション研究所　基盤技術研究所　プロセスエンジニアリンググループ　研究員

豊田倶透　㈱カネカ　生産技術研究所　R&D第一グループ

小沢征巳　日産化学工業㈱　物質科学研究所　合成研究部　戦略技術Gリーダー

安川隼也　三菱レイヨン㈱　大竹事業所　化成品工場　生産技術課　課長代理
二宮航　三菱レイヨン㈱　大竹研究所　触媒研究センター　主席研究員
星野学　三菱レイヨン㈱　大竹事業所　化成品工場　生産技術課　課長
中﨑義晃　㈱ナノ・キューブ・ジャパン　代表取締役
山本哲也　高砂香料工業㈱　先端領域創成研究所　プロセス開発部　磐田開発室　技術員
田口麻衣　ダイキン工業㈱　化学事業部　プロセス技術部
中谷英樹　ダイキン工業㈱　化学事業部　プロセス技術部
臼谷弘次　武田薬品工業㈱　ファーマシューティカル・サイエンス　プロセスケミストリー　研究員
松山一雄　花王㈱　加工・プロセス開発研究所　主席研究員
浅野由花子　㈱日立製作所　研究開発グループ　機械イノベーションセンタ　主任研究員
佐藤忠久　㈱ナノイノベーション研究所　専務取締役
高山正己　塩野義製薬㈱　医薬研究本部　グローバルイノベーションオフィス　主幹研究員
金熙珍　京都大学　大学院工学研究科　合成・生物化学専攻　特定助教
永木愛一郎　京都大学　大学院工学研究科　合成・生物化学専攻　講師

目　次

【第Ⅰ編　デバイス開発】

第1章　3Dプリンターによるデバイス作製　富樫盛典，三宅　亮

1　フローマイクロデバイス ……………… 3
2　フローマイクロデバイスの材質と特徴 ……………………………………………… 3
3　デバイス加工のデジタル化の歴史 …… 5
4　3Dプリンターによるデバイス加工の方法 ……………………………………… 6
5　3Dプリンターによるフローマイクロデバイスの作製事例 …………………… 7

第2章　フローマイクロ合成研究者が知っておくべき各種ポンプの違いと特長　荒井秀紀，伊藤寿英，島崎寿也

1　はじめに ………………………………… 11
2　ポンプの種類について ………………… 11
2.1　非容積式ポンプ…………………… 11
2.2　容積式ポンプ ……………………… 13
3　フローマイクロ合成研究者が用いるポンプ …………………………………… 16
3.1　スムーズフローポンプ …………… 16
3.2　スムーズフローポンプの特徴について ………………………………… 17
3.3　生産機適正について ……………… 18
3.4　フローマイクロ合成の研究で用いられるポンプ ………………………… 19
4　最後に …………………………………… 22

第3章　高定量性の3連式無脈動定量プランジャーポンプ　橘内卓児

1　マイクロプロセスに必要な液体供給の要素 ……………………………………… 24
2　マイクロプロセスに必要な液体供給機器 ………………………………………… 26
2.1　精密ギヤーポンプ………………… 26
2.2　一軸偏心ねじポンプ（モーノポンプ）……………………………………… 26
2.3　高速液体クロマトグラフィー（high performance liquid chromatography, 略称：HPLC）用ポンプ ………… 26
2.4　シリンジポンプ…………………… 27
2.5　2連式無脈動定量プランジャーポンプ（産業用）…………………… 27
2.6　ダイヤフラムポンプ……………… 27
3　3連式無脈動定量プランジャーポンプ ……………………………………………… 28
3.1　往復動ポンプ ……………………… 28
3.2　従来の往復動ポンプ……………… 28
3.3　2連式無脈動定量プランジャーポンプ ………………………………… 29

3.4　3連式プランジャーポンプ ……… 30
3.5　当社製3連式無脈動定量プランジャーポンプ ……………………… 30
3.6　当社製3連式無脈動定量プランジャーポンプの性能 ……………… 31
4　3連式無脈動定量プランジャーポンプのマイクロプロセスにおける適応性… 32
4.1　性能 ……………………………… 32
4.2　外気遮断性 ……………………… 33
4.3　耐蝕性 …………………………… 33
4.4　耐スラリー液性 ………………… 33
4.5　操作性及び制御の拡張 ………… 34
4.6　ブチルリチウムの連続運転 ……… 35

第4章　医薬品を中心とした少量・中規模マイクロリアクタシステム　前澤　真

1　はじめに ……………………………… 36
2　YMC製マイクロミキサの特徴……… 36
3　YMC製マイクロリアクタについて …. 37
3.1　KeyChem-Basic, L/LPの特徴 …. 38
3.2　KeyChem-H, 水素吸蔵合金キャニスター, 5%Pd/SCの特徴 ……… 40
3.3　KeyChem-Lumino2の特徴, 光源の紹介 …………………………… 40
4　KeyChem-Integralの特徴, 紹介 …… 40
5　おわりに …………………………… 41

第5章　連続フロー式マイクロリアクターシステム　野村伸志

1　はじめに ……………………………… 42
2　連続フロー式マイクロリアクターシステム ………………………………… 43
2.1　X-1αの基本システム構成・機能… 43
2.2　代表的反応における実証データ…. 45
3　各種デバイスによる拡張性………… 46
3.1　ミキサー ………………………… 46
3.2　気体流量制御装置……………… 48
3.3　光反応用ユニット ……………… 49
4　おわりに …………………………… 49

第6章　撹拌子を有する多段連続式撹拌槽型反応器　嶋田茂人

1　はじめに ……………………………… 51
2　流通型反応器………………………… 51
3　Coflore ACR (Agitated Cell Reactor)…. 52
4　Coflore ATR (Agitated Tube Reactor) ……………… 54
5　鈴木-宮浦クロスカップリング反応…. 54
6　スラリーの連続フロープロセス ……… 56
7　接触水素化脱塩素反応 ……………… 56
8　高圧条件での接触水素化反応………. 57
9　カーボンナノチューブの効率的な化学修飾 ……………………………… 58
10　生体触媒による酸化反応 …………… 58
11　連続晶析 …………………………… 59
12　おわりに …………………………… 61

第7章　積層型多流路反応器（SMCR®）　野一色公二

1　はじめに …… 62
2　バルク生産用マイクロリアクターの基本概念 …… 62
3　バルク生産用熱交換器から大容量MCRへ …… 63
4　大容量MCR　積層型多流路反応器（SMCR®）について …… 64
5　SMCR®の適用事例 …… 67
5.1　抽出用途への適用検討 …… 67
5.2　実験内容および結果 …… 67
5.3　SMCR®による商業化事例 …… 69
6　分解型SMCR®での適用用途拡大 …… 70
7　おわりに …… 72

第8章　フローマイクロリアクターを用いた連続合成プロセスの構築　中原祐一

1　はじめに …… 73
1.1　化学合成におけるフローマイクロリアクターの特長 …… 73
1.2　フローマイクロリアクターの課題 …… 74
1.3　京都大学マイクロ化学生産研究コンソーシアムにおける取り組み …… 75
2　フローマイクロリアクターによる高分子合成 …… 75
3　フローマイクロリアクターによるアニオン重合システムの構築 …… 77
3.1　連続反応システムの構築とシステムの検証 …… 78
3.2　モノマー／開始剤の比率がポリマー分子量に及ぼす影響の評価 …… 80
3.3　アニオン重合によるポリスチレン連続運転システムの検証 …… 80
4　おわりに …… 82

【第Ⅱ編　企業の実例】

第1章　マイクロリアクターを用いたイソブチレンのリビングカチオン重合　豊田倶透

1　はじめに …… 87
2　リビング重合とマイクロリアクター …… 87
3　イソブチレン系樹脂と現行プロセスの課題 …… 88
4　マイクロリアクターを用いた連続重合検討 …… 89
4.1　反応機構解析 …… 89
4.2　速度論解析・反応速度シミュレーション …… 89
4.3　ラボ実証実験 …… 91
4.4　高活性触媒 …… 92
4.5　連続化がもたらすエネルギーメリット …… 94
5　おわりに …… 94

第2章　フローリアクターでの香月シャープレス不斉エポキシ化　小沢征巳

1　はじめに …… 96
2　香月シャープレス不斉エポキシ化（KSAE）反応 …… 96
3　スケールアップ課題 …… 97
4　フロー検討用装置 …… 98
5　シンナミルアルコールの不斉エポキシ化 …… 99
5.1　フロー系への置き換え …… 99
5.2　バッチ反応との比較 …… 101
6　メタリルアルコールの不斉エポキシ化 …… 101
7　クエンチ連続化 …… 102
8　スケールアップ …… 103
8.1　除熱限界 …… 103
9　w/o MSフロー法の基質適用性 …… 105
10　結論 …… 105
11　おわりに …… 106

第3章　マイクロ化学プロセスを利用する新規アクリルモノマー製造技術の開発　安川隼也，二宮　航，星野　学

1　はじめに …… 107
2　ピルビン酸エステルの合成へのマイクロリアクターの利用 …… 107
2.1　ラボスケールのマイクロリアクターでの操作方法 …… 108
2.2　ベンチスケールのマイクロリアクターでの操作方法 …… 108
2.3　結果 …… 110
2.4　ピルビン酸エステルの合成まとめ …… 111
3　α-アシロキシアクリレートの合成 …… 111
3.1　ラボスケールのバッチ反応での検討 …… 112
3.2　ラボスケールのマイクロリアクターでの検討 …… 113
3.3　ベンチスケールマイクロリアクターでの検討 …… 114
3.4　α-アシロキシアクリレート合成まとめ …… 115
4　α-アシロキシアクリレートの製造プロセスの提案 …… 116
4.1　検討方法 …… 116
5　終わりに …… 118

第4章　マイクロリアクターを用いたシングルナノ粒子の製造　中﨑義晃

1　はじめに …… 120
2　ITO代替導電性材料 …… 120
3　ドーパントの検討 …… 121
3.1　ドーピング化学種の検討 …… 121
3.2　計算結果と考察 …… 121
3.3　ドーピング量の検討 …… 121
3.4　ドーピングSnO_2のバンド構造 …… 123
4　マイクロ化学プロセスを用いた合成 …… 124
4.1　ドーピング用マイクロリアクターの設計 …… 124

4.2 マイクロ化学プラントの試作（マイクロ化学プロセス，周辺装置試作）……126
4.3 合成条件の検討……126
4.4 透明性……129
5 まとめ……130

第5章 不斉水素化反応へのマイクロリアクターの適応 山本哲也

1 はじめに……131
2 マイクロリアクターの特徴……131
3 高速不斉水素化触媒RUCY®を用いた不斉水素化反応へのマイクロリアクターの適応……132
3.1 小スケール検討……132
3.2 速度論解析による流路長最適化……134
3.3 流路径の反応に対する影響……134
3.4 気液導入部の最適化……136
3.5 触媒溶液の安定性改善……136
3.6 温度コントロール……137
3.7 React IRによる流動状態の評価……137
4 まとめ……138

第6章 マイクロリアクターを用いた含フッ素ファインケミカル製品の合成 田口麻衣，中谷英樹

1 はじめに……140
2 フッ素化合物とフッ素ファインケミカル製品……140
3 フッ素化合物の合成方法……141
4 フッ素系ケミカル製品のマイクロリアクターを用いた事例……142
4.1 マイクロリアクターを用いた直接フッ素化反応……142
4.2 マイクロリアクターを用いたビルディングブロック法……143
4.3 マイクロリアクターを用いたエポキシ化反応……144
4.4 マイクロリアクターを用いたハロゲン-リチウム交換反応……145
4.5 マイクロリアクターの生産設備としての利用可能性……146
5 おわりに……146

第7章　フローケミストリー技術を用いたスケールアップ　臼谷弘次

1　はじめに …… 148
2　医薬品製造におけるフローケミストリーの適用 …… 148
3　不安定活性種の発生と応用 …… 149
4　フローケミストリーを用いた有機リチウム反応のボロン酸合成への適用 …… 150
5　フローケミストリーを用いたプロセス開発 …… 151
6　フローケミストリーを用いたスケールアップ検討 …… 155
7　ボロン酸Xの製造 …… 156
8　最後に …… 157

第8章　高速混合を利用した高効率微細乳化　松山一雄

1　はじめに …… 159
2　空間のマイクロ化の効果 …… 159
　2.1　層流におけるミリ秒混合の必要条件 …… 160
　2.2　乱流におけるミリ秒混合の必要条件 …… 161
　2.3　液液混合における空間のマイクロ化の効果 …… 162
3　マイクロミキサー開発事例 …… 163
4　高効率微細乳化プロセスの提案 …… 166
　4.1　微細乳化の課題と着目点 …… 166
　4.2　実験と結果 …… 167
5　おわりに …… 169

第9章　フローマイクロリアクターシステムによる製造プロセス　浅野由花子

1　はじめに …… 170
2　マイクロリアクターの導入プロセス …… 171
3　マイクロリアクターの適用事例 …… 172
　3.1　水分離用マイクロリアクター …… 173
　3.2　抽出用マイクロリアクター …… 173
　3.3　濃縮用マイクロリアクター …… 175
4　マイクロリアクターシステムの開発事例 …… 176
　4.1　ラボ・少量生産用マイクロリアクターシステム（MPS-α200） …… 176
　4.2　反応・乳化用マイクロリアクタープラント …… 177
5　おわりに …… 179

第10章　大量物質生産を目指したマイクロリアクターシステム　**佐藤忠久**

1　はじめに …………………………………… 181
2　マイクロ化学プラント …………………… 181
2.1　マイクロ化学プラントのサイズについて …………………………………… 182
2.2　マイクロ化学プラントのフレキシブル性 …………………………………… 182
2.3　マイクロ化学プラントによる工業化検討対象について ………………… 182
3　工業化する上での重要な留意点 ……… 183
3.1　生産性を考慮したマイクロ化学プラント設計 ………………………… 183
3.2　工業化を検討する反応の反応速度について ………………………………… 184
4　工業化において重要な技術…………… 184
4.1　送液制御技術 ………………………… 185
4.2　マイクロ流路閉塞防止技術 ………… 186
5　工業化検討の現状と将来展望………… 189

【第Ⅲ編　産業界の動向】

第1章　フローマイクロリアクターの製薬業界の動向　**高山正己**

1　はじめに …………………………………… 193
2　製薬業界での使いどころと利点 ……… 193
3　医薬品研究での実例 …………………… 195
4　医薬品業界におけるフロー・マイクロ合成技術の展望 ………………………… 203

第2章　フローマイクロリアクターの化学業界の動向

金　熙珍，永木愛一郎，吉田潤一

1　はじめに …………………………………… 206
2　実用化の例1：DSM社でのアクリルアミドの生産…………………………… 208
3　実用化の例2：Xi' an Huian Chemical社でのトリニトログリセリンの生産… 208
4　実用化の例3：Sigma-Aldrich社でのレチノールの生産 ……………………… 209
5　実用化の例4：Clariant社でのフェニルボロン酸の生産 …………………… 209
6　おわりに ………………………………… 210

【第Ⅰ編　デバイス開発】

第1章　3Dプリンターによるデバイス作製

富樫盛典[*1]，三宅　亮[*2]

1　フローマイクロデバイス

流路サイズが100 μm程度のマイクロ流路を形成して，各種の化学プロセスを連続フローで処理するデバイスが，フローマイクロデバイスである。このフローマイクロデバイスは，従来の撹拌槽方式のバッチ法を用いた化学プロセスに比べると，サイズが数桁小さくなる。このようにデバイスのサイズをマイクロ化するメリットは高速混合という形で顕在化してくる。すなわち，流路サイズが1/10になると，混合に要する時間は1/100となり，100倍速く2液を混合できることになる。同様な効果が，熱伝達でも起こり，流路サイズが1/10になると，熱伝達が100倍速くなり，フローマイクロデバイスでは精密な温度制御が可能となる[1,2]。ここで，このフローマイクロデバイスのメリットをまとめると，①高速混合が可能，②精密温度制御が可能，③プロセス時間制御が容易，④比表面積が増大，⑤微量化が可能，の5項目に集約することができる[3]。

上述のメリットを有するフローマイクロデバイスは，従来の撹拌槽方式のバッチ法に比べて飛躍的なプロセス革新（収率向上，品質向上，スピードアップ）と環境負荷低減（廃棄物低減や省エネ）を実現する可能性を秘めているため[4]，各種の化学プロセスにフローマイクロデバイスを導入する動きが活発化してきている。

2　フローマイクロデバイスの材質と特徴

フローマイクロデバイスは，図1に示すように適用する化学プロセスに応じて，材質が金属，ガラス，シリコン，樹脂に分類できる。また，デバイスの材質と特徴の記載を表1に示す。表1の左欄には使用する材質として，上から順番に金属，ガラス，シリコン，樹脂を記載している。右欄はその特徴として，熱伝導性，耐薬品性，加工性，内部可視，使い捨ての5項目について，それぞれ良好なものは「●」印，良好ではないものは「×」印，その中間的位置づけのものは「▲」印で記載してある。実用的なフローマイクロデバイスでは，材質として金属とガラスを用いることが多い。金属は熱伝導性が良く，ボール盤やフライス盤を用いた機械加工により加工し易いものが多いところが利点であるが，流路基板を密閉にするための蓋基板も金属加工とした場

＊1　Shigenori Togashi　㈱日立製作所　研究開発グループ　機械イノベーションセンタ　主管研究員

＊2　Ryo Miyake　東京大学　大学院工学系研究科　バイオエンジニアリング専攻　教授

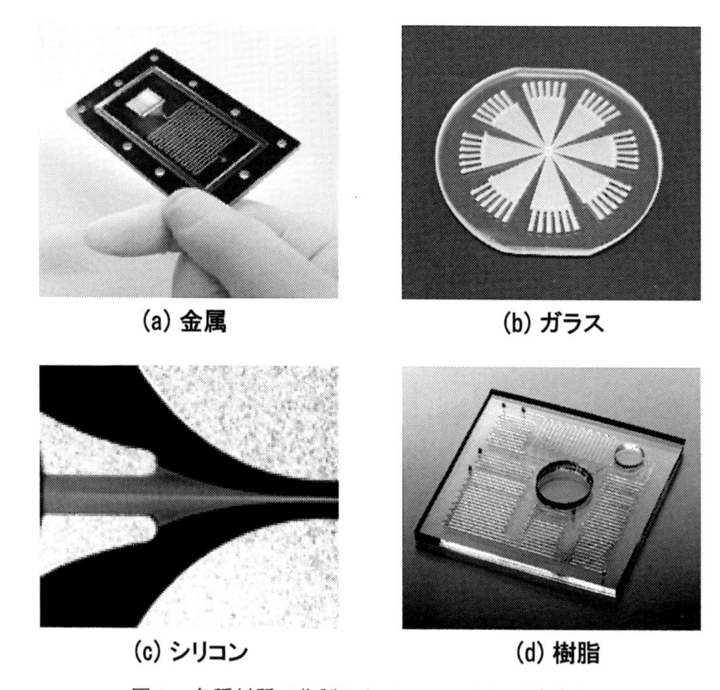

図1　各種材質で作製したフローマイクロデバイス

表1　デバイスの材質と特徴

材質	特徴				
	熱伝導性	耐薬品性	加工性	内部可視	使い捨て
金属	●	▲	●	×	×
ガラス	×	●	▲	●	▲
シリコン	▲	▲	●	×	▲
樹脂	×	▲	●	▲	●

合には，フローマイクロデバイスの内部の流路構造が外側からは観察できず，また使い捨てにも向いていない点が欠点である。

一方，ガラスは熱伝導性が悪く，加工し難いところが欠点であるが，フローマイクロデバイスの内部の流路構造が外側から観察できるところが利点である。また，耐薬品性という観点では，ガラスが最も良くフッ酸以外は基本的に大丈夫である。これに対して，金属は耐薬品性が良い物と悪い物がある。耐薬品性が良い物ものとしては，ニッケル合金であるハステロイやSUS316あるいはSUS316Lといったステンレスを用いることが多い。さらに樹脂を用いたフローマイクロデバイスは，使い捨てが可能という点で生化学反応を対象にした各種の分析や環境計測分野に使われることが多い。後述するように，３Dプリンターで使用される主な材質が樹脂であることを考えると，フローマイクロデバイスへの3Dプリンターの適用は，使い捨てに主眼をおいた生化学分析や環境計測分野への適用が，まずは出発点になると考えている。

3　デバイス加工のデジタル化の歴史

3Dプリンターが導入されるようになるまでの歴史的な背景を振り返るために，表2にデバイス加工のデジタル化の歴史を示す[5)]。1950年代より以前では，技術者がデバイスの設計図に基づき，加工機械を手作業で動かす加工方法が主流であったが，1950年代に入り，3次元制御のNC（Numerical Control）加工機が登場した。NC加工機では，加工機が進む速度や位置を数値データで与えて制御することができるようになり，これまでの手作業に比べて，加工のデジタル化が格段に進展した。さらに1960年代になるとCAD/CAM（Computer-Aided Design/Computer-Aided Manufacturing）の導入が開始された。CAD/CAMでは，パソコンの画面上で設計図を作成して，そのデータを変換してNC加工機を制御して加工することが可能になり，加工のデジタル化がさらに進展した[6)]。

1970年代になると，試作品を高速に（Rapid）試作（Prototype）して，最終形状を決定するまでの試行錯誤の時間を短縮するRapid Prototyping の研究が開始されるようになった[7)]。その後，1980年に名古屋市工業研究所の小玉秀男氏が，UV（UltraViolet）を照射することで硬化する樹脂を用いた造形法で，現在の3Dプリンターの原型になる特許「立体図形作成装置」を出願した[8)]。本特許は残念ながら国内で実用化に興味を持つ企業が現れなく，かつ審査請求の期限が過ぎたため失効となった。ちょうどその頃に，アメリカのチャック・ハル氏がSTL（Standard Triangulated Language）形式の3Dデータの保存方式を発明し，1986年に世界初の3Dプリンターの会社を創業することになった。

1989年には，熱可塑性樹脂を高温で溶かし積層させることで立体形状を作成する造形法である熱溶解積層法：FDM（Fused Deposition Modeling）に関する特許がアメリカで出願された[9)]。

表2　デバイス加工のデジタル化の歴史

1950年代	3次元制御のNC（Numerical Control）加工機
1960年代	CAD/CAM（Computer-Aided Design/Computer-Aided Manufacturing）
1970年代	Rapid Prototypingの研究開始
1980年	名古屋市工業試験所の小玉秀男氏が光造形法の特許を出願
1986年	アメリカで世界初の3Dプリンターメーカーが誕生
1989年	アメリカで熱溶解積層法（FDM法）に関する特許出願
2009年	熱溶解積層法（FDM法）に関する特許の権利期間が満了
2012年	クリス・アンダーソン「MAKERS～21世紀の産業革命が始まる～」の出版
2013年	オバマ大統領の一般教書演説

この特許は，20年後の2009年で権利期間が満了となったため，その後３Ｄプリンターの低価格化が進み，もともと大企業の商品開発部門や試作を専門とする業者などで導入されていた３Ｄプリンターが，中小企業や個人でも導入する動きが進んだ。

その３年後の2012年には，アメリカの雑誌WIREDの元編集長であるクリス・アンダーソン氏が「MAKERS 21世紀の産業革命が始まる」[10]という本を出版しベストセラーとなったのがきっかけとなり，３Ｄプリンターのブームが始まった。

さらに，その翌年の2013年２月のオバマ大統領の一般教書演説が３Ｄプリンターのブームに拍車をかけることになる。一般教書演説では，米国連邦政府は製造業の競争力強化の一環として，オハイオ州ヤングスタウンに国立積層造形イノベーション研究所（NAMI：National Additive Manufacturing Innovation Institute）の設立を宣言した。ここでは民間企業，大学機関，非営利団体の協力を得て，３Ｄプリンターを設置して機器の取り扱いを通じて若年層への製造業に対する啓蒙と製造技術の訓練を促進し，米国の製造業の底上げにつなげようとする戦略が示された[11]。以降，３Ｄプリンターを導入する産業分野が拡大している。

4　３Ｄプリンターによるデバイス加工の方法

３Ｄプリンターの原理は，３次元CADデータを基に，プリントヘッドやノズルなどのプリンター技術を用いて，樹脂をXY平面上に描画し，これをZ軸方向に積み重ねて３次元の立体を造形する積層造形法（Additive Manufacturing）である[12]。

図２に３Ｄプリンターによる加工プロセスを示す。まず最初に，３次元CADで図２(a)に示すような加工対象形状の図面を作成する。次に，図２(b)に示すように３次元CADデータを３Ｄプリンターに転送するために，STLに代表されるデータ形式に変換を行う。その後，３Ｄプリンターに転送されたデータを基に，図２(c)に示すように積層造形法で，加工対象形状部分には樹脂を，それ以外の部分にはサポート材を積層して硬化させる。最後に，図２(d)に示すようにサポート材部分を除去して，ヤスリ掛けなどの表面処理を行い完成となる。

上記の３Ｄプリンターによる加工方法は，積層方法と使用する材質により，表３に示すように，光造形法，熱溶解積層法，インクジェット法，粉末焼結法に分類されている。この中で光造形法

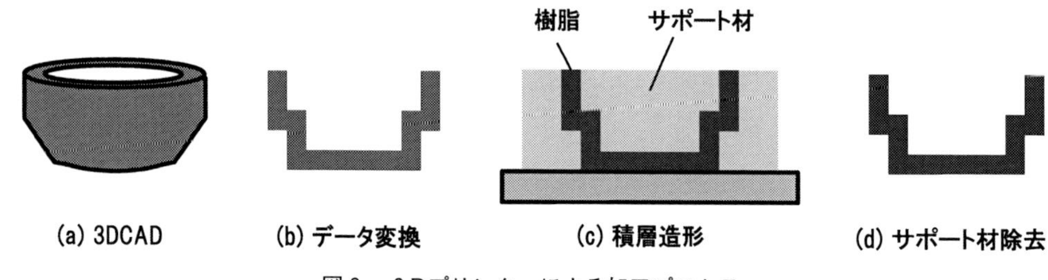

図２　３Ｄプリンターによる加工プロセス

表3　3Dプリンターの種類と特徴

方式	積層原理	特徴	材料
光造形	最も古い方式で，樹脂材料を造形テーブルに押し付けて積層してUVレーザーで硬化する方法	エリアが大きい造形が可能	UV硬化樹脂
熱溶解積層	樹脂材料をヒータで溶解して，造形テーブルに押し付けて積層する方法	実材料で造形可能	熱可塑性樹脂
インクジェット	樹脂材料をインクジェットで造形テーブルに噴出してUVで硬化させる方法	微細形状が可能 多色のカラーリング	UV硬化樹脂
粉末焼結	粉末材料を造形テーブルに積層してCO_2レーザーで硬化する方法	一部の金属は造形可能	粉末材料

(SLA：SteroLithography Apparatus）は，最も古い方式で樹脂材料を造形テーブルに押し付けて積層してUV（Ultra Violet）レーザーで硬化する方法であり，エリアが大きい造形が可能なところが特徴となっている。

一方，熱溶解積層法（FDM：Fused Deposition Modeling）は，樹脂材料をヒータで溶解して，造形テーブルに押し付けて積層する方法であり，特徴はABS（Acrylonitrile Butadiene Styrene）樹脂やポリカーボネート樹脂などの熱可塑性樹脂を，実材料として造形が可能で，かつ経時変化がほとんどないことである。なお，この熱溶解積層法は2009年に特許権利期間が満了となったため，装置の低価格化が進み，中小企業や個人での導入が進んでいる。

次のインクジェット方式は，材料をインクジェットで造形テーブルに噴出してUVで硬化させる方法であり，微細形状を表現することが可能で，透明および可視化のモデルに対応できるところが特徴となっている。

最後に，粉末焼結法（SLS：Selective Laser Sintering）は，粉末材料を造形テーブルに積層してCO_2レーザーで硬化する方法である。この粉末焼結法は，2014年に特許権利期間が満了となったため，熱溶解積層法と同様に装置の低価格化が進むと考えられている。また，チタンや銅などの金属や，ナイロンなどの樹脂素材に対応できることが特徴で，アメリカのGE（General Electric）はジェットエンジンの燃料ノズルや支柱をこの方式で製造を開始している。

5　3Dプリンターによるフローマイクロデバイスの作製事例

前節までに，3Dプリンターの歴史的背景，その種類や加工法について述べてきたが，ここでは，3Dプリンターを用いてフローマイクロデバイスを作製する際の課題とその適用事例を紹介する。

まず3Dプリンターを用いてフローマイクロデバイスを作製する際の課題としては，以下の2点が挙げられる。第1番目は，現状の3Dプリンターの加工精度は数10 μm程度であるため，流路サイズが100 μm程度のフローマイクロデバイスを全て3Dプリンターで加工することには，加工精度的に限界がある。第２番目は，最近では金属３Dプリンター[13]も登場しているが，まだまだ樹脂を用いた加工が主流となっていることである。

そこで，上記の２つの課題に対して，ここでは樹脂を材料とした使い捨てを主眼においた生化学分析や環境計測分野を対象とし，３Dプリンターと他の加工法をハイブリッド化した方法を採用した。以下にその事例として，①浮遊病原体を吸引してフローマイクロデバイス上にインジェクションして抗原抗体反応で検知するデバイス，②数10 μmの大きさの微粒子を縮流した流路を通過させて分級するフローマイクロデバイス，③60 mm立法のユニットに無線機能を搭載した水質検査用のフローマイクロデバイスの３つを紹介する。

事例の１番目は，図３に示す抗原抗体反応用のデバイスである[14,15]。図３(a)はデバイスの写真，図３(b)はA-A断面での厚さ方向の構造である。流路基板部分は３Dプリンターで加工し，マイクロ流路高さ300 μmの部分はレーザーカッターで加工した厚さ300 μmの両面テープで形成し，その上にレーザーカッターで加工した多孔のPET（PolyEthylene Terephthalate）樹脂で蓋をした積層構造である。本デバイスは，空気中に浮遊している病原体（抗原）を吸引してフローマイクロデバイス上にインジェクションする構成となっている。インジェクションされた病原体（抗原）は，マイクロ流路上にある抗体と結合して，抗原抗体反応により病原体（抗原）を検知するデバイスである。

事例の２番目は，図４に示す微粒子を縮流した流路を通過させて分級するフローマイクロデバイスである[16,17]。図４(a)はデバイスの写真，図４(b)はA-A断面での厚さ方向の構造である。流路基板部分は３Dプリンターで加工し，マイクロ流路高さ100 μmの部分はレーザーカッターで加工した厚さ100 μmの両面テープで形成し，その上にレーザーカッターで加工したPET樹脂で蓋をした積層構造である。本デバイスでは，数10 μmの微粒子を縮流した流路を通過させて分級させた後，流路の出口部分でスペクトル型のフローサイトメーターにより識別するフローマイク

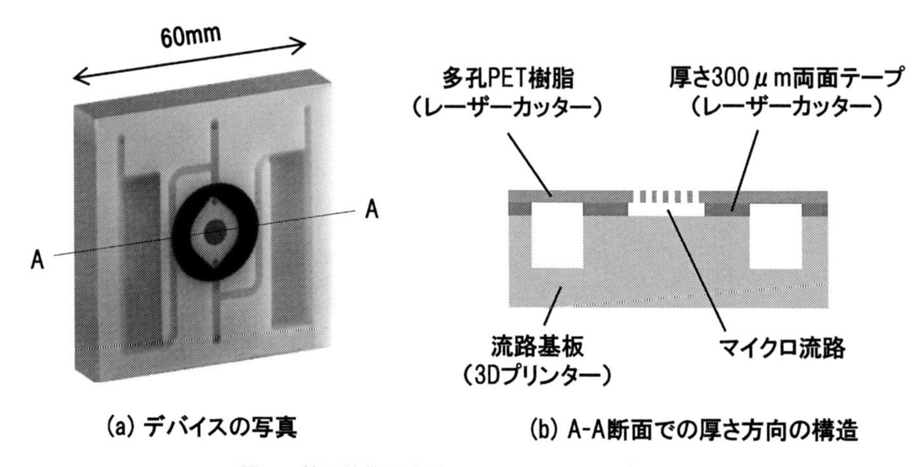

図３　抗原抗体反応用のフローマイクロデバイス

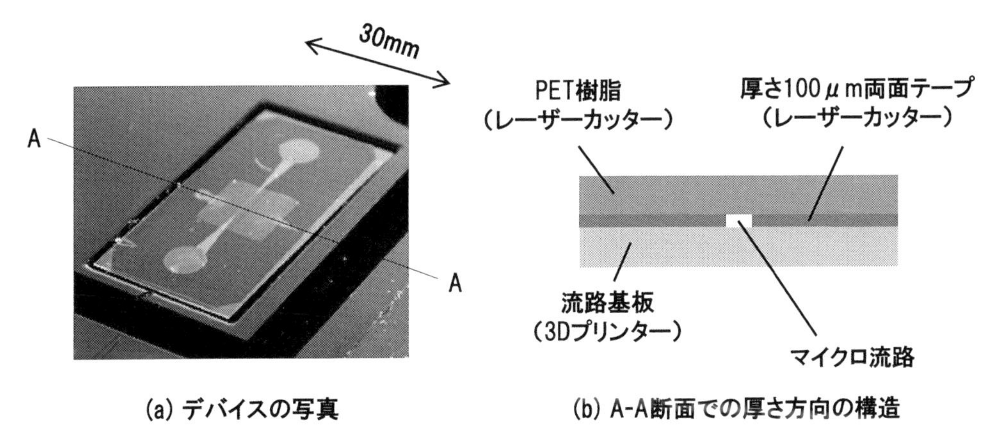

図4　微粒子分級用のフローマイクロデバイス

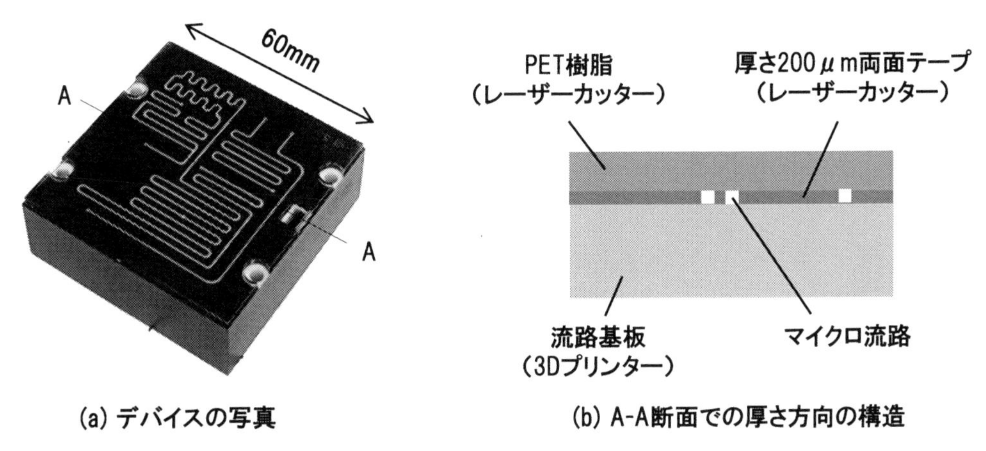

図5　水質検査用のフローマイクロデバイス

ロデバイスである。

事例の3番目は，図5に示す水質検査用のフローマイクロデバイスである[18, 19]。図5(a)はデバイスの写真，図5(b)はA-A断面での厚さ方向の構造である。流路基板部分は3Dプリンターで加工し，マイクロ流路高さ200 μmの部分はレーザーカッターで加工した厚さ200 μmの両面テープで形成し，その上にレーザーカッターで加工したPET樹脂で蓋をした積層構造となっている。本デバイスでは，水道からのサンプリング試料液と，水中の硬度やリン酸濃度を計測するための試薬をマイクロ流路内で混合した後，流路の出口部分で吸光度を測定して水質を分析するフローマイクロデバイスである。

以上，今回開発したフローマイクロデバイスは，3Dプリンターとレーザーカッターを用いたハイブリッドな加工法により作製した。今後は，社会実装を進めて行きながら世の中のニーズにマッチしたデバイスになるように，Design Thinking[20] に基づく改善や変更を加えて実用化を目指して行く。そのプロセスの中で，3Dプリンターは欠かせない必須のアイテムとなっていくとともに，金属3Dプリンターが普及すれば，さらに広範囲な用途のフローマイクロデバイスの作製が可能となってくることが期待される。

文　献

1) V. Hessel, H. Lö owe, and F. Schönfeld, *Chemical Engineering Science*, **60**, 2479-2501 (2005)
2) Y. Asano, S. Togashi, H. Tsudome, and S. Murakami, *Pharmaceutical Engineering*, **30**(1), 32-42 (2010)
3) 富樫盛典，遠藤喜重，三宅亮，マイクロリアクターによるプロセス革新と環境負荷低減，pp.20-33，情報機構（2010）
4) 富樫盛典，浅野由花子，遠藤喜重，日本機械学会論文集B編，**79**(799)，328-343（2013）
5) ものづくり白書，製造プロセスのデジタル化，経済産業省（2013）
6) Groover, CAD/CAM: Computer-Aided Design and Manufacturing, Pearson Education (1984)
7) 丸谷洋二，精密工学会誌，**70**(2)，159-162（2004）
8) 小玉秀男，立体図形作成装置，特開昭56-144478（1980）
9) 米国特許5，121,329 Apparatus and method for creating three-dimensional objects（三次元物体を創作する装置及び方法，特開平03-158228）
10) クリス・アンダーソン，MAKERS 21世紀の産業革命が始まる，NHK出版（2012）
11) 藤代康一，三井物産戦略研究所レポート7月号（2013）
12) 藤田公子，Mizuho Industry Focus，**1**，151（2014）
13) 京極秀樹，機械の研究，**68**(10)，815-820（2016）
14) 富樫盛典，竹内郁雄，佐々木康彦，竹中啓，日立評論，**95**(9)，48-53（2013）
15) K. Takenaka, S. Togashi, R. Miyake, T. Sakaguchi, and M. Hide, Journal of Breath Research 10:036009 (2016)
16) 富樫盛典，竹中啓，マイクロ流体デバイスによる生体内粒子の分離と検知，日本機械流体工学部門講演会，1308（2015）
17) S. Togashi, K. Takenaka, and R. Miyake, Particiles separation using microfluidic device made by 3D printer, proc. of ICCES (2016)
18) K. Aritome, W. P. Bula, K. Sakamoto, Y. Murakami and R. Miyake, Micro TAS, pp.1622-1624 (2013)
19) W. P. Bula, K. Aritome and R. Miyake, Micro TAS, pp.1524-1526 (2014)
20) 永井由佳里，谷口俊平，デザイン学研究，**22**(4)，pp.40-45（2015）

第2章　フローマイクロ合成研究者が知っておくべき各種ポンプの違いと特長

荒井秀紀[*1]，伊藤寿英[*2]，島崎寿也[*3]

1　はじめに

タクミナは産業界に高精度な電動式ダイヤフラムポンプを提供している。ダイヤフラムポンプはプランジャポンプのプランジャの代わりに隔膜（ダイヤフラム）が往復運動することで容積を変化させて送液する容積式ポンプである。近年，フローマイクロ合成の研究者との接触機会が増加しているが，既存のポンプでは期待した実験結果が得られないため，ポンプに関する知識を習得する機会が欲しいといった声も聞かれる。本稿では，フローマイクロ合成研究者が知っておくべき基本的なポンプの知識として，各種ポンプの特長と違いについて説明し，より精度の高い実験やスケールアップ，商業化に向けたプロセス開発にスムーズに移行させるための必要な基本的な事項について解説する。

2　ポンプの種類について

化学機械系の雑誌を見ればポンプメーカーの我々も驚くほど多種多様なポンプの広告が掲載されている。ポンプの種類は多岐に亘るが，大きく分類すると非容積式ポンプと容積式ポンプの2種類に分けられる（図1）。

2.1　非容積式ポンプ

非容積式ポンプは更に遠心ポンプ・軸流ポンプ・斜流ポンプの3つに分類される。

2.1.1　遠心ポンプ

遠心ポンプはポンプケーシング内の回転体（インペラ）が高速で回転する事によって生じる遠心力を利用した渦巻きポンプ（図2，3）が最も代表的な非容積式ポンプである。産業用ポンプの7割は渦巻きポンプである。化学プラントでの有機溶剤や燃料・液化ガス・モノマーの輸送には，渦巻きポンプの一種であるキャンドモーターポンプが使用される。一般的なポンプはポンプとモータを別々に製造し，それをカップリングして使用するため，回転軸を通したケーシングの隙間から，流体が外部へ漏れる。キャンドモーターポンプは，ポンプとモータが一体化されてお

*1　Hidenori Arai　㈱タクミナ　開発センター　流体機器開発課　課長
*2　Toshihide Ito　㈱タクミナ　開発センター　基礎研究課　主任研究員
*3　Toshiya Shimazaki　㈱タクミナ　東京支社　営業開発課　課長

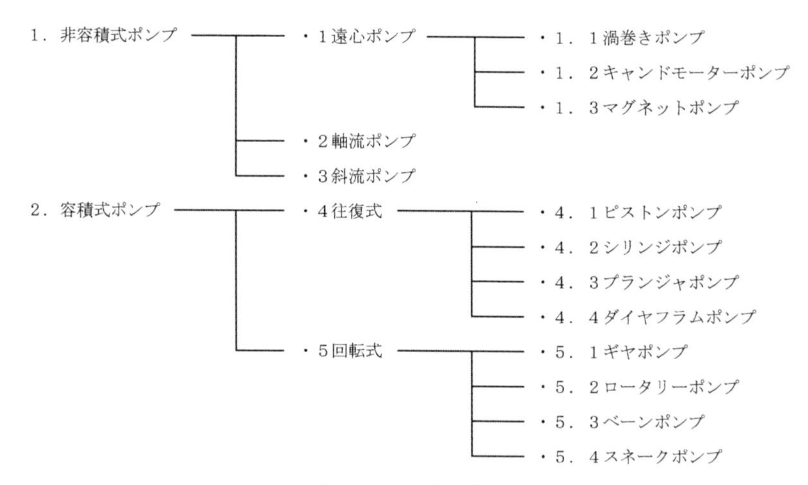

図1　ポンプの種類

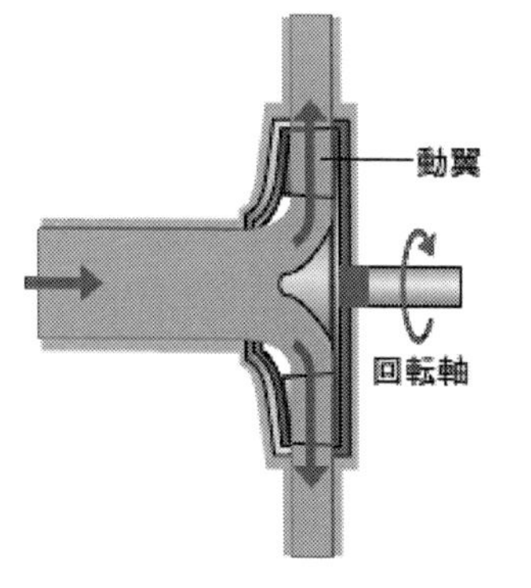

図2　渦巻きポンプ図

図3　渦巻きポンプ

り，流体が密閉される構造であるため，流体が外部に漏れないのが特長である。また，無機化学品は同じく渦巻きポンプに分類され，流体が外部に漏れないマグネットポンプ（図4）が多数使用されている。マグネットポンプは，動力伝達シャフトを外部へ貫通させず，ポンプケーシングの壁を隔てて永久磁石や電磁石で動力を伝達させてインペラを回転させるようにしたものである。

図4　マグネットポンプ

2．1．2　軸流ポンプおよび斜流ポンプ

軸流ポンプ（図5）および斜流ポンプ（図6）は遠心力ではなく推進力を用いたもので，船のスクリューの原理，すなわち作用・反作用の法則を利用したポンプである。軸流ポンプや斜流ポンプは巨大なものが上下水道や農業，工業用に使用される。

非容積式のポンプは大量の流体を別な場所に移送することを目的としているポンプである。最

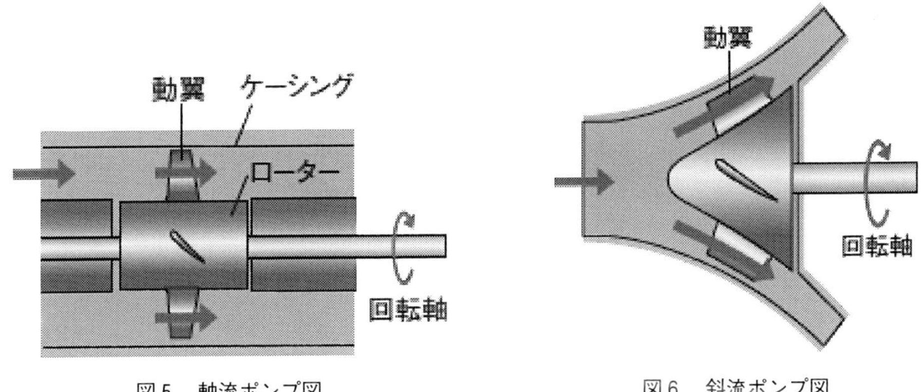

図５　軸流ポンプ図　　　　　　図６　斜流ポンプ図

小の動力で効率良く大量に送る，あるいはより高く・遠くへ送るといった目的に応じて様々な種類のポンプが存在するが，基本的に高い流量精度は求めない用途に用いることでは共通している。なお，フローマイクロ合成研究者は非容積式ポンプの採用を検討する機会が少ないため，そのような物があるといった程度の知識で十分である。

２．２　容積式ポンプ

容積式ポンプはポンプケーシング内の容積を何らかの方法で増減又は移動させることによって流体の吸引・吐出を連続的に行うポンプである。容積式ポンプはポンプケーシング内の容積を増減させる往復動型と，空間（キャビティ）を連続的に移動させる回転型の２種類に大別される。なお，シリンジポンプ・プランジャポンプ・ダイヤフラムポンプは後述する。

２．２．１　容積式ポンプ：往復式ポンプ

(1)　ピストンポンプ（図７）

シリンジの上下に２組の逆止弁を付けて流体の吸引と吐出を交互に行えるようにしたもので，プランジャポンプやダイヤフラムポンプも原理は同じである。

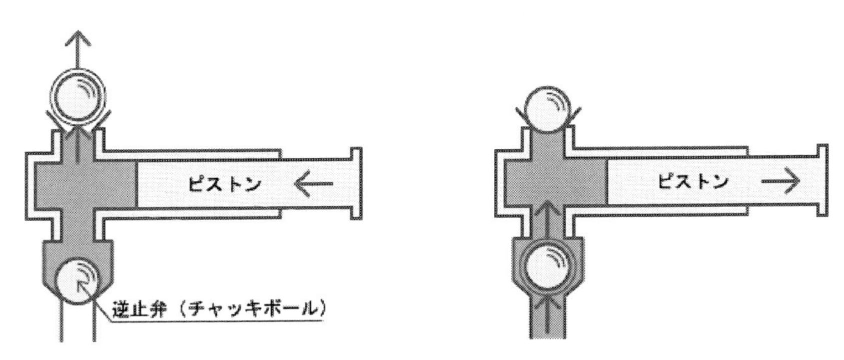

図７　ピストンポンプ概念図　吐出工程　吸込工程

運動体（ピストン・プランジャ・ダイヤフラム）が後退するとポンプ室の容積の増大と同時に吸引側の逆止弁が開き流体をポンプ室内に取り入れる。運動体が前進するとポンプ室内の容積の減少と同時に吐出側の逆止弁が開放されて流体はポンプ二次側に吐出される。ピストンポンプ・プランジャポンプはシリンダーと運動体の隙間から流体が外部へ漏れるのを防ぐため，ピストンOリング・プランジャシール・Vパッキンなどのシール部品が装着されている。シール部品が運動体に装着されている構造の往復動ポンプがピストンポンプであり，シリンダー側に装着されている構造の往復動ポンプがプランジャポンプである。

なお，ダイヤフラムポンプはシール部品が無く，外部への流体の漏れが一切発生しない。

2．2．2　容積式ポンプ：回転式ポンプ

容積式回転型ポンプもまた非常に多岐に亘るが，代表的なギヤポンプ・ロータリーポンプ・ベーンポンプ・スネークポンプについて紹介する。

⑴　ギヤポンプ（図８）

ギヤポンプは２枚のギヤが噛み合うように回転する事で容積変化を発生させる構造のポンプである。高粘性の流体の送液に優れており，化学工場の高粘性ポリマーなどの精密送液に多数使用されている。フローマイクロ合成のラボでも一部海外製の小型ギヤポンプが使用されることがあるようだが，フローマイクロ合成の実験に用いる溶液は低粘性のものが多く，一般的には低粘性の流体にギヤポンプを用いるとギヤとケーシングの隙間から流体が逆流する現象が発生し，ポンプ二次側の圧力条件のごく些細な変化によって送液流量が大きく増減するといった現象が生じやすい。

⑵　ロータリーポンプ（図９）

ギヤポンプのギヤの形状を変形させた回転式ポンプとしてロータリーポンプがある。ロータリーポンプは２枚のローターが互いに反対方向に回転することでローターとケーシングの容積が増減し，流体を連続的に吸引吐出する構造のポンプである。ローター１回転あたりの容積変化量

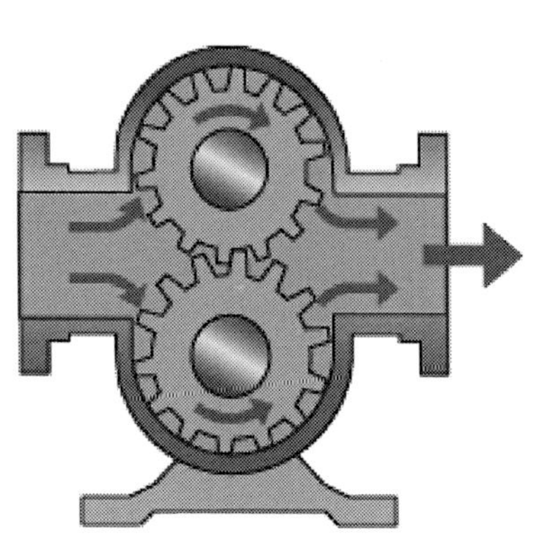

図８　ギヤポンプ

図９　ロータリーポンプ

に回転数を乗じると吐出量になる。ギヤポンプに比べるとローター間のクリアランスが大きいため食品工場の高粘性流体や化学工場のスラリーの送液などに用いられることが多いが，スラリーの送液に関してはポンプの摩耗による異物混入が問題視されるようになり，当社の脈動の無いダイヤフラムポンプ，スムーズフローポンプへの置換えが急速に進んでいる。

(3) ベーンポンプ（図10）

ベーンポンプは偏心して取り付けられたローターから，回転に伴って放射状（ラジアル）に取り付けられた複数の羽根（ベーン）が伸縮して液を移送するポンプである。
油圧機器や真空ポンプに使われることが多い。

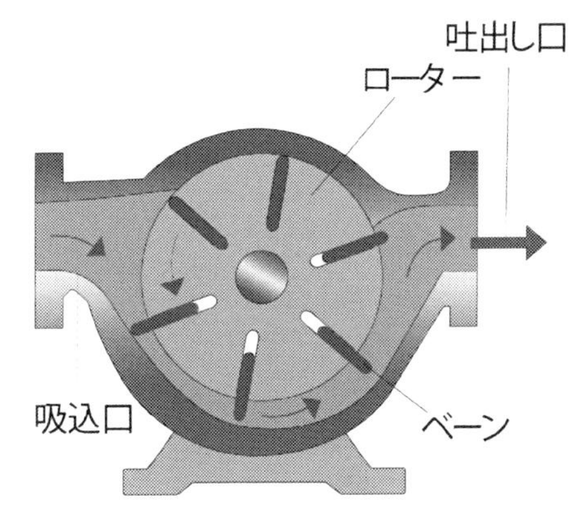

図10　ベーンポンプ図

(4) スネークポンプ（図11）

スネークポンプは螺旋形状の回転体（ローター）がステーターで構成される回転容積式ポンプである。ステーターの中にあるローターが回転すると，その隙間にキャビティ（密閉空間）が形成され，ローターがステーター内を回転することで，新しいキャビティが次々と作り出され，キャビティが吐出口へ移動することでキャビティ内に充満した流体が連続的に吐出される。低粘性から高粘性まで幅広い流体を高精度に送液する事が可能で，具入りの食品から下水処理場の含水率の低い汚泥の移送まで幅広い産業分野で使用されている。

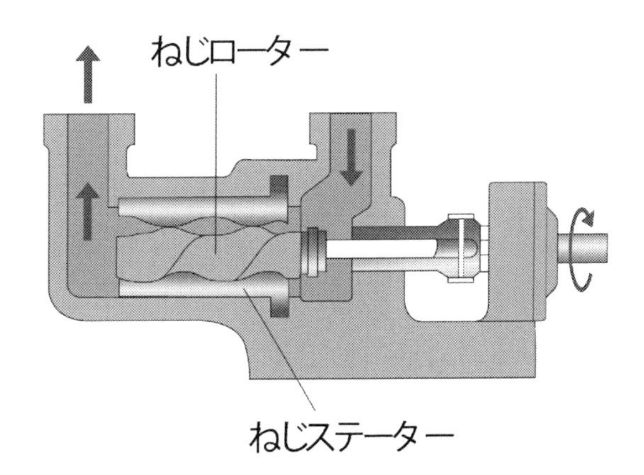

図11　スネークポンプ

(5) チューブポンプ（図12）

チューブポンプは回転体（ローター）がチューブを潰してしごくことで流体を送液する。しごかれたチューブは素材の弾性により元の形状に復元するが，その際に新たな流体を吸引する。ポンプの流量精度はチューブの素材の弾性に依存するが，繰り返し加えら

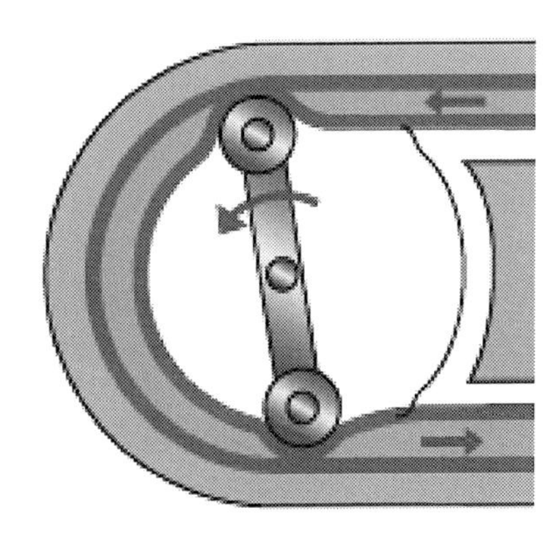
図12　チューブポンプ図

れる屈曲により比較的短時間でチューブの復元力が低下するので長時間の運転には向いていない。また，断続的にチューブをしごく動作により脈動を生じる。更に吐出圧力が要求水準に満たないケースが多く，これらの理由からチューブポンプはフローマイクロ合成の実験に選ばれる機会は少ない。

ラボで用いられる代表的なポンプはチューブポンプ・シリンジポンプ・プランジャポンプで，少数ではあるがギヤポンプやダイヤフラムポンプも用いられる。チューブポンプ・ギヤポンプは回転式の容積式ポンプであり，シリンジポンプとプランジャポンプは往復動式の容積式ポンプである。そしてダイヤフラムポンプもまた往復式の容積式ポンプなのである。容積式ポンプは非容積式ポンプに比べて輸送量は少量であるが，単純な輸送のみを目的とせず，送液の精度を要求する場合に用いるポンプである。それゆえラボでよく利用されるポンプは容積式ポンプなのである。以上，各種ポンプの種類や構造，特長を紹介した。

3　フローマイクロ合成研究者が用いるポンプ

続いてフローマイクロ合成研究者が実験で用いるポンプについて解説する。フローマイクロ合成研究者が実験で用いるポンプは主にシリンジポンプ，プランジャポンプ，そして少数だがギヤポンプ，単連のダイヤフラムポンプの４種類があげられる。我々がフローマイクロ合成研究者と話をすると，この４つの選択肢の中から最適と思われるポンプを選んで実験に臨んでいるが，これらのポンプでは実験が困難もしくは不可能な事態に直面している研究者がいる。実験も新物質の創生といった基礎的なものから商業化を視野に入れたものまで様々であろうが，特に商業化を視野に入れた実験においては４つの選択肢にとらわれることなく，より最適なポンプを求めることが商業化の可能性を高めるのではないだろうか。

3.1　スムーズフローポンプ

ここから当社のスムーズフローポンプを紹介する（図13）。

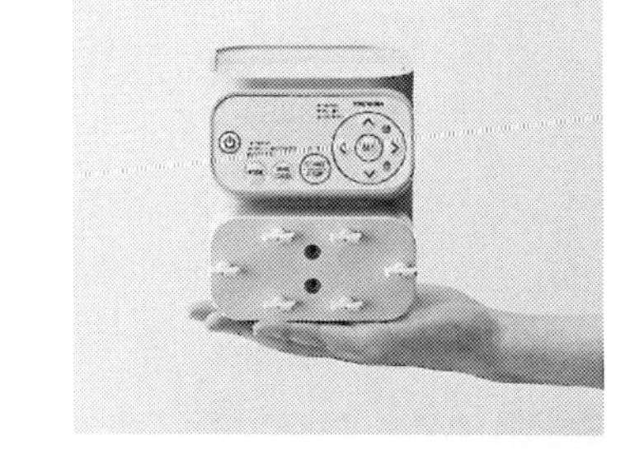

図13　スムーズフローポンプ

スムーズフローポンプは2つのダイヤフラムポンプを交互に運転することで脈動無く送液できる電動式のダイヤフラムポンプである。各ポンプは台形型の吐出波形となるような動作をし，2つのダイヤフラムポンプの台形の吐出波形を合成すると脈動の無い連続流となる（図14）。

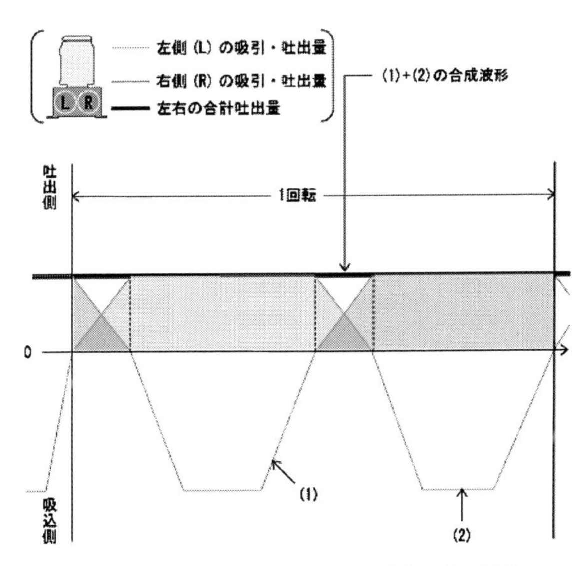

図14　スムーズフローポンプの吸引・吐出波形

3.2　スムーズフローポンプの特徴について

次にスムーズフローポンプの主な特徴を挙げていく。

①脈動が少ない・再現性良好

無脈動容積式ポンプの基本性能は脈動率と再現精度で評価される。ポンプの脈動には流量脈動と圧力脈動がある。高精度な流量計が存在しなかった時代の名残や流量計に流せない流体などは圧力センサーで計測した圧力脈動でポンプの脈動を評価するが，高精度な質量流量計が存在する現代においてはポンプの脈動は流量脈動で評価すべきである。無脈動性能を表す脈動率は一般的には瞬間最大流量と瞬間最低流量の差を平均流量（メスシリンダーで計量した単位時間当たりの吐出量）で割って算出する。ポンプの脈動率の測定方法や算出方法は明確な規格が無く，各社が独自の測定基準・算出規準をもってカタログやデータシートに記載しているので脈動の少ないポンプを探す際にはそれらの数値のみで判断しないよう注意を要する。再現精度とはモータの回転速度と吐出圧力が一定の状態でのポンプの平均流量の変化の割合である。スムーズフローポンプの基本性能は無脈動容積式ポンプのなかでもトップクラスであり，無脈動プランジャポンプとほぼ同等か吐出圧力レンジによってはプランジャポンプよりも高性能なケースもある。

＜タクミナの脈動率計算式＞

$$\frac{\text{最大吐出量}-\text{最小吐出量}}{\text{平均吐出量}} \div 2 \times 100\ (\%)$$

②長時間安定した性能を維持

商業プラントとなれば24時間連続操業で停止するのは年間に数回といった稼働も珍しくない。その際にポンプの性能低下によってポンプへの出力パラメータの変更や予備機への切り替え，あるいはプラントを停止してポンプの点検整備をするようなことがあってはならない。スムーズフローポンプはマイクロリアクターを含め各産業分野に生産機として十分な採用実績があり，それはすなわち初期性能が長期間安定して持続するということの証である。

③液漏れしない

シールを用いない構造なので定常運転中に流体がポンプ外部へ漏れ出ることは一切ない。

④外気に触れない

流体がポンプ外部へ漏れ出ることがないということは漏れ出た流体が大気と接触することも無い。完全にクローズな状態で送液できるので空気との接触で結晶化する溶液や，漏れると危険もしくは著しく作業環境を悪化させる溶液の送液に強みを発揮し，閉鎖系生産方式であるフローのメリットを損なうことが無い。マイクロリアクターではしばしばブチルリチウムの溶液が用いられるが，このような溶液でも長時間安定した運転が容易に可能である。この特長をいかんなく発揮した実験の例として京都大学の取り組みなどもある[1]。

⑤流体にシアや熱をかけない

摺動部があればそこで流体にシアを加えることになる。回転型ポンプに必要なメカニカルシールでは摺動によるシアに加えて摩擦熱により溶液を加熱することがある。スムーズフローポンプは流体にシアも熱もかけないのでそうした刺激で変質しやすい溶液の移送に最適である。

⑥クリーンである

摺動部があるポンプはポンプ起因のパーティクルを発生させる。また，ポンプ内部に流体が滞留する箇所があれば，コンタミの発生源となりうる。スムーズフローポンプは摺動部が無く，ポンプ内部に流体の滞留箇所が存在しないのでポンプ起因のパーティクル発生が極めて少なくクリーンである。またスラリーの送液においてはポンプの耐摩耗性が重要になるが，摺動部が無いスムーズフローポンプは耐摩耗性にも優れており，そうした面でもクリーンなポンプである。

⑦高い洗浄性

滞留部の無い流路設計なので洗浄液を流した際の溶液との置換性が良好で，食品工業や医薬品製造工場のCIP洗浄やSIPに対応する。また，分解洗浄において接液部は全て簡単に分解可能であり，分解した個々のパーツの洗浄も容易である。更に誰が分解洗浄を実施してもポンプ性能が変わらないなど，スムーズフローポンプの洗浄性は各産業分野で高い評価を得ている。

⑧安全性

スムーズフローポンプTPLシリーズはポンプ内部にリリーフ機能を内蔵している。フローマイクロ合成の実験に閉塞はつきものであるが，リリーフ機能を内蔵したスムーズフローポンプを用いると送液系に安全弁を設置する必要が無く，シンプルでロスの少ない送液系を構成することが可能となる。また実験では直接関係ないが，電動機を変更することで防爆対応も可能である。

3.3　生産機適正について

生産機として商業プラントで使用するには，実験で用いるポンプが商業スケールの流量・圧力に対応できるのかという基本的なこと以外に多くの性能を要求される。

- 長期安定性…少なくともプラントの定期整備期間までは初期性能が持続することが担保された

構造であるか。
- 耐久性…適切なメンテナンスの実施により長期間の運用が可能な構造か。
- 安全性…安全な構造であるか。安全機構が内蔵されているか。防爆対応が可能か。
- クリーン…ポンプがコンタミの発生源にならないような構造であるか。
- 洗浄性…洗浄液によるポンプ内部の溶液との置換性は良好か。ポンプ部の分解・組立は簡単か。誰が分解洗浄を実施してもポンプ性能が変わらないか。
- 経済性…消耗品の寿命と価格が適正か。
- メンテナンス性…自社でメンテナンス可能か。メンテナンス周期は適正か。部品の入手に問題は無いか。メーカーが緊急時の現場対応の体制がとれているか。
- モニタリング…商業プラントでは製品の品質だけではなくプラントを構成する機器の全ての状態をモニタリングする必要がある。ポンプであれば流量計や圧力計を設置してポンプの状態をモニタリング可能であることだが，脈動のあるポンプはモニタリングができないので生産機適正に欠ける。

３．４　フローマイクロ合成の研究で用いられるポンプ

スムーズフローポンプの特徴と生産機適正を踏まえてマイクロリアクターのラボで用いるポンプについて解説する。

３．４．１　シリンジポンプ

説明するまでもないが，シリンジのピストンをボールネジで押すことで流体を吐出する。

ピストンを押し出す速度を一定にすることで流量精度が担保され，ピストンが前進してシリンダ内の容積が減じた分が吐出量となる（図15）。シリンジポンプは基本的に吐出工程のみなので連続運転性に欠ける。なお，ラボ・生産用ともに連続運転性を付与した多連式のシリンジポンプも存在する。

３．４．２　プランジャポンプ

前述のピストンポンプと同様の原理でシールがシリンダ側に装着されたものがプランジャポンプである。ラボ・工業用ともに単連から多連まであり，有脈動・無脈動のものがある。流量精度

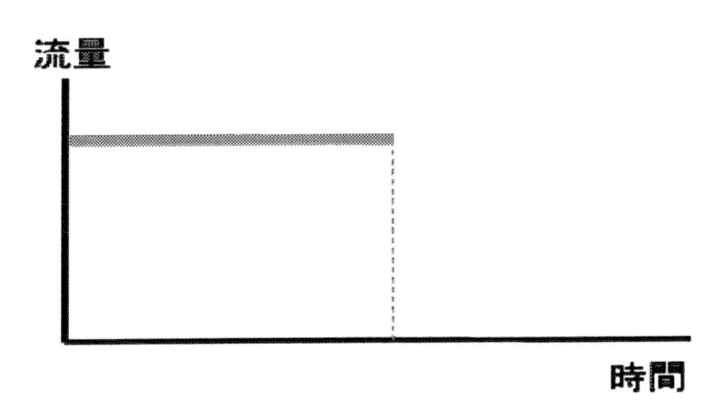

図15　シリンジポンプの流量波形

が高く，高圧の仕様の設計が容易，ポンプ二次側の圧力変動による流量変化が少ないといった特徴があり，ラボ・工業用ともに高圧の用途を中心として幅広く使用されている。ラボ用のプランジャポンプは一部の高級機を除いては２連式の有脈動タイプが最も多く，これで実験しているフローマイクロ合成研究者も多いと思われる（図16）。

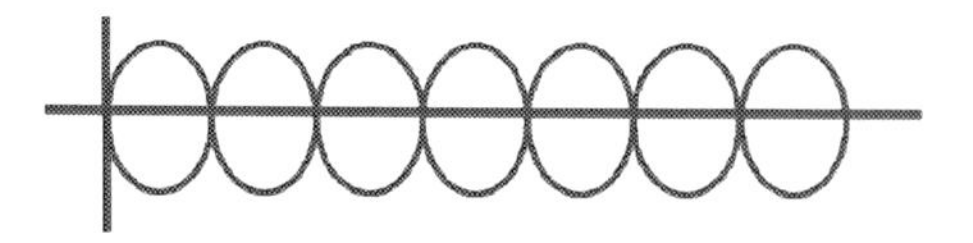

図16　２連有脈動プランジャポンプの流量波形

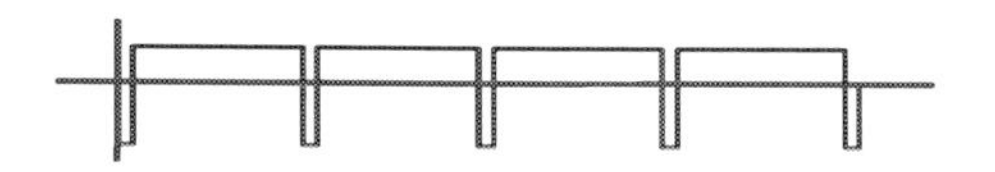

図17　単連低脈動ポンプ吐出波形

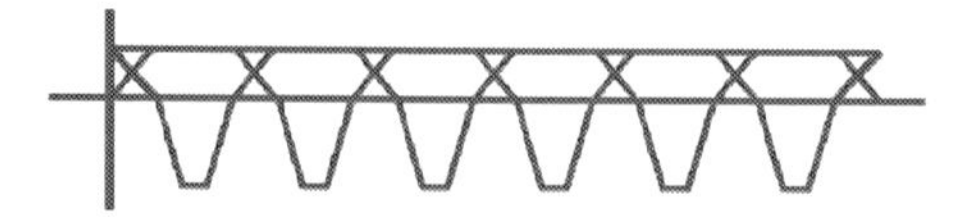

図18　スムーズフローポンプ吐出波形

３．４．３　ダイヤフラムポンプ

ダイヤフラムポンプはプランジャの代わりに隔膜が往復運動する構造のポンプである。ラボでは単連の低脈動が，工業用では脈動のある単連にアキュームレーターを組み合わせて脈動を減衰させたものやスムーズフローポンプのように２連で無脈動のものがある。ダイヤフラムポンプはプランジャポンプ同様流量精度が高く，ポンプ二次側の圧力変動による流量変化が少ないといった特長がある（図17～20）。当社は脈動の無いスムーズフローポンプをメインとしたダイヤフラムポンプメーカーだが，プランジャポンプの設計・製作も行う。顧客にダイヤフラムポンプとプランジャポンプの選択肢を提供するとそのほとんどがダイヤフラムを選択するが，それは既述の生産機適正を鑑みてのことと思われる。

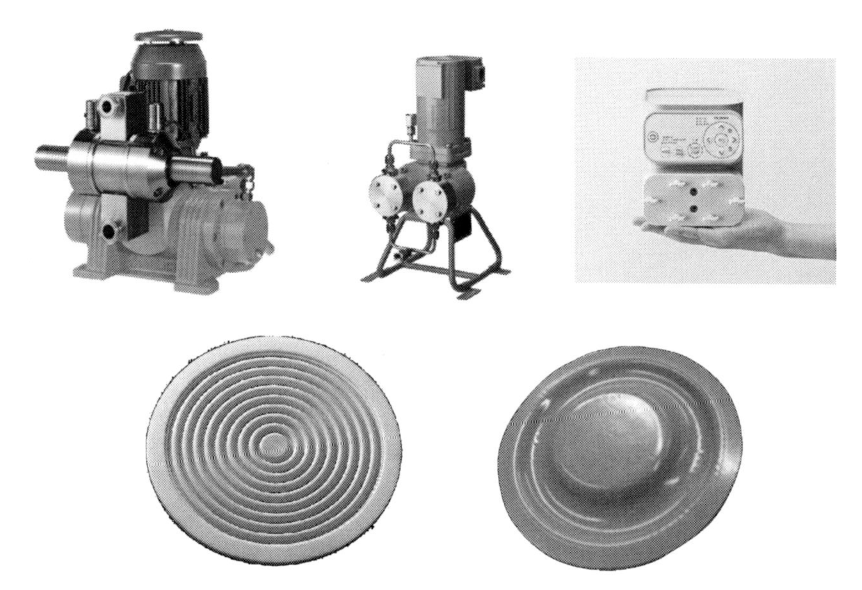

図19　スムーズフローポンプとダイヤフラム

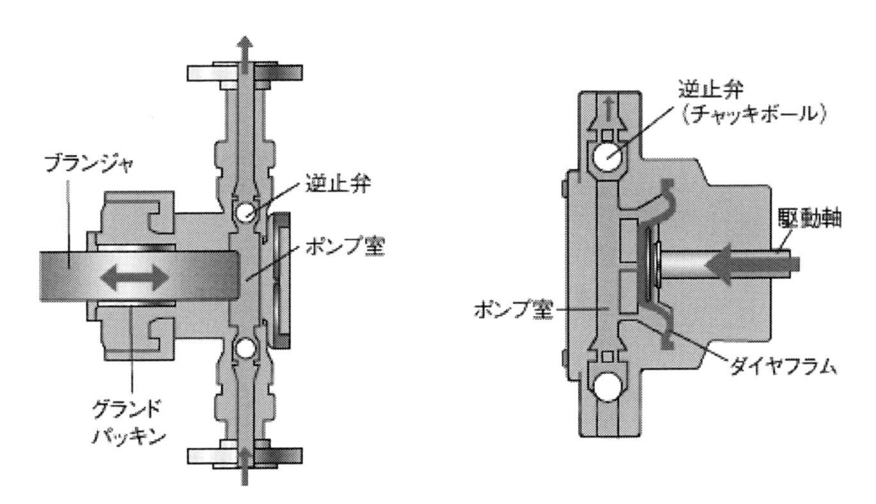

図20　プランジャポンプとダイヤフラムポンプの断面図

3．4．4　小流量の実験における注意点

ところで，有脈動２連プランジャポンプで実験しても全く問題の無い結果が得られたといった話を聞くことがあるが，本当にその反応にはポンプの脈動は不問なのであろうか。実は送液配管内に微小なエアが滞留して，そのエアがポンプの脈動を吸収するダンパーの役割を果たし，ポンプ直近では脈動していてもリアクターに到達するころには脈動が無くなっているだけという可能性がある。その反応にポンプの脈動は関係ないのか，あるいは逆に脈動が必要なのか。有脈動ポンプを使った実験ではそこを検証しないと流量スケールを上げていった際に上手く行かないことがありうる。

ここでひとつの実験結果を紹介する。

配管中に約30mlのエア溜まりを設けて２種類のダイヤフラムポンプを運転した（図21）。１つは１L/min，もう１つは10L/min，配管内の残留エア量は同じでも10L/minのポンプは１L/minのポンプと比べて脈動減衰効果が減少し，脈動率の数値が悪化していることがわかる（図22）。実験のスケールを上げて送液流量が増えると配管内の残留エアのダンパー効果は小さくなり，ポンプ本来

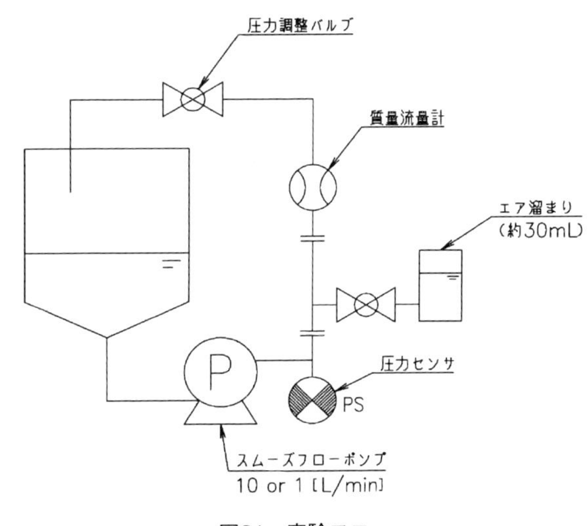

図21　実験フロー

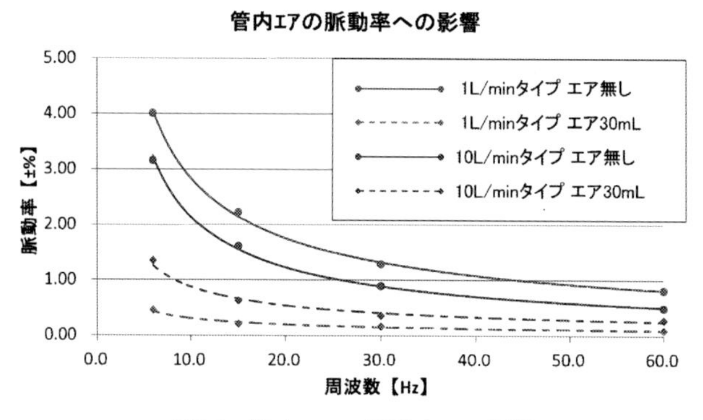

図22　管内エアの脈動率への影響

の挙動が顕在化するのである。従ってラボスケールとスケールアップ時ではリアクターに流入する溶液の送液状態が全く異なる事が起こりうる。その反応が確実にポンプの脈動が必要であるなら別だが，そうでなければラボスケールから脈動の無い原理・構造のポンプを用いるべきなのである。またラボ用のポンプの多くは流量設定値を表示させる機能があり，それをもって実際にその流量が出ていたものとして扱う研究者は多い。しかし生産機の場合は当然そのような運用は許されず，ポンプから実際に吐出されている流量は流量計などの計測機器を設置してモニタリングする必要がある。従って生産機適正の項で指摘した通り実用化を最終目標とした実験であればある流量スケールからはポンプにも流量計や圧力計といった何らかのモニタリングが必須なはずであるが，脈動のあるポンプではモニタリングができない。モニタリングのことを考慮すればラボの段階で，すでに所有しているから，安価だからといった安直な理由でわざわざ脈動のあるポンプを選ぶべきではないことは容易に理解できよう。

4　最後に

極論すれば実験の段階では目的の物質がサンプリングできれば使用するポンプに注意を払う必要は無い。手近にあるポンプの中から最適と思われるポンプを選んで実験を行った場合，選んだポンプに生産機適正が無いと次のステップに移行したとたんに躓いてしまう。デバイスメーカーという立場からフローマイクロ合成研究の現状を見ると，あちこちでこうした問題が起きているように見受けられる。フローマイクロ合成の研究においてポンプ選定はリアクターの設計と同じくらい重要であるにもかかわらず，研究者達がポンプに関する知見を得たり，見聞を広げる機会に恵まれていないためこうした問題が起こっているのではないだろうか。フローマイクロ合成の研究が始まって約20年，学会や講演会で発表される内容にもそろそろ実用化せねばというという研究者達の思いが込められたものが増えてきたと感じる。スケールアップに伴うポンプ選定をプロセス開発者やプラントエンジニアに任せるのではなく，彼らの検討がより円滑に進行するような将来性のあるポンプ，生産機適正のあるポンプを実験段階から選定することも商業化促進のひとつのカギになるのではないだろうか。

文　　献

1） Aiichiro Nagakiほ か17名. *ORGANIC PROCESS RESERCH & Development*, **20**, 1337-1382（2016）

第3章　高定量性の3連式無脈動定量プランジャーポンプ

橘内卓児*

1　マイクロプロセスに必要な液体供給の要素

マイクロプロセスに必要な液体供給機器の条件を以下に列挙する。

①　瞬時の流量変動が少ないこと

マイクロプロセスは，微小量であるうえ，反応時間が非常に短い場合が多い。このため，瞬時における流量変動の極力少ない液体供給が必要になる。またこの瞬時の流動変動は周期性を持つ場合が多く，以下この流動変動を脈動と呼ぶ。

反応時間が長い場合は，仮に混合比率に多少の乱れが生じた場合でも，反応器の内部で緩和され，周期が比較的長い場合であっても，液体供給に流量再現性があれば，混合比はある程度収束する。

しかし反応時間の短い液体の場合，脈動がそのまま混合比となり不都合を招く。また，たとえ，反応時間が比較的長いものであっても，液体の処理量に比して，反応器の容量が小さい場合，混合比の是正が行われる前に反応工程が終了し，適切な反応が行われない。

脈動が少ない液体供給は，マイクロプロセスにおいて最も重要な要素である。

②　供給流量の安定性

脈動がない場合でも，徐々に液体供給量が変化すれば，反応に不適格なことは当然のことである。

反応が急速に起こると，粘度の増化，ゲル化，固体化が起こる場合が多い。このために回路内の抵抗が増し，液体供給により多くの負荷がかかる。自然落差や気体による圧送が不適であるのは，回路内の抵抗が安定しないために，流量変動が生じるという事が最大の理由である。

抵抗変化による吐出圧力変化，粘度変化などの運転条件に変動があっても，安定した流量供給が必要であり，定量性（流量再現性）が求められる。

③　滞留点のない機器，経路

液体や気体が溜まらない機器や回路が必要である。

配管の寸法に変化があると，必ずそのつなぎ目の段差に気体や液体の滞留点ができる。また経路内に高低差や大きな凹凸がある場合も，液体，気体の停滞が起こる。こうした停滞により，液

---

*　Takuji Kitsunai　富士テクノ工業㈱　技術部　部長

体や反応物の物性変化，気体との反応などが起こる場合がある。また気体がダンパーとなりアキュームレータとして機能したり，徐々に排泄されたりして，吐出量不正を起こしたりする。従って機器及び経路は極力滞留の起こりにくい構造にしなければならない。こうしたことは液体ライン混合の常識であるが，小容量精密混合のマイクロプロセスにおいてはより重要である。

④　内部洗浄の容易さ

マイクロプロセスは小さい空間に置いて，反応効率を高めるという，多品種少量生産に向いた手法である。従ってその装置は，極力経路の容積が小さくて，残留液が少ないものでなくてはならない。また滞留点の多い経路の洗浄性が悪いのは明らかであるが，経路内の表面粗さが悪いものも，残留物の洗浄が容易でなく，残留物質がトラブルの原因となることもある。従って高いサニタリー性をもつ経路が必要となる。

⑤　連続運転

マイクロプロセスは実験から生産までの一貫性を求められた手法である。連続運転は必須であり，液体供給機器は当然連続運転が必須である。

⑥　外気遮断性

マイクロプロセスにはブチルリチウムのように反応性の高い液体を扱う場合が多い。これらは空気中の酸素や水分と激しく反応する嫌気性を有する。そのためこれらを遮断することができる機器でないと使用できない場合が多い。また経路中の空気も窒素などの不活性ガスに置き換えることができる構造を有したものでなくてはならない。

⑦　耐食性

マイクロプロセスには強酸など腐食性の高い液体を使うことも多々ある。このため接液部には，PTFEなどの樹脂やハステロイ®類の耐食性の高い金属，ファインセラミックなどを，必要に応じて選択する必要がある。

⑧　スラリー液対応

時としてスラリー液対応を求められる場合もある。これは物体の大きさ，硬度，粘着性，溶液との比重差などにより，移送の難易度が異なり，機器により送液可能の範囲が大きく異なる。

⑨　その他の注意事項

以上がとりわけマイクロプロセスに求められる要素であるが，産業用途を最終目的としている以上，長期仕様に耐える堅牢さ，消耗品交換の容易さなどは，当然のことである。

2　マイクロプロセスに必要な液体供給機器

1節で述べた必要要素から，マイクロプロセスにおいて必要な液体供給装置は，容積変動により液体を移送する，容積式ポンプに限定される。以下に候補になる主要な容積式ポンプとその特徴及び問題点を記載する。

2．1　精密ギヤーポンプ

ギヤーポンプは，大きく分けて内接と外接があるが，そのいずれの場合も摺動部品間のクリアランスが大きいために，液の内部漏洩が大きい。

取り分け，低粘度液の場合，清水程度であっても，ほとんど昇圧できない。仮に昇圧できる程度の粘度であっても，吐出圧力の変動があると，大幅に流量変化が生じ，混合比率が著しく変動する。またギヤーの歯形の通り流量変動するので，瞬時流量の変動も起こる。とりわけ低回転ではその影響が大きい。

他のポンプと比較してコンパクトであるため，空間的制約を受けて使わざるを得ない場合も，適当な粘度の液体であることと，反応後の抵抗が一定で吐出圧力に変動がないことが必須条件である。またスラリー液は対応不能と考えてよい。

2．2　一軸偏心ねじポンプ（モーノポンプ）

このポンプは理論上，連続した一定量の吐出が可能である。しかし現実は，ギヤーポンプ同様内部漏洩が著しい。このために吐出圧力の変動に対して著しく流量変動を起こす。またロータ（偏心ねじ）とそれを取り巻くステータからなり立っている。通常ステータにはゴムなどの，弾性体を使用する。しかし溶剤などを移送する際には，ステータにPTFEを使う場合が多く，より激しい内部漏洩が起こる。

このポンプは高粘度液を低圧で移送するのに適したものであるが，少量で低粘度，かつ反応性の高い液体が多いマイクロプロセスの用途では，このポンプも不適当である。

2．3　高速液体クロマトグラフィー（high performance liquid chromatography，略称：HPLC）用ポンプ

これは用途を指した呼び名であり，多くは分析用に作られた，2連式プランジャーポンプを指す。本来2連式無脈動定量プランジャーポンプに分類すべきであるが，マイクロプロセスの実験段階において，このポンプを使用することが多いために，この標記にした。

これらは脈動を少なくするために，等速度カムが使用されており，それをオーバラップさせ速度の和が一定になる様に作られている。（詳細機構は3．3項に述べる。）

しかし吸入側は断続し脈動となる。加えて吸入期間が短くなり，流速が早くなる。そのため，経路内で乱流を起こし易く，ポンプ内の逆止弁の再現性低下の可能性がある。また吸入行程の最

大速度が著しく大きくなり，同時に圧力の変動が起こることでキャビテーションが発生しやすくなる。その結果吸入不良やいっそうの乱流を生じる。従って脈動を制圧する範囲が極めて小さい。

加えてこのポンプは分析を主目的に製造されているために，耐久性があまり考慮されていない。従って24時間連続運転などの過酷な条件には対応できない場合が多い。同様の用途であるが，主に生産として行われる分取では，耐久性を重視した，異なったポンプが使われる場合が多い。

また高速液体クロマトグラフィーでは，例外として複数台のポンプを繋ぎ，各々の流量をコントロールして溶媒混合比を変化させるグラジェント分析は，高度な流量制御が求められるが，一般的にはカラムへの衝撃緩和を第一目的にしているために，定量性もさほど要求されない。そのため加工や仕上げが荒いものが多く，実験用としては使えるものもあるが，産業用として使用するには無理がある。

2.4　シリンジポンプ

一般に医療用に使われるポンプを指す場合が多いが，マイクロプロセスにおいては，単気筒のシリンダーとプランジャーを備え，高速液体クロマトグラフィー用ポンプで述べた等速カムや，ボールねじとサーボモータの組み合わせにより，プランジャーを動かす機構を持ったポンプを言う。すなわち単気筒の高速液体クロマトグラフィー用ポンプと考えてよい。

問題点も同様だが，加えて致命的なことは，連続性の欠如である。従って実験における，ごく少量のサンプル生産用途に限られる。

2.5　2連式無脈動定量プランジャーポンプ（産業用）

高速液体クロマトグラフィー用ポンプと同じ原理である。従って特徴もほぼ同じであるが，産業を想定しているので，堅牢に製作されている。しかし大容量を想定しているので，マイクロプロセス用途には大きすぎるものが多い。そのために低回転域で使用しなければならず，定量性や脈動の観点から，性能の低い領域で使うことになる。また耐久性の高いシールを使っているために，液の漏洩も多く，この点からも微細制御には向かない。

2.6　ダイヤフラムポンプ

ダイヤフラム（隔膜）ポンプとは，ダイヤフラムを内蔵する往復動ポンプであるが，マイクロプロセスで使用するには，無脈動定量プランジャーポンプにダイヤフラムを施したものでなければならない。

ダイヤフラムの最大の特徴は無漏洩であることと，気体を完全に遮断することである。従って反応性の高い液体でも，比較的容易に取り扱う事ができる。しかしその材質は多くの場合PTFEが使われており，2MPaを超えるような圧力に耐えることができないものが多い。またプランジャーの動きを液体を介して伝えるために，脈動，定量性ともプランジャーポンプと比較した場合劣る。加えてダイヤフラムを接液部に備えるために，全体が大きいものになってしまう。

またこれも産業用を想定しており，マイクロプロセスにおいて使用するには，大きすぎて，性能のより低い領域で使わざるを得ない場合が多い。

3　3連式無脈動定量プランジャーポンプ（写真1）

マイクロプロセスにとって必要な要素を総て備えているのが，3連式無脈動定量プランジャーポンプである。

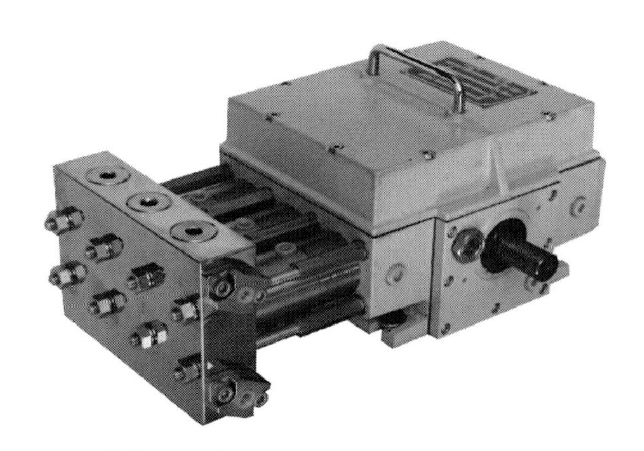

写真1　3連式無脈動定量プランジャーポンプ

3．1　往復動ポンプ

往復動ポンプは，容積式ポンプの中でも抜きんでて高い定量性を誇ると共に，たやすく高圧を発生することが可能で，現在定量ポンプとして幅広く使用されている。しかしそれは，クランクなどを用いて回転運動を，ピストンもしくはプランジャーでの直線運動へと変換するため，吐出量の変動をきたし，脈動を発生する欠点がある。脈動を解消するため，クランクの代わりに高速液体クロマトグラフィー用ポンプの項で述べた，等速カムを用い2連式にて変動を打ち消すようにして吐出量を一定にしたものがあるが，脈動を大幅に少なくすることはできていない。その上種々の問題点を抱えている。またプランジャー（ピストン）数を増やし，クランク運動の回転数を上げる方法もあるが，合算された流量は一定にすることはできず，定量性の低下，キャビテーションや振動発生と共に，耐久性にも難点がある。こうした諸問題を克服したのが3連カム駆動プランジャー方式である。プランジャーポンプの高い定量性を生かしながら，脈動を限りなく少なくした定量ポンプの原理及び，マイクロプロセスにおける優位性を解説する。

3．2　従来の往復動ポンプ

往復動ポンプにおいて最も古典的なものは，アキシャル多連式プランジャー（ピストン）ポンプで，1本当たりの行程は図1のようになる。

これはモータなどの回転運動をプランジャーの往復動に変換するため，その速度は正弦曲線を描く。またプランジャーの体積は一定であるので，その移動量が吐出流量になる。従ってポンプは脈動を起こす。

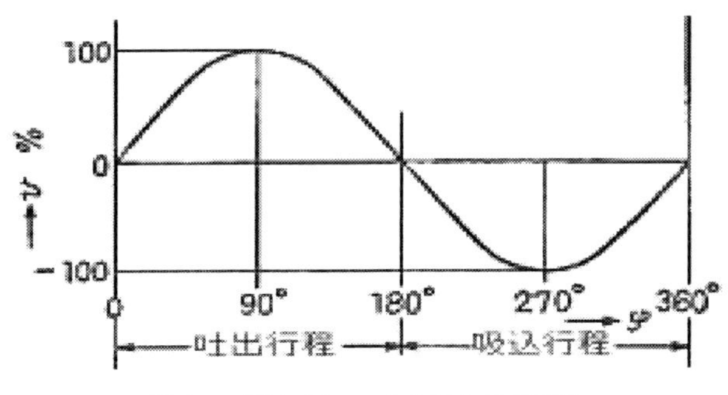

図１　プランジャー１本当たりの行程

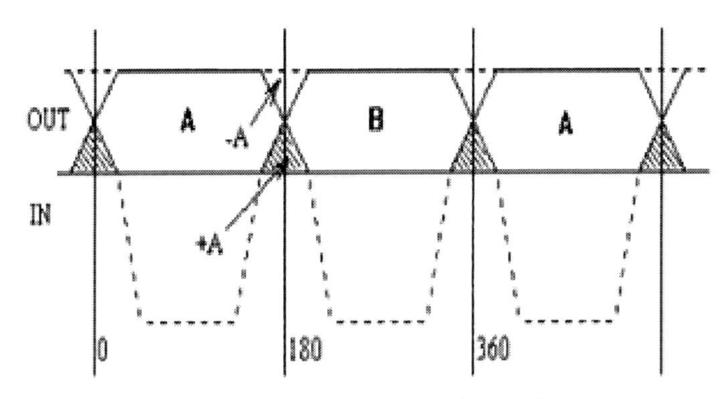

図２　２連式無脈動定量ポンプの吐出曲線

３．３　２連式無脈動定量プランジャーポンプ

２連式無脈動定量プランジャーポンプは，プランジャーの加速度を３種類に分ける，等速度カムが使用されており，それをオーバラップさせ（図２斜線部分），２本のプランジャーが作る速度の和が一定になる様に作られている。

即ち１本のプランジャーは加速，等速度，減速の３種の異なる動きをする。吐出側（図２中央の横断線より上部）の加速領域と減速領域で，２本をオーバラップさせることにより，一方の減少分を他方が補い，全体として一定になる。

しかし吸入側（図２中央の横断線より下部）は吐出側で２本をオーバラップさせるために，その間は断続し脈動となる。加えて吸入期間が短くなり，流速が早くなる。そのため，経路内で乱流を起こし易く，ポンプ内の逆止弁の再現性を低下させる可能性がある。また吸入行程の最大速度が著しく大きくなり，同時に圧力の変動が起こることでキャビテーションが発生しやすくなる。その結果吸入不良やいっそうの乱流を生じる。従って脈動を制圧する範囲が極めて小さく，使用できる液体も限定される。

3．4　3連式プランジャーポンプ

このポンプは旧来，定量供給，洗浄用途に使われており，その吐出流量は図3の通りである。即ち各々のプランジャーの位相を120°ずらすことにより，合算した流量の不均等を小さくしているが，依然として不均一であり，脈動が発生する。

脈動をより小さくすために，プランジャーの数を増やし，より多連（奇数個，偶数の場合共振し脈動が増す。）にしたものもあるが，脈動を消すことはできない。

しかしこのポンプの長所は吐出側と吸入側の速度が点対称になる。従って2連式無脈動定量プランジャーポンプに見られるような，吸入側の影響を過度に吐出側に与えることがない。

3．5　当社製3連式無脈動定量プランジャーポンプ

2連式無脈動定量プランジャーポンプを発展させ3連式にすることにより，3連式プランジャーポンプの長所が加算され，2連式で問題となっていた箇所が総て解消される。即ち図4に示され

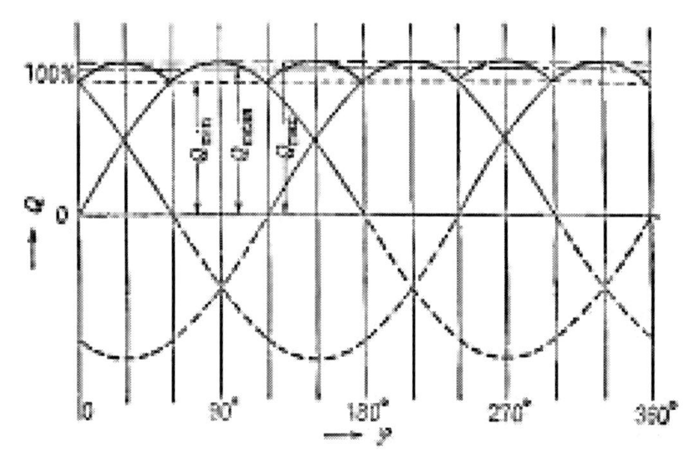

図3　3連式プランジャーポンプの吐出曲線

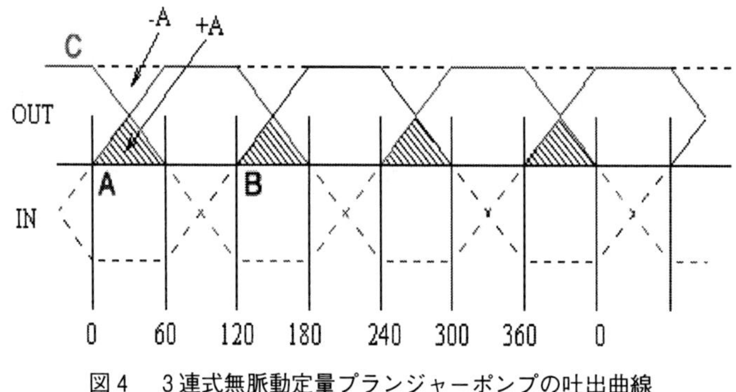

図4　3連式無脈動定量プランジャーポンプの吐出曲線

るように，１本のプランジャーの吐出曲線は吸入側と吐出側が点対称をなして同じであることから，合算したものは吸入側及び吐出側においても一定となる。従って吸入側で脈動が発生しないため，層流になりやすく逆止弁の開閉に影響を与えない。また吸入と吐出それぞれの各最大速度の絶対値は等しくなるので，速度変化による圧力の低下が起きないのでキャビテーションも発生しにくくなる。なおプランジャーを４連式以上にしても，性能上は３連式と変わらず，部品点数の増加になり，コストアップやメンテナンス時の手間の増加となり，全く意味を成さない。

３．６　当社製３連式無脈動定量プランジャーポンプの性能

内部漏洩が少なく，瞬間的な流動変動である脈動がほとんどないため，流量再現性が広範囲で高いポンプとなった。

清水の場合，１～120回転毎分の範囲に於いて流量再現性が±0.1％以下になる。これはポンプの使用全域に於いて，同条件であれば，単位時間当たり±0.1％以下の誤差で，吐出することである。

またポンプの最適条件下では表１に見られるように0.017％の誤差に入っている。（データは機種により，異なる。）

またこのポンプは条件変化があったとしても，微小な吐出量変化しか生じない。代表データと

表１　一定条件下における吐出誤差

番号	液温（℃）	吐出圧（MPa）	ポンプ回転数（rpm）	重量（g）	時間	比重	吐出量（ml）	理論吐出量（ml）	容積効率（%）
1	14	0.5	45.00	58645.02	10分	1.0000	58645.02	59376.1050	98.77
2	14	0.5	45.00	58643.16	10分	1.0000	58643.16	59376.1050	98.77
3	14	0.5	45.00	58643.50	10分	1.0000	58643.50	59376.1050	98.77
4	14	0.5	45.00	58647.47	10分	1.0000	58647.47	59376.1050	98.77
5	14	0.5	45.00	58640.26	10分	1.0000	58640.26	59376.1050	98.76
6	14	0.5	45.00	58647.73	10分	1.0000	58647.73	59376.1050	98.77
7	14	0.5	45.00	58648.56	10分	1.0000	58648.56	59376.1050	98.77
8	14	0.5	45.00	58638.33	10分	1.0000	58638.33	59376.1050	98.76
9	14	0.5	45.00	58643.44	10分	1.0000	58643.44	59376.1050	98.77
10	14	0.5	45.00	58642.57	10分	1.0000	58642.57	59376.1050	98.76
11	14	0.5	45.00	58643.62	10分	1.0000	58643.62	59376.1050	98.77
12	14	0.5	45.00	58642.17	10分	1.0000	58642.17	59376.1050	98.76
13	14	0.5	45.00	58647.86	10分	1.0000	58647.86	59376.1050	98.77
14	14	0.5	45.00	58638.41	10分	1.0000	58638.41	59376.1050	98.76
15	14	0.5	45.00	58640.67	10分	1.0000	58640.67	59376.1050	98.76

重量最大値（データ７）－重量最小値（データ８）＝10.23g（誤差幅）
10.23g（誤差幅）÷58.643.52g（重量平均値）×100＝0.017％

して示された表2は，清水を1～90回転毎分のポンプ速度の範囲で，吐出圧力を0.5～4.0 MPaまで変化させて計測し，ポンプの容積効率（実吐出量／理論吐出量）を列記したものである。この範囲の中で，理論吐出量に対して，1.9％の範囲に総てのデータが含まれている。

これはいかなる流量計の精度をも凌駕する。（データは機種により，異なる。）従って，こうした広範囲に及ぶ条件変化の中で吐出量にほとんど変化を生じないために，反応により，経路内の抵抗が大きく変わり，吐出圧力に変動があったとしても，生成物の混合比率がほとんど変化しない。

4　3連式無脈動定量プランジャーポンプのマイクロプロセスにおける適応性

マイクロプロセスにおいて要求される事項ごとに，当社製3連式無脈動定量プランジャーポンプの優位性を記載する。

4.1　性能

脈動を抑え，安定供給を行うというマイクロプロセスにとって最有効事項に，最も適していることは，記述の通りである。

またこのポンプは産業用として製造されたものをベースに，小型化されているために堅牢で，過酷な連続運転にも耐えうることができる。逆にたやすくスケールアップも可能であり，実験で取得したデータをそのまま応用できる。加えて100 MPaを超える超高圧や200℃を超える高温にも使用可能である。

表2　条件変化における容積効率の差異

番号	吐出圧力（MPa）	回転数（rpm）	容積効率（％）
1	0.5	1	98.67
2	2.0	1	97.58
3	4.0	1	97.02
4	0.5	45	98.77
5	2.0	45	97.97
6	4.0	45	97.67
7	0.5	90	98.98
8	2.0	90	98.28
9	4.0	90	97.88

電子天秤によるバッチ計算
使用機種：HYSB40（139.4ml/rev.）
液体：精製水
各10分間計量

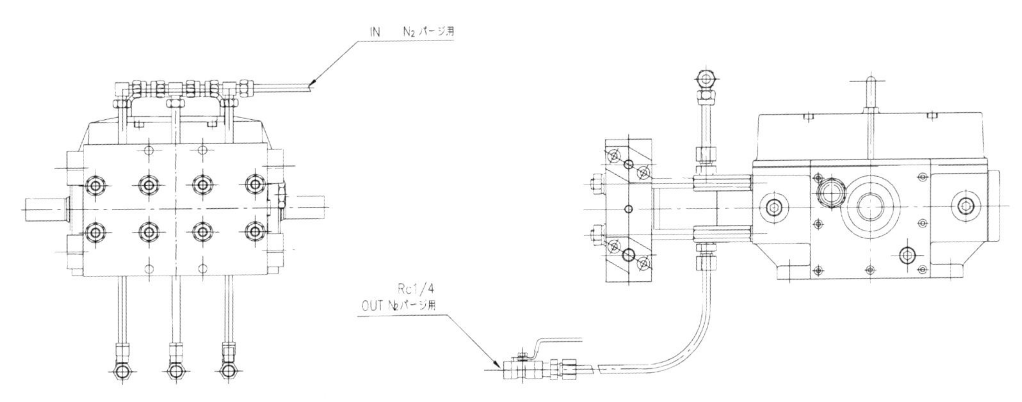

図５　窒素による外気遮断

４．２　外気遮断性

プランジャーポンプはダイヤフラムポンプと異なり，通常外気を完全に遮断することができない。当社製ポンプはプランジャーの表面仕上げを極限に施し，密閉性の高いシールを採用している。そのため長期間使用しても滴下することも起こらないが，それでもなおごく微小な痕跡は残る。そのために通常図５のように，窒素などによる不活性ガスシールを行い，液体と外気を遮断している。

写真２　外気遮断箱

またブチルリチウムの様に極端に反応性が高く，分解，組立時にも外気を遮断する必要がある場合，写真２のような外気遮断箱にポンプを収納することもできる。これによりダイヤフラムポンプに勝る作業性が得られる。

４．３　耐蝕性

標準品の接液部の材質はSUS316（オーステナイト系ステンレス）とガスケット部としてフッ素ゴムが主要である。その他ハステロイ®C22やハステロイ®B，PTFE，ガスケットとしてカルレッツ®，EPDM，シリコンなど広い範囲から条件に合わせて選択可能である。

４．４　耐スラリー液性

物体の大きさがナノレベルであり，分離沈降することがなければ，ほぼ移送可能である。また，数十ミクロンレベルでも条件により送液可能である。

弁機構を持つポンプであるので，非ニュートン流体や粘着性が強い液体は送液しにくいが，液溜の少ない構造になっているため，他のポンプと比較して，分離沈降が起こりにくい。また液に剪断をかけることが少ないので，摩耗も最低限に抑えられる。

マイクロプロセスに使用可能なポンプとしては，最もスラリー液に対応したものである。

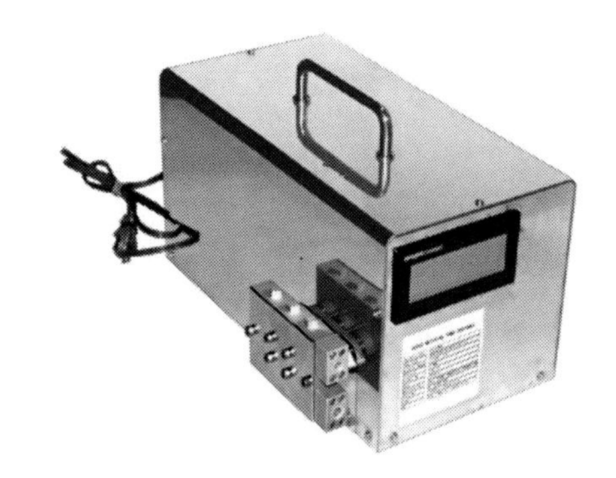

写真３　ポータブル型

４．５　操作性及び制御の拡張

実験室などで簡易に使用できるポータブル型を用意している（写真３）。家庭用電源に繋ぎ，配管を施すだけで，簡単に使用できる。

手動運転以外に流量設定，時間設定運転が可能であり，作業の効率化が図れる。また，同様の制御が複数台可能なシステムがある（写真４）。混合比，運転時間の設定が自在であり，複数のポンプを同時制御する，システム（付属機器，制御ソフト）を用意している。

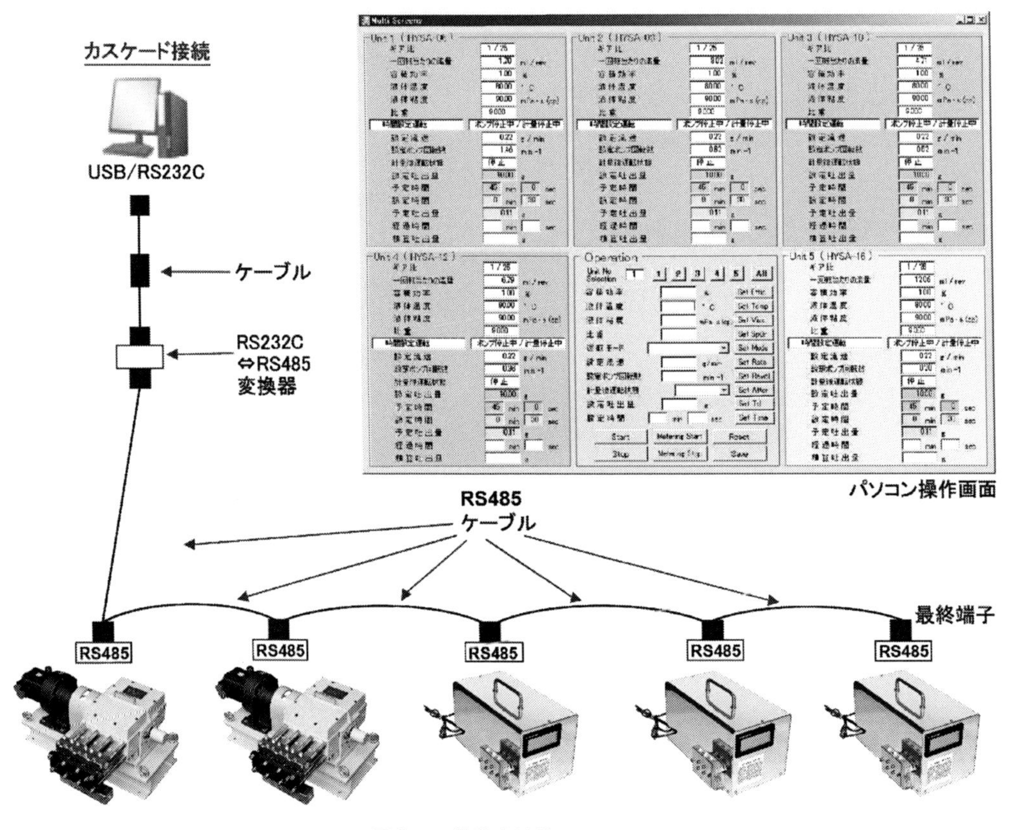

写真４　複数台連結システム

４．６　ブチルリチウムの連続運転

ブチルリチウムの精密制御はマイクロプロセスにおいて，大きな課題である。即ち反応性が強すぎるために，連続処理は困難とされていた。

当社は2010年にn-ブチルリチウム2.5 mol/Lの14日連続運転に成功した。14日にて打ち切ったが，その後の運転も可能な状況であった。

マイクロプロセスにおけるブチルリチウムの使用を可能にする大きな前進であり，その後複数の顧客で使用されている。

第4章　医薬品を中心とした少量・中規模マイクロリアクタシステム

前澤　真*

1　はじめに

ワイエムシィ（以下，YMC）は，フローマイクロを用いた有機合成への応用に注目し，ラボスケールで「コンピューター制御によるフロー反応」を具体化できるKeyboard Chemistry®シリーズの製造・開発・販売を行っている国内メーカーである（http://www.ymc.co.jp)。

現在までに当社当該システムを利用した，収率向上や副反応の抑制，特異性や選択性に寄与する数多くの反応例が報告されている。

ラボスケールのフロー装置には，収率向上や特異的反応に加え，省スペース，省コストで大量合成が可能であることが期待される。すなわちコンパクトに設計された装置を用い，できる限り反応槽（反応用カラム）への単回通液のみで反応を完結し，短時間に多くの反応液を処理できることで，利用価値が非常に高くなる。またラボスケールでの結果をnumbering-upすることにより，フロー合成を利用した医薬品の製造工程を実用化しようという試みも盛んに検討されている。

2　YMC製マイクロミキサの特徴

現在当社では3種類のミキサを製造・販売しており，各種有機合成，微粒子合成，エマルジョン作成に用いられている。各ミキサの流路を図1に示す。

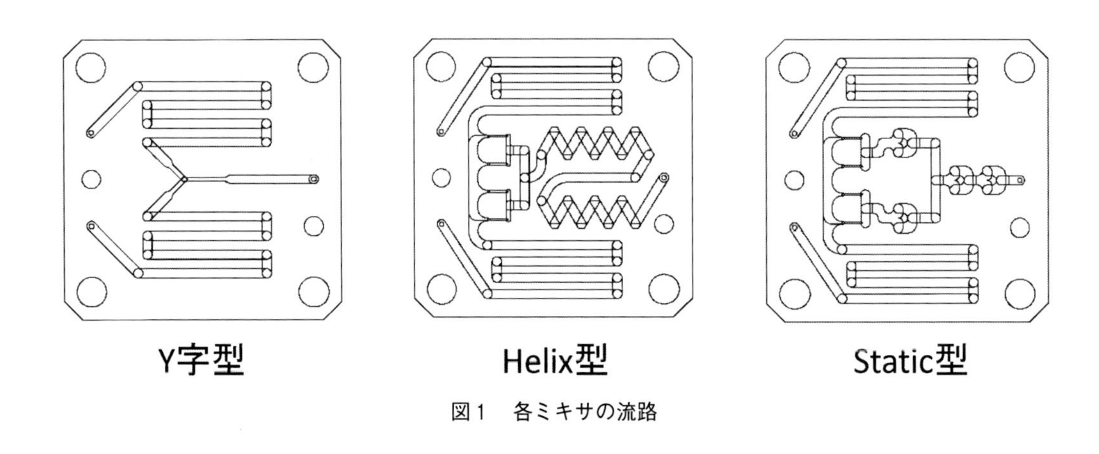

図1　各ミキサの流路

＊ Shin Maezawa　㈱ワイエムシィ　東京営業部　次長

各種のミキサの大きな特徴は攪拌効率の違いによる。攪拌効率についてはダッシュマン反応を用いて測定しており，HELIX＞Static＞Y字の順に，より低流速域に於いて攪拌効率が高くなる。

フローマイクロ合成は「攪拌効率」「熱交換」「反応時間」の３項目が律速となる反応系に特に効果を示す合成手法であり，下記３種類のミキサを適切に使用することでフローマイクロ合成の効果を最大限に発揮する事ができる。

下記にVillermaux-Dushman反応を用いた攪拌効率を図２，３に示す。

3　YMC製マイクロリアクタについて

YMCでは各種反応系への対応を目的として，液-液，気-液，気-固-液の反応系に対応したフロー合成装置の開発・販売を行っている。これらの装置は一般的に実施されている有機合成反応の実施に対応しており，ユーザーの目的に合わせたカスタマイズも可能である。

前節で紹介したマイクロミキサを用いた検討には適した装置が必須であり，YMCでは独自のノウハウを生かしたフロー合成装置としてKeyChem（KeyboardChemistry）シリーズの開発・販売を行っている。

事項より各種装置の詳細について紹介する。

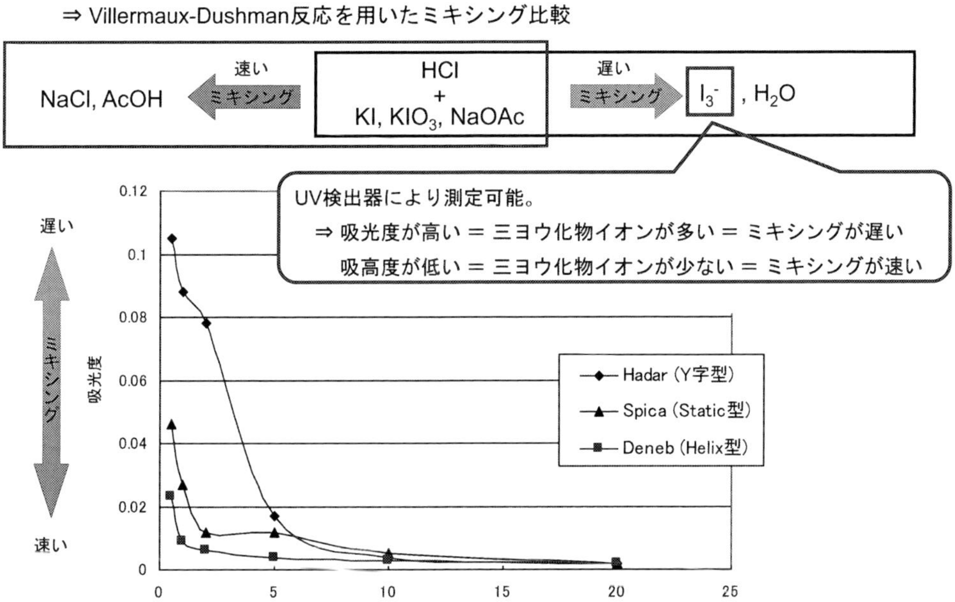

図２　KeyChem®用ミキサ攪拌効率の違い
３種類の流路形状

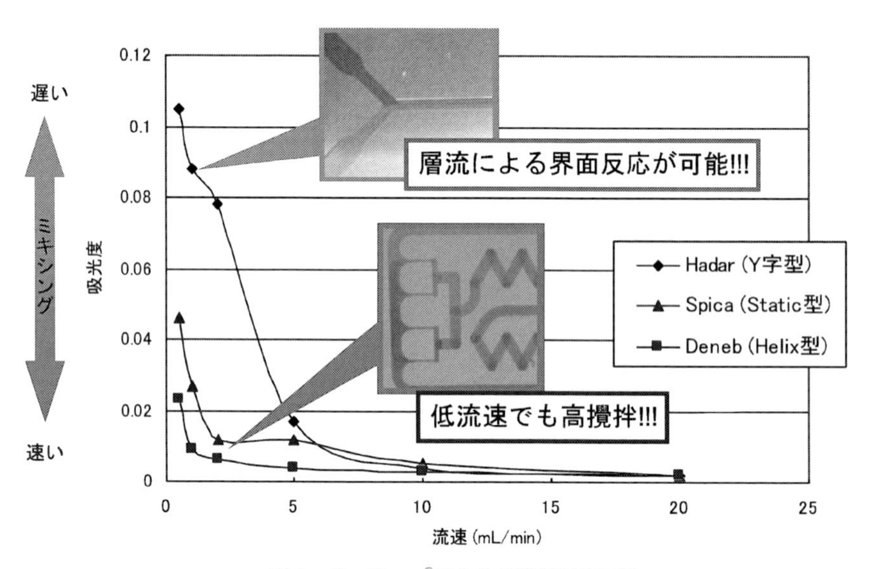

図3　KeyChem®用ミキサ攪拌効率の違い
3種類の流路形状

3．1　KeyChem-Basic，L/LPの特徴

KeyChem-Basicは液-液系反応を主として実施可能な簡便なフロー合成システムである。フロー合成初心者にとってはどの様なミキサ，パーツを選択し，効率的なシステムを組めばよいか判断が難しいところがある。

この装置では試薬送液用に簡便なシリンジポンプ及び当社で開発したマイクロミキサを一式として販売しており，初心者にとって最適な装置となっている。こちらの装置を使用する事でフロー合成導入実験として液-液反応，気-液反応等を実施する事ができる。また，こちらの装置はマイクロミキサの数を増やす事で，簡便に反応段数を増やす事ができる。

装置をセットアップした状況を写真1，2に示す。

KeyChem-L/LP（写真3）は液-液反応用として開発した自動反応用フロー合成装置である。流速，温度，圧力等をモニタリングしながら最適な反応条件を検索するシステムであり，スケールアップ検討にも最適である。

フローマイクロ合成での検討では実験者により再現性が取れない事があるが，反応条件をより自動化する事で再現性を高める事ができる。両システムには低温（−15～80℃）・高温（r.t.～200℃）の両タイプをラインナップしており，各種反応に対応可能となっている。

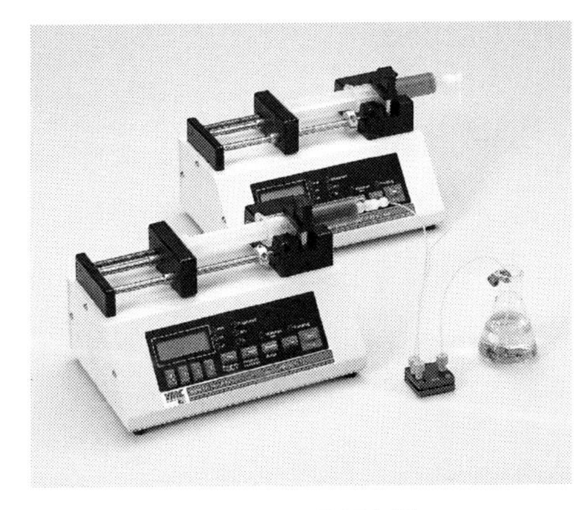

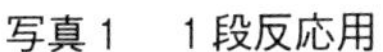
写真1　1段反応用

写真2　2段反応用

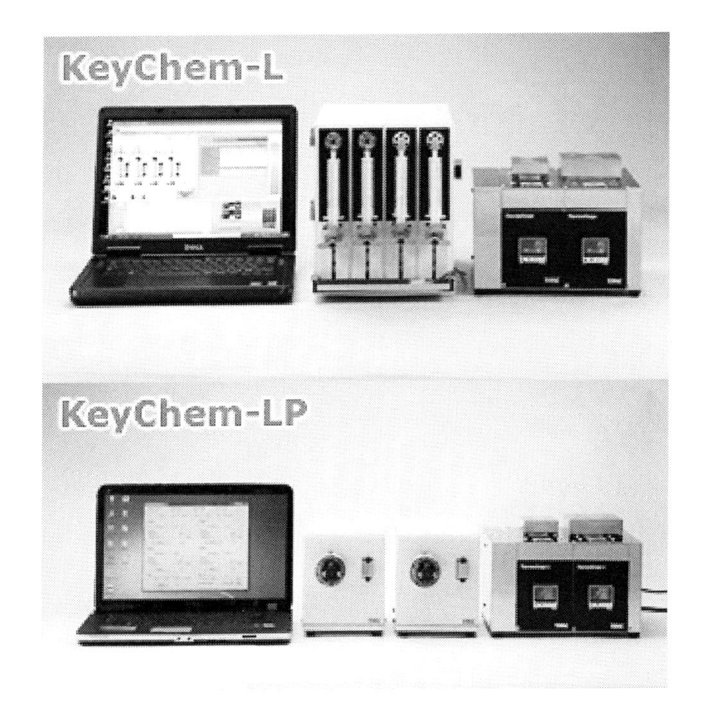

写真3　KeyChem-L/LP

KeyChem-Lでは送液ポンプとしてシリンジポンプを採用しており，より精密な送液が可能である。KeyChem-LPではポンプにロータリープランジャーポンプを採用しており，スラリー状態の反応用液が送液可能となっている。

マイクロミキサはKeyChem-Basicと同じ物を使用しているため，KeyChem-Basicで検討した反応条件を再度KeyChem-L/LPで実施する必要はない。また，スケールアップ検討にも適しており，KeyChem-Lでの実績では1時間当たり約50 gの生成物を得る事が可能である。

3．2　KeyChem-H，水素吸蔵合金キャニスター，5%Pd/SCの特徴

KeyChem-Hは，室温～100℃までの温度設定と，高圧ガス保安法の適用とならない0.7 MPa以下の圧力設定で操作可能なフローシステムである。

また簡便なタッチパネル方式を採用し，インジェクションバルブとサンプルポンプ双方からの反応液供給が可能であり，少量～大量まで幅広いスケールで還元反応を検討することができる。

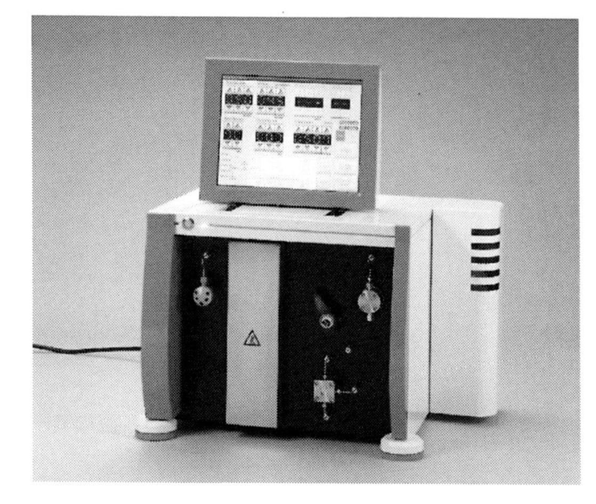

写真4　KeyChem-H

水素吸蔵合金キャニスターは，水素を可逆的に吸放出できる吸蔵合金素材を利用し，水素ボンベの約1/3程度の小型容器で同量の水素を貯蔵することができるコンパクトな水素源である。また水素を圧縮充填していないため圧力容器には該当せず，実験室のドラフト内に装置と共に設置して簡便に利用できる。

5%Pd/SC（Spherical Carbon）は，球状活性炭に0価のパラジウムを担持した触媒であり，必要に応じて4.6～10 mmφ内径のカラムに充填して利用する。本触媒を用いると，ベンジルエステルやハロゲンを維持したまま，同分子内のニトロ基やオレフィンを選択的に還元できる。

装置や器具を排気設備内にセットアップした状況を写真4に示す。

3．3　KeyChem-Lumino2の特徴，光源の紹介

KeyChem-Lumino2は，広範囲の波長（240～600 nm）で高エネルギーの光照射ができる角型中圧水銀ランプ，及び単波長光源としてLED光源（365 nm）から光源を選択できるシステムである。

光源はハウジングに取り付けると光がマイクロリアクタ全般に均一に効率良く照射され，またリアクタの下部に装備された温度制御装置により，精密な温度制御が可能となっている。

装置や器具のセットアップを写真5に示す。

4　KeyChem-Integralの特徴，紹介

KeyChem-Integral（写真6）は前項までに紹介した各フロー合成装置を統合した異相系フロー合成装置であり，液-液，気-液，気-液-固反応を実施する事ができる。

特徴としては各反応場となる試薬反応用送液ポンプ，ミキシングユニット，接触還元用カラム

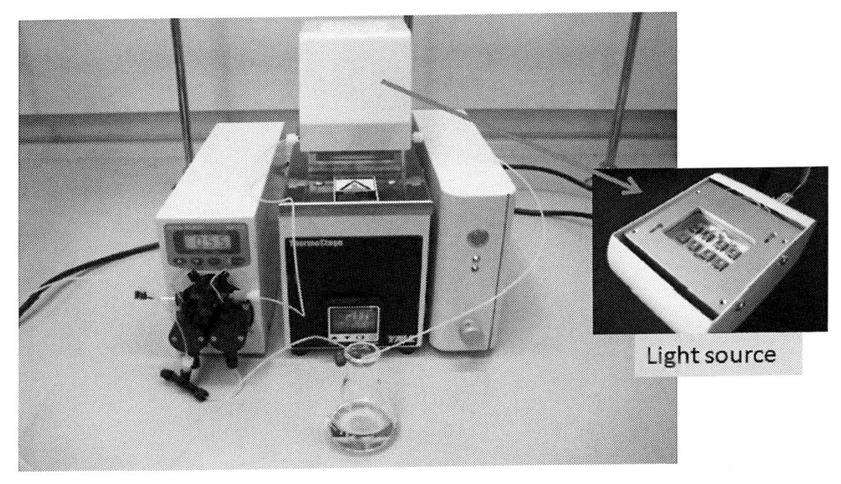

図5　KeyChem-Lumino

オーブンユニット，気体反応用マスフローコントローラー等が個別のユニット形式となっており，必要な反応に応じて各ユニットを増減する事が可能となっている。

また，気液反応には多孔質テフロンAF2400を用いた気液反応ユニットを備えており，各種気体を用いて効率的な気液反応を行う事ができる。

写真6　KeyChem-Integral

5　おわりに

有機合成にフロープロセスを取り入れることで，反応加速や副反応の抑制，特異的，選択的反応等の効果が得られ，バッチ法と比較してより効率の高い生産性が達成できる。

また，工業的に使用するにあたりスケールアップへのよりスムーズな移行も今後必須となる。特にユーザーからの工業化への要望が高い「ポリマー重合」「微粒子作成」については，早急な対応が必須となる。YMCでは既に販売を行っているKeyChemシリーズでの検討結果を基に工業を見据えたスケールアップ装置の特注機開発を行っている。

フロー合成とバッチ法を上手く連動させ，「液クロ装置で反応から精製まで」を具体化できる高効率システムを常に提供できることが，マイクロリアクタ領域とクロマトグラフィー領域の両方にプレゼンスを持つYMCの重要な使命である。

第5章　連続フロー式マイクロリアクターシステム

野村伸志*

1　はじめに

21世紀において，持続可能な社会を築くために，物質製造プロセスは安全にして環境低負荷型のプロセスであることが切に求められている。特に，ファインケミカル分野や医薬品分野の合成技術については，安全性の向上ならびに環境負荷につながる副生成物の産出低減を如何に成し得るかが大きな課題となっている。

そのため，合成方式自体が従来のバッチ方式に代わる方式として，フロー方式が提唱され，徐々に業界認知度も高まり始めている。本来であれば，フロー方式のシステムはエネルギー効率や混合効率の観点から優れた合成方式として大いに活用されることになるはずである。しかしながら，日本においては，フロー方式を実生産レベルで採用している例はあまり多くはないのが実情である。そのため，現状では高価な欧米からのマイクロ反応デバイスが継続してシェアを占めるといういわば草刈り場的な状況が見られている。

その背景には，フロー方式の有機合成技術とその技術を最大限に生かせるデバイス製造技術が融合していない現実があることを認識しなければならない。

フロー方式の最大の利点である高効率反応プロセスを実現するためのキーデバイスとなる先進型マイクロ反応デバイスを生み出すためには，高度な微細加工技術が必要となる。日本の加工業の技術をもってすれば，海外の先行システムメーカーやデバイスメーカーに肩を並べることは可能なことではあると考える。しかしながら，プロセスならびにデバイス設計のキーとなる有機合成技術，フロー系での化学合成技術との融合無くして，有益かつ革新的なシステムならびにデバイスの開発は成し得ない。

当社は，フロー方式の有機合成技術の権威である大阪府立大学の柳教授との出会いから，合成技術者の観点から真に求められる多目的型にして汎用性のあるフロー方式を前提とするマイクロ反応デバイスの開発とそれらを基礎とした化学反応システムの構築に取り組むこととなった。

本稿では，その成果として得た「連続フロー式マイクロリアクタ‐-システム」ならびにその機能を最大限に生かすための反応デバイス，多岐に渡る反応に対応するための各種デバイスを紹介する。

*　Shinji Nomura　㈱中村超硬　新規事業開発室　副室長

2　連続フロー式マイクロリアクターシステム

本項では，当社が大阪府立大学柳・福山研究室と共同で開発した連続フロー式マイクロリアクターシステム「X-1α」の基本システム構成・基本機能及び代表的反応における検証データについて紹介する。

2．1　X-1αの基本システム構成・機能

合成技術者にとって一番身近な反応デバイスはフラスコである。フラスコでは仕込みの量，反応の雰囲気・温度，基質の数などに応じて合成技術者が任意に組み立てている。フラスコに代わる反応デバイスとしての連続フロー式マイクロリアクターシステムを考慮した場合，構成する各ユニットには合成技術者の意図が反映され，融通が利くことが求められる。フロー方式マイクロリアクターのシステム構成は至極シンプルであり，大きく区分すると送液ユニット・混合ユニット・反応ユニット・回収ユニットからなる。つまり，この各ユニットに合成技術者の意図を反映できるようカスタマイズ可能な仕様こそが，フラスコの代替として適したデバイスとなり得る。送液ユニットは２液又は３液とし，３液目は反応液としてもクエンチ液としても使用可能である。制御が複雑にはなってしまうが，４液目以上の送液ポンプを装備することも可能である。高度な工程設計が必要とならない反応には，即座に反応しない基質同士の混合を事前にしておくことをお勧めする。無論，基質の組み合わせが反応に影響するため，検討は必要であろう。広く知られているプレートタイプのマイクロリアクターでは混合ユニット，反応ユニットを一体化したタイプが多い。しかし，混合方法（ミキサーのタイプ）を変更することでも反応に影響を与えるため，X-1αではミキサー交換を自由にできるように別々のユニットとした。これの詳細は「３．１　ミキサー」の項で説明することにする。反応ユニットはRTU（Residence Time Unit）とも呼ばれ，このユニットに滞留する時間が反応時間と定義される。そのため，反応時間に応じた長さが確保できるように設定している。また光反応に関しては別のユニットが必要となるのでこちらは「３．３　光反応用ユニット」の項で紹介する。最後に回収ユニットになるが，これは後段での「最適反応条件自動探索」システムと合わせて紹介する[1]。

また，別の観点から合成技術者の意向をくみ取ると，合成条件をマルチに変更し，最適条件を導き出すことも重要である。合成条件には混合効率，基質の当量比，反応温度・時間などが挙げられる。これら諸条件を変化させるには数多くの実験・分析を繰り返し，情報を収集する必要性がある。しかしながら，分析は少量のサンプルで可能であるが，合成実験の小スケール化には限界があるのも事実であり，そのため多くの無駄（コスト面，時間面）が生じている。連続フロー式マイクロリアクターシステムとすることにより分析に必要な量だけを採取し，且つ条件検討の煩わしさを軽微にすることが求められている。

上述の「カスタマイズ可能なユニット」と「反応条件検討の簡便化」を当社の連続フロー式マイクロリアクターシステムの基本コンセプトとした。これにより合成技術者が反応デバイスに合

わせる（寄せる）のではなく，合成技術者の意向に合わせたシステム構築が可能となった。各種デバイスのカスタマイズ（拡張性）については「3　各種デバイスによる拡張性」の項で記載することとし，後段からは反応条件検討の簡便化を実現するための「最適反応条件自動探索」システムについて紹介する。

最適反応条件を探索するためには，上述のように反応温度・時間，基質の当量比などをマルチに変更する必要がある。当システム内の「Optimum Reaction Condition Search」モードでは，基本条件として反応温度と反応時間の各々の最小値・最大値及びその間の実験点数を入力することで最大20条件を自動生成することができる（図1上段）。例えば40℃から90℃の間で5点行うとすれば，40℃（下限），52.5℃，65℃，77.5℃，90℃（上限）となる。同様の事を反応時間でも行い，一度のオペレーションで必要な条件一覧を生成する（図1下段）。この条件一覧で必要な溶液量や時間も算出されるため，実験準備や計画にも参考になる。もちろん各々の条件を手入力することもでき，流速や基質の当量比を可変パラメーターとすることも可能であり，初期段階の条件の洗い出しにはとても重宝する機能と言えよう。このように「最適反応条件自動探索」システムを用いることで最大20条件を一度のオペレーションで可能になるため，回収ユニットとして20条件をそれぞれ採取できるようフラクションコレクターが装備されている。最適反応条件探索が短時間化でき，おおよそ1日あればかなりの条件が検討可能となる。そして最適反応条件で数十gのサンプルが必要な場合は，その条件での連続生産もシステム構成上可能となっている。その際は弁の切り替えによりフラクションコレクターではなくボトルによる回収となるので，回収量も担保できる。

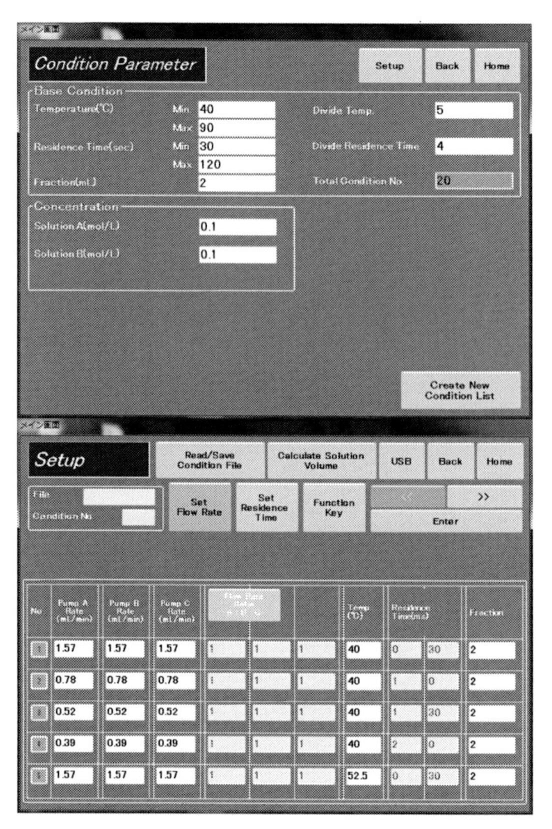

図1　連続フロー式マイクロリアクター「X-1α」のシステム画面
上段：「Optimum Reaction Condition Search」モードによる条件入力画面，下段：自動で生成された条件一覧画面

それでは，後項に「最適反応条件自動探索」システムを用いた実施例を紹介する。

２．２　代表的反応における実証データ

実際に「最適反応条件自動探索」システムを使用した反応実施例を下記に示す。これらの実施例は大阪府立大学理学系研究科柳・福山研究室で得られたものである[2,3]。

まず，ラジカル反応であるGiese反応の結果を図２上段に示す。ラジカル反応は脱酸素条件下で行わなければならない。予め溶液を抜気しておけば，フロー式マイクロリアクターは閉鎖系であるため，それ以上の混入の心配はない。反応温度４条件，反応時間２条件の計８条件を一度に検討したところ，総運転時間は80 分となった。両基質溶液共に35 mLと少量で条件検討が可能で，１条件当り８mL程度で済むため非常に効率が良い。低温・短時間では反応基質は未反応のまま残存し，且つ副生成物が多くみられる。反応時間を90℃以上にすることで未反応原料は存在せず，良好な反応率が得られたことが分析結果からわかる。

次にアジド化反応の結果を図２中段に示す。この反応は爆発性のあるアジ化ナトリウムを使用しており，爆発性など危険性の伴う反応におけるフロー式マイクロリアクター使用の代表例とも言えよう。反応温度４条件，反応時間３条件の計12条件を一度に施行した。反応時間が10 分とやや長めであるため，総運転時間が210 分となった。反応温度増加と共に目的生成物の割合が増加し，80℃以上で10 分間反応させることで，定量的に反応が進行していることがわかる。

最後に薗頭カップリング反応の結果を図２下段に示す。汎用的なカップリング反応の一例であ

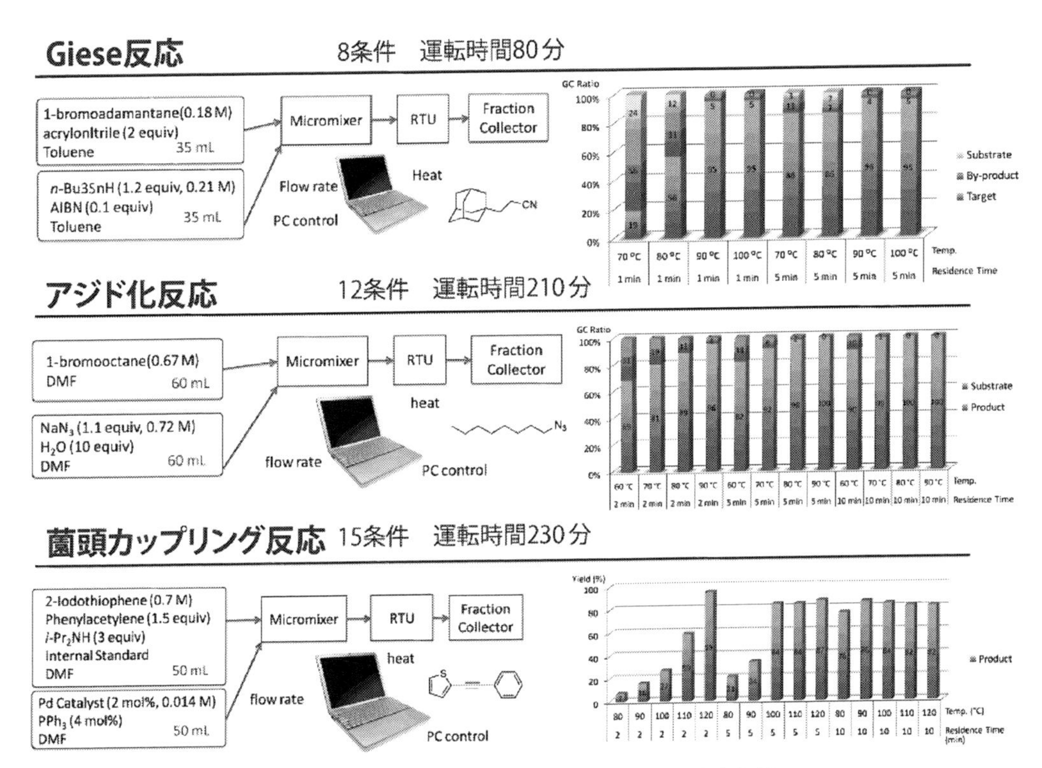

図２　最適反応条件探索システムを用いた反応実施例

る。反応温度5条件，反応時間3条件系15条件で，総運転時間230分である。特筆すべきは使用した溶液量が両方合わせて100 mLということである。一条件当り7 mL弱であり，非常に少量で条件検討が可能となった。

また，ここには結果を示さないが，後項で紹介する「気体流量制御装置」を用いた気／液反応も検証いただいている。詳細については参照論文をご覧いただきたい[4,5]。

3　各種デバイスによる拡張性

カスタマイズ可能なユニットとして真っ先に挙げられるのが混合ユニット（ミキサー部位）である。この部分はフロー式マイクロリアクターの肝と言ってもよい部分であり，反応の種類に応じて自在に変更することが理想であろう。また，液／液反応のみならず気／液反応や加熱反応以外にも光反応も存在する。フロー式マイクロリアクターを最大限活用するために，これらの反応にも対応するユニットもラインナップとして取り揃えた。「ミキサー」，「気体流量制御装置」，「光反応用ユニット」をそれぞれ後項で詳細を紹介する。

3．1　ミキサー

ミキサーのタイプは大きく分けると3種類存在する。「流れの衝突を利用したタイプ」，「薄層を利用したタイプ」，「障害物による物理的な混合を利用したタイプ」である。各々のタイプに属する当社の取り扱い製品ラインナップを含めて，以下に特徴を紹介する。

よく知られているプレート内に溝が刻まれたマイクロリアクター類においては，プレート内にミキサー部分に相当するT字（Y字）の溝の処理が施されている。この類は「流れの衝突を利用したタイプ」に相当する。当社の「X-1 α」には標準として㈱MiChS社[6]により開発されたα型ミキサーが実装されている（図3(A)）。一番スタンダードなタイプのミキサーで，これからフローリアクションの検討をする技術者においてはこのタイプのミキサーを最初に使用することをお勧めする。少し脱線するが，フロー式リアクターの導入自体を検討している技術者では，最も簡便なミキサーとしてT字の継手も挙げられる。それらを用いてある程度の成果を挙げることがシステム導入の近道かもしれない。

T字（Y字）のように流体同士を「衝突させる」以外にも流体をあらかじめいくつかの流路に分け，違う流体同士を交互に積層させる混合方式もある（図3(B)）。これは，「薄層を利用したもの」に分類される。ドイツのIMM社のSIMM-V2が代表的である。一時はマイクロミキサーといえば“SIMM-V2”といわれるほど認識度は高いものであるが，圧力損失が高いため使用範囲には制限がある。このタイプも基本的にはT字（Y字）と同様に拡散による混合を意図しているが，部分的にワイドに「多層化」して接触面積を上げ，その後に再びマイクロ空間に絞ることにより，単純な拡散による混合よりも，混合効率を上げられるメリットがある。また，β型ミキサーのもう一つの特徴は2分割できることで，メンテナンスが容易であることもメリットである。

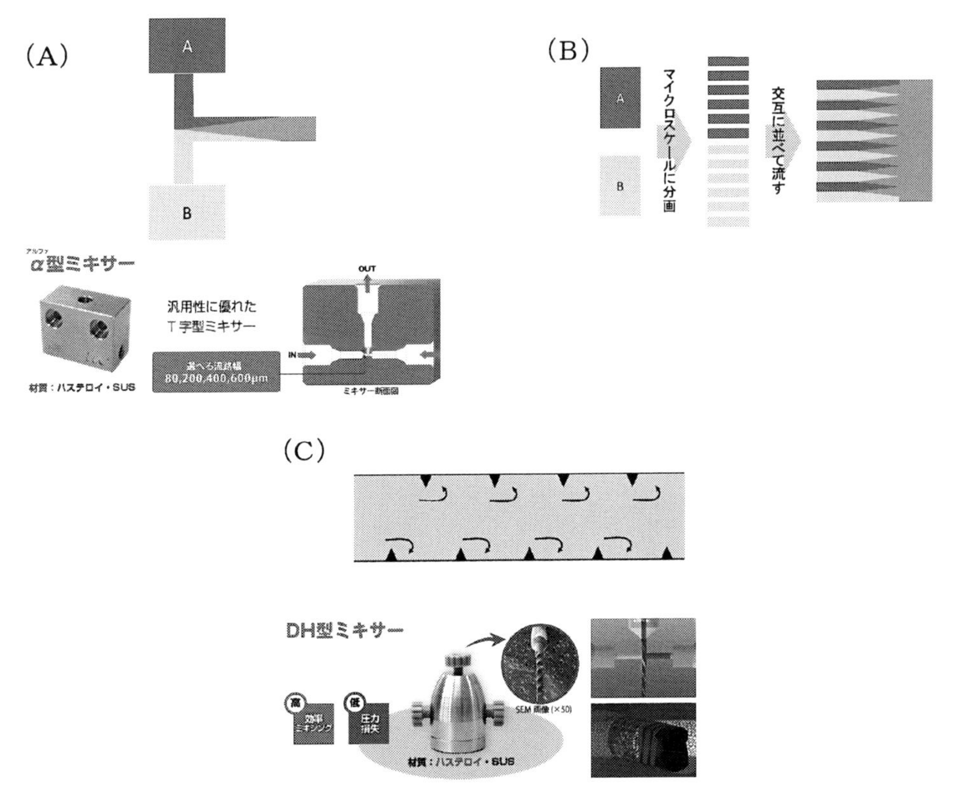

図3　ミキサーの混合様式の違いの概念図と当社製品

(A) 流れの衝突を利用したタイプ，(B) 薄層を利用したタイプ，(C) 障害物による物理的な混合を利用したタイプ

配管中に障害物を設置することで流体の流れに乱流を起こし，混合させるという手法も存在する。いわゆるスタティックミキサーと言われるものであり，「障害物による物理的な混合を利用したもの」に分類される。当社と㈱MiChSとの共同でDH型ミキサーを開発し，当社でもラインナップ化している（図3(C)）。配管径が大きなプラントではよくみられるタイプであるが，マイクロ空間を使用したミキサーでは精密な加工技術が必要となる。当社のDH型ミキサーはドリル状の障害物の2側面をカットすることで，ドリルのらせんに沿って流れる流体とカットした空間を流れる流体とが適宜混合しながら流れることにより，低い圧力損失と高い混合効率を両立させた（図4）。

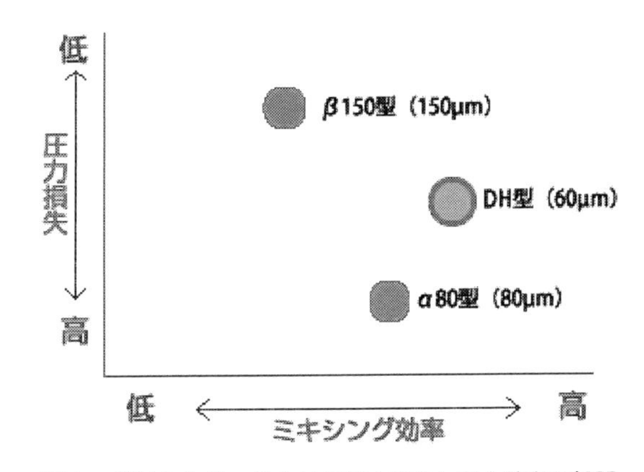

図4　当社ミキサーにおける圧力損失と混合効率の相関

上述では当社が商品ラインナップとして取り揃えているミキサーを含めて紹介した。しかし，実際にフロー式マイクロリアクターで合成検討していると対象の反応に適したミキサーを使用したくなるものである。かつ大量生産化に対して大きな影響を与えるため細かな検討が必要な点になる。この項の最後にそういった要望から出てきたカスタマイズ仕様のミキサーを紹介する。

高圧条件下での激しい発熱反応を例示する。高圧条件であることから，テフロンやPEEKといった樹脂でのミキサーは不向きであり，金属製のミキサーが適当である。また，激しい発熱反応においては速やかな除熱が必要となることはフロー式マイクロリアクターにおいても同様である。金属材料は樹脂に比べ熱伝導性は高いものの，速やかな除熱という意味ではバルクのままではやや効率が悪い。そこで耐圧性能を損なわない程度まで余計な部分をそぎ落とし，除熱効率を上げる設計を行った。また，従来のT字ではなくある程度角度を持ったY字の方が，反応効率が良いとの実験結果からY字タイプを選択し，図５に示すようなミキサーを設計し，実際に使用していただいたケースもある。これ以外にも「高粘度反応液用ミキサー」，「３液以上に対応したDH型ミキサー」など一言では表現しにくい特殊ミキサーの実績もある。このように反応の性質に合わせるようにユーザーとの議論を経て，ユーザーの意図を反映したミキサーを設計・製造できることは精密加工を生業にしている当社の強みであろう。

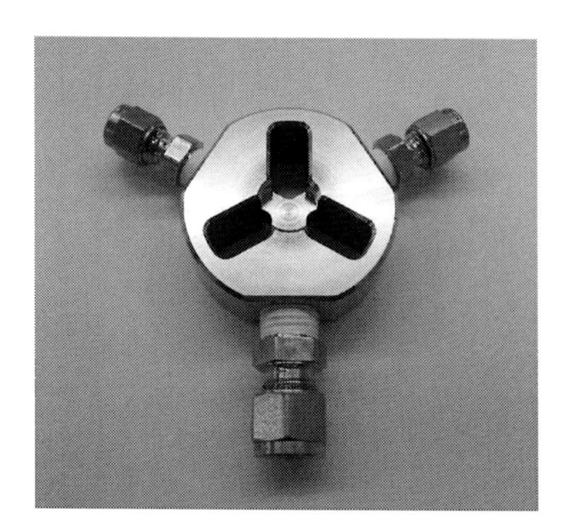

図５　特殊カスタマイズ仕様ミキサー

３．２　気体流量制御装置

X-1 α の仕様の項でも少し触れたが，基質の当量比も反応条件において，検討すべき項目の一つである。しかしながら，反応基質が気体であった場合（CO，H_2など），流量制御が非常に困難であることが問題である。仮にCOと基質（１mMの溶液とする）が１：１で反応する場合，常圧では約45倍もの体積のCOが必要となり，反応ユニットの容量によっては気体だけで満たされる状態ができてしまう事がある。それでは当量を合わせた反応がうまく進行しない。そのため加圧条件にして気体の体積を圧縮し，反応溶液との体積比を合わせる必要性が出てくる。では「加圧条件において気体の当量をどのように制御するか」，これが次の問題となる。この問題を解決するための送液ユニットが「気体流量制御装置」である。

気体流量制御装置を使用することにより反応に必要なガス量を過不足なく供給することができる。供給不足の場合は反応が十分に進行しないということが問題になる。しかし過剰供給の場合には，過反応以外にも残った気体成分の除去といった別の問題が生じてしまう。実際には背圧弁以降で圧力を常圧に戻した段階で反応液ごと噴出することが起きる。そのためにも回収ユニットに気液セパレーターなどを同時に使用することも必要となる。

3.3　光反応用ユニット

フロー式マイクロリアクターの優位性を最大限に活かせる反応は光反応と言えよう。マイクロ流路にすることで表面積が飛躍的に増加するため，光の照射面積を増加する。かつ深さも浅いため，溶液全体に効率よく光照射できることが要因である。光反応は液中の光照射のみでなく，気／液反応や加熱条件も必要となるため，上述のユニットとの組み合わせも必須となるであろう。また，光反応は基質の吸収波長も重要となるため，光源自体を合成技術者が選択し，それに合わせて設計できるカスタマイズ仕様としている。

4　おわりに

ここで紹介させて頂いたデバイスは一例に過ぎず，合成技術者の望むことが全て網羅できるとは考えていない。一番身近な反応デバイスがフラスコであるが，すでに洗練されたフラスコにおいても全てを網羅しているわけでもない。フロー式マイクロリアクターとして得意な部分を十二分に発揮できるようにデバイス側も進化が必要であると感じている。いつの日かフラスコに代わる反応デバイスとして確固たる地位を確立するためにも，導入を検討している合成技術者の皆様にはポンプ・継手・配管といった手に入りやすい材料を使って，マイクロリアクター“もどき”をまず使用していただきたい。その先のやりたいことを具現化することが我々の使命だと思っている。

謝辞

当社の連続フロー式マイクロリアクター「X1－α」ならびに周辺機器についての開発にご協力を頂いた大阪府立大学理学系研究科柳・福山研究室と大阪府立大学発ベンチャー・㈱MiChSに感謝いたします。

また，本稿にて当社製品の紹介の場を与えてくださった京都大学吉田潤一教授ならびにシーエムシー出版の池田朋美様には深く感謝いたします。

文　献

1)　井上誠ほか，有機合成化学協会誌，**73**，537（2015）
2)　T. Fukuyama *et al.*, *Beilstein J. Org. Chem.*, **9**, 1791-1796（2013）
3)　隅野幸仁ほか，有機合成化学協会誌，**70**，896（2012）
4)　T. Fukuyama *et al.*, *Beilstein J. Org. Chem.*, **5**(34)(2009)

5) Md. Taifur Rahman *et al., Chem. Commun.,* 2236-2238 (2006)
6) http://www.michs.jp/

第6章　撹拌子を有する多段連続式撹拌槽型反応器

嶋田茂人*

1　はじめに

近年，化学製造プロセスにおいて，省エネルギー化，環境負荷の低減および安全性を目指したプロセス強化が必須であり，その候補として流通型反応器を活用したフロー合成や連続プロセスが注目を集めている。マイクロリアクターはバッチ反応では実現不可能なミリ秒から秒オーダーでの反応制御や高速熱交換を実現することができる反面，閉塞や圧力損失の増加などの問題も存在する。本章では閉塞しにくく，圧力損失が少なく，撹拌効率の良い，連続式撹拌槽型反応器の一種であるCoflore ACRの装置概要と実施例について述べる。

2　流通型反応器

流通型反応器は古くから利用されている反応器であり，大きく分けると連続式管型反応器（PFR）と連続式撹拌槽型反応器（CSTR）の２種類がある[1]。PFRとしてはマイクロリアクターやスタティックミキサーなどが代表的である。PFRとCSTRは理想的にはそれぞれ押し出し流れと完全混合流れという流動状態に対応している。

限定反応成分Aの濃度をC_A，反応速度をr_A，反応器の体積をV，反応器への流入速度をvとすると，それぞれの設計方程式は以下の通りになる。

$$\text{PFR} \qquad \tau = \frac{V}{v} = \int_{C_A}^{C_{A0}} \frac{dC_A}{-r_A} \tag{1}$$

$$\text{CSTR} \qquad \tau = \frac{V}{v} = \frac{C_{A0} - C_A}{-r_A} \tag{2}$$

τは流通型反応器で定義される空間時間と呼ばれる操作変数である。(1)式のPFRの空間時間は回分（バッチ）反応器の反応時間に対応しており，すなわち，流れ方向の位置が反応時間と等価であるとみなせる。CSTRの場合，反応成分の組成は一定とみなすことができ，PFRの式には積分が含まれているが，CSTRの式には含まれておらず，反応速度を直接計算することができる。

流通型反応器の体積および流速が同じ場合，CSTRはPFRより平均濃度が低くなるため，反応率が低くなる。CSTRの体積を1/2とし，２槽直列につなげると，反応率が高くなる。このよう

＊　Shigehito Shimada　㈱ナード研究所　ライフサイエンス研究部　２グループ
アシスタントマネ‐‐ジャー

にCSTRを多段式に分割し，直列につないでいくとPFRに近づいていく（図１）。PFRは多段式に分割しても反応率に変化はない。

3　Coflore ACR（Agitated Cell Reactor）

AMテクノロジー社が開発したCoflore ACR[2,3]は10個の10 mLの円筒形のセルが直列につながった合計100 mLの体積のCSTR原理に基づいた反応装置である。図２に装置の外観と反応ブロック，図３に反応器内のセルと撹拌子を示した。

Cofloreは撹拌羽根で撹拌するのではなく，自由に動ける撹拌子を各セルの中に導入し，圧縮空気によりリアクター全体を振動させ，流体を激しく撹拌する。加熱と冷却は反応器背部のプレート内に熱媒または冷媒を流通させることにより－40～140℃までの領域で取り扱うことができる。各セルの前面はボロシリケートでカバーされており，このカバーはそれぞれインジェク

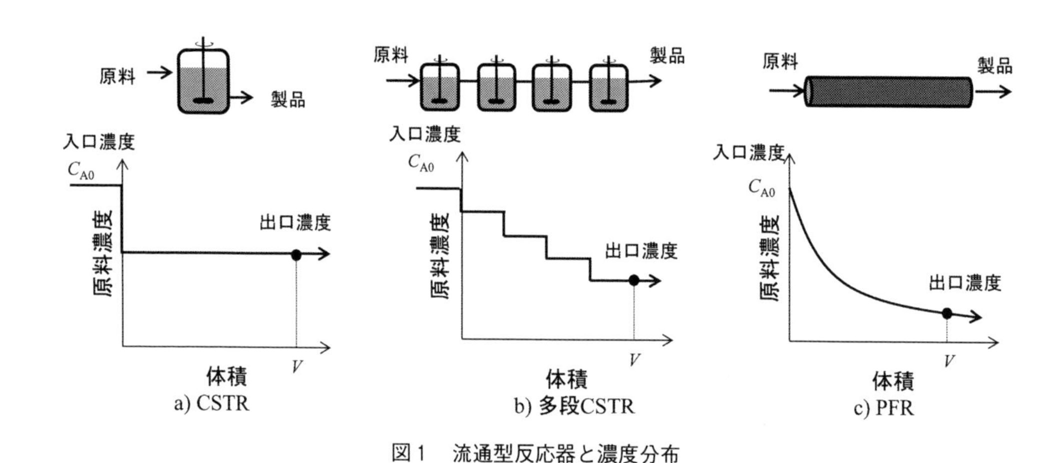

図１　流通型反応器と濃度分布

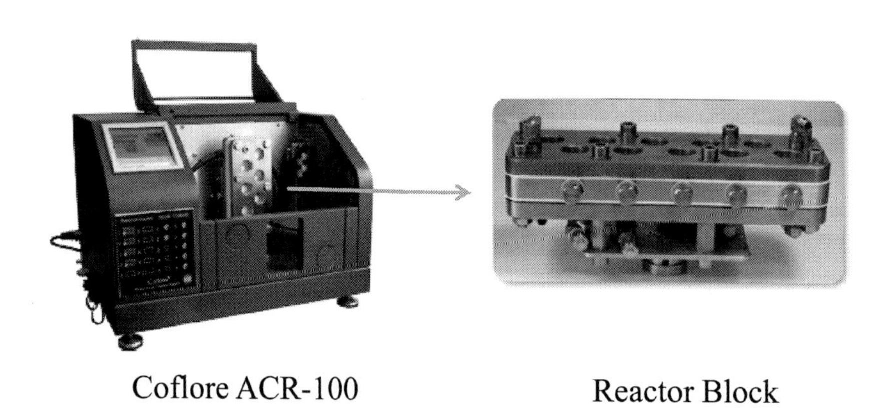

図２　Coflore ACR-100の反応ブロック

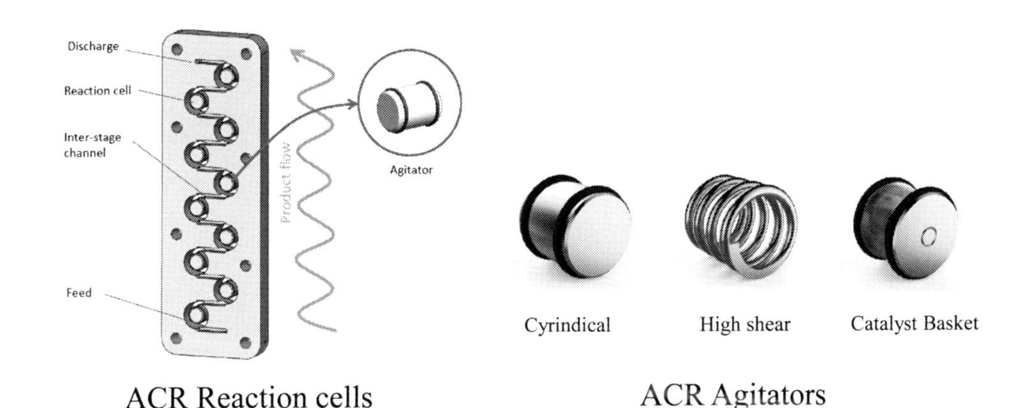

図3　ACR反応セルと撹拌子

ションノズルに置き換えることが可能である。したがって，原料流体は反応器に入る前か反応セルで直接混合あるいはいくつかの反応セルに分割で混合することが可能である。反応器の材質はステンレスまたはハステロイ，すべてPTFEガスケットでシールされおり，耐圧は1.0 MPaである。撹拌子は円筒型，高せん断スプリング型，触媒バスケット型を選択できる。

Cofloreの特徴と利点は以下のとおりである。

① バッフル，回転シャフト，メカニカルシール，磁気継手などが必要ないため従来の多段CSTRと比べて低コストである。また，PFRと比べて圧力損失が小さいため送液ポンプも安価なもので対応可能である。

② 反応器の空間が大きいため，閉塞が起こりにくく，スラリーを取り扱うことが可能であり，また，単純な内部構造であり，洗浄が容易である。

③ 横方向に振動することにより通常の機械的な撹拌と比べて良好な撹拌効率を実現することができる。回転運動ではないため遠心分離などの影響を受けず，これは異なった比重の物質を取り扱う場合，特にスラリーを伴う系や多相系の場合，効率的な撹拌を実現することができる。そのため，多相系反応において反応速度や選択率を向上させることができる。

④ 反応体積を変更させたい場合，本体のサイズを変えるのではなく中の撹拌子のサイズを変えることにより様々な反応体積に容易に調整することができる。また，効率的な熱交換を実現できるため，高い反応温度および速い反応をコントロールすることができる。

⑤ 10CSTRsであり，平均原料濃度が高く，プラグフローとみなすことができるため一般的なCSTRと比べて反応率が高い。また，反応時間が10秒程度から数時間までの系を取り扱うことができる。

⑥ プラグフローであり，効率的な撹拌を実現できるためスケールアップが容易である。

4　Coflore ATR（Agitated Tube Reactor）

工業スケールであるCoflore ATRはチューブリアクターが10個直列につながった反応器であり，PFRの一種である[3]（図4）。反応体積が合計1LのATR-1Lと10LのATR-10Lがあり，ACRと類似の効果がある。プラグフローおよび効率的な撹拌を実現できるため通常の流通型反応器と比べてACRからATRへのスケールアップは容易である。最も大きなもので反応体積が合計1,700Lのものもある。

5　鈴木-宮浦クロスカップリング反応

パラジウム触媒を用いたアリルハライドとアリルボロン酸による鈴木-宮浦クロスカップリング（SMC）反応はsp^2-sp^2 C-C結合を形成する上で，最も利用される反応の一つである。ヘテロアリルボロン酸は塩基性条件に不安定であり，SMC反応条件ではカップリング反応と競争的に脱ボランが起こる。SMC反応条件は多相系の場合が多く，反応スケールを上げるとカップリング反応の反応速度が低下し，結果として脱ボランの割合が多くなり，収率が低下する場合が少なくない。

通常，SMCは100℃程度の高温条件で行われるが，BuckwaldらはXPhos触媒前駆体（XPhos precat.）（室温，弱塩基性条件で容易に活性の高いXPhos Pd（0）を形成する。）を開発し，様々なヘテロアリルボロン酸に対して，弱塩基であるK_3PO_4を用いて室温または40℃という低温条件，30分から1時間という短い反応時間で目的物を高収率で得た[4]。

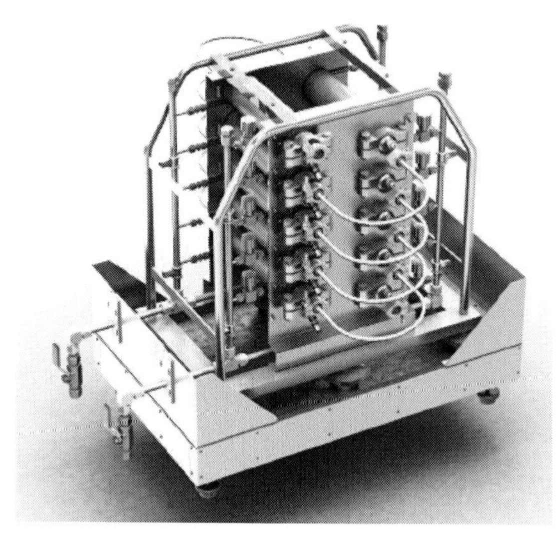
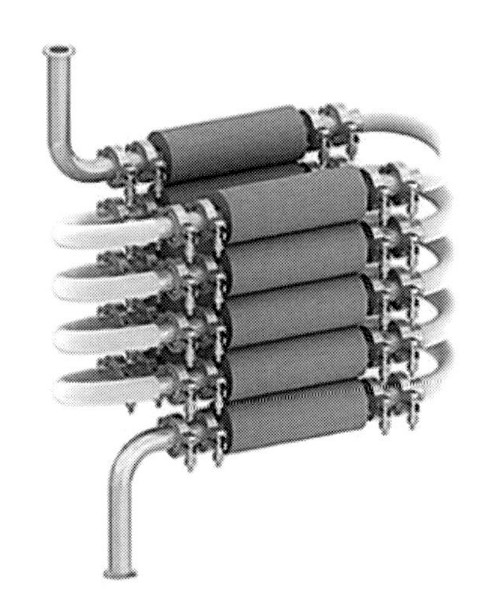

図4　Coflore ATRの外観とチューブリアクター

BuckwaldらはXPhos precat.により反応条件を温和にすることに成功したが，二相系であり，やはりスケールアップでの反応速度の低下が危惧されるため，流通型反応器への適用が望まれる。NoëlらはXPhos precat.を用いて様々なヘテロアリルボロン酸に対して，Packed-Bed反応器（60～120 μmのステンレス球を充填したカラム式400 μLの流通型反応器）を用い，反応温度90℃，滞留時間3～5分という反応条件で流通系への適用に成功した[5)]。

Noëlらの手法は有機相と水相をステンレス球同士の間の狭い隙間を流通させることにより流体を細かくし，接触効率を向上させているが，圧力損失が大きくなることが予想される。そこで，㈱ナード研究所では有機相と水相の効率的な混合が可能で，かつ，圧力損失がほとんどないCoflore ACRを利用し，XPhos precat.による5-ブロモ-2-フルオロピリジンと3-チエニルボロン酸のSMC反応により，2-フルオロ-5-(チオフェニル-3)ピリジンを合成した（図5）。反応条件は以下のとおりである。送液ポンプはシリンジポンプを使用し，赤外線プローブにより反応温度を測定した。

ACR-100：(10 mL［反応セルの体積］－7 mL［撹拌子の体積］)×10＝30 mL［反応体積］

A溶液：0.5 M 5-ブロモ-2-フルオロピリジン，0.75 M 3-チエニルボロン酸，0.5 mol% XPhos precat./トルエン：NMP（2：8）流速10 mL/min.

B溶液：2.0 M K_3PO_4，0.025 M TBAB/水 流速10 mL/min.

反応温度：60℃（一番最後のセルの内温）

滞留時間：1.5分

反応液は酢酸エチルと水の混合溶液へ45秒間サンプリングし，抽出操作を行い，有機層をHPLCにより定量した。その結果，2-フルオロ-5-(チオフェニル-3)ピリジンのHPLC収率は定量

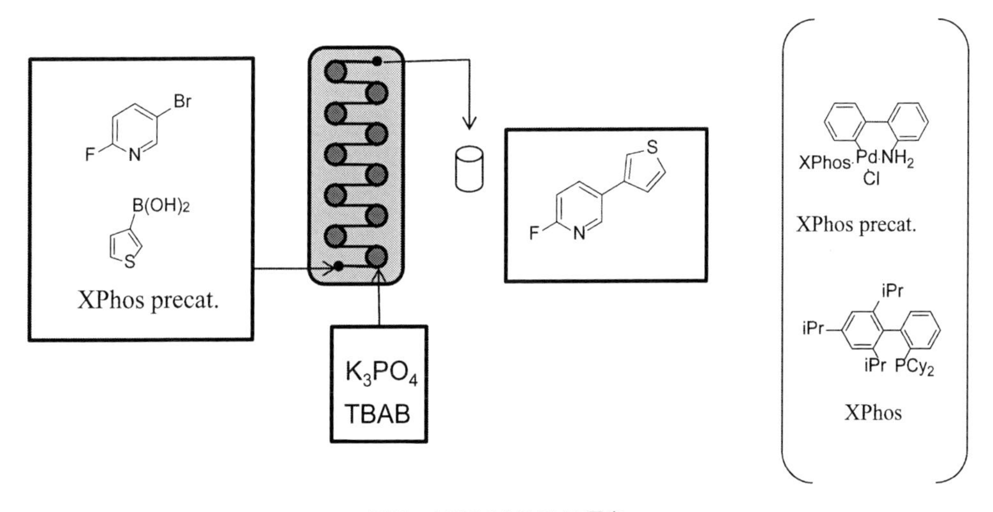

図5　ACRによるSMC反応

的であった。この実施した条件でも計算上は目的物1.3 kg/dayの生産量であるが，本実験ではポンプの性能上，全流速20 mL/min.でしか行っていない。流通系の場合，流速を上げることが生産量を上げることになるが，1個の撹拌子を1 mLにし，反応体積を最大90 mL（この場合，反応器の体積が3倍になるため同じ反応時間とするには流速を3倍にする必要がある。すなわち，反応器の体積を大きくしても反応速度が変わらない場合は生産量は3倍となる。）とすることも可能である。

6　スラリーの連続フロープロセス

連続フロープロセスにおいて固体が生じる反応は大きな問題の一つであり，有機化学反応においては，何らかの不溶物を伴う場合が多く，それが原因で連続化を断念する場合も少なくない。Layらはモルホリンとよう素によりN-ヨードモルホリンのよう化水素塩がスラリー状に生じる反応においてCoflore ACRによる有効性を報告している[6]（図6）。

生産性を高めるには反応液の濃度を高くする必要があるが，本反応は濃度を高めると早く析出物が生じる。T字ミキサーで2液を混合した後，ACRの反応セルへ導入した場合，2時間運転後，T字ミキサーでブロッキングが観測されたが，最初のセルでインジェクションノズルにより2液を混合させることにより閉塞することなく9時間の運転で208 gの目的物を収率94%で取得することに成功している。生じた塩は沈降しやすい固体でACR特有の横方向の激しい撹拌であるがゆえに成し得た連続プロセスである。

7　接触水素化脱塩素反応

Keaneらは2,4-ジクロロフェノール（2,4-DCP）のACRによる接触水素化脱塩素反応を報告している[7]。2,4-DCPは除草剤，医薬品および色素などの原料に使用されるが，毒性が強く，年間の自然環境への放出量は9 tにも及ぶ。

反応は2,4-DCPからPd/Al_2O_3触媒を用いた接触水素化によりHClの生成を伴いながら2-クロロフェノール（2-CP）を経て最終的にフェノールを生成する（一部シクロヘキサノンまで還元される）（図7）。

本研究では触媒0.04 gをCoflore ACRの9つの反応セルに同量づつ添加し，各セルとチャネル

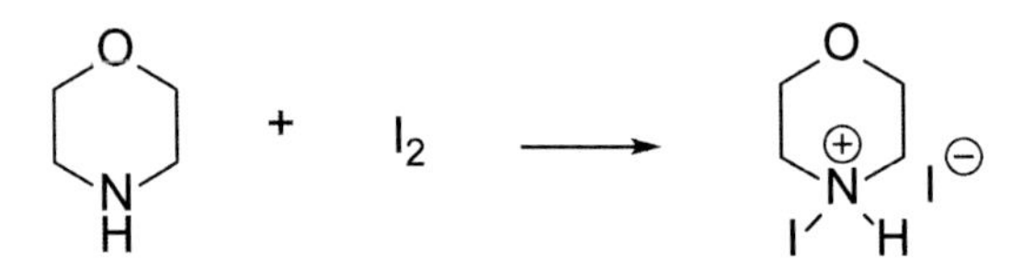

図6　N-ヨードモルホリンのヨウ素化反応

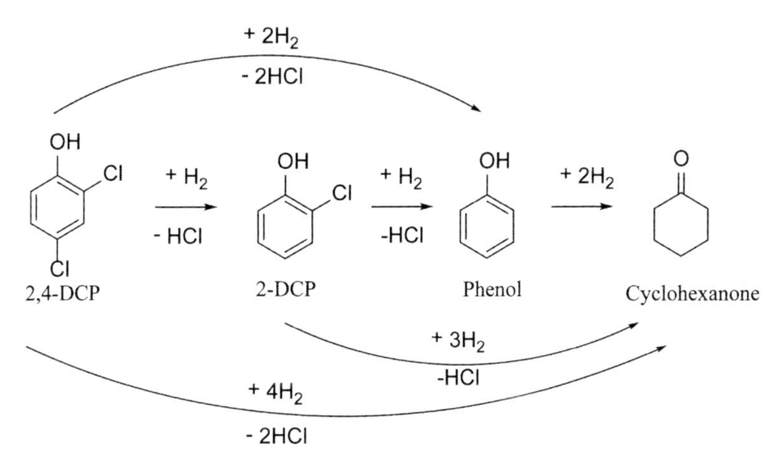

図7　2,4-ジクロロフェノールの水素化脱塩素反応

の間にPTFEフィルタを付し，2,4-DCPを溶解したNaOH水溶液と水素を供給という方法とバッチ反応器の場合と比較している。実施された反応条件はACR，バッチ反応器共に反応律速であるが，ACRのほうが水素供給量の観点から5倍の効率であったと報告している。これはACRでの反応のほうが固-液表面の局所的なpHの値が低くなるため，通常マイナス電荷を持っている触媒表面がプラス電荷となり，基質が近づきやすくなるためであると結論付けている。ACRの激しい攪拌により固-液表面の境膜が薄くなり，HClが近づきやすくなるためであると考えられる。また，触媒寿命についても議論されており，これもACRのほうがバッチ式反応器より優れていると報告している。触媒毒となり得るHClがバッチ反応器のほうが触媒表面にとどまりやすく，ACRの激しい攪拌条件においては触媒表面からHClを効率よく遠ざけることができるためであると結論付けている。

8　高圧条件での接触水素化反応

接触水素化反応は全ファインケミカル反応の20%以上を占めており，最も利用されている反応のひとつである[8)]。

AM Technology社とRobinson Brothers社はCoflore ACRにより触媒をスラリー送液する方法で接触水素化反応を検討している[9)]。ある基質において水素圧0.6 MPa，反応温度35℃，滞留時間2時間で収率99%以上，不純物0.1%以下という結果を得ている。バッチ反応器よりも反応速度を向上させ，かつ，蒸留精製を回避できるレベルまで不純物の副生を抑制したと報告している。現在のプロセスでは1,000 Lのバッチ反応器を使用しているが，最適化された高圧反応条件では10 L以下まで反応器サイズを小さくすることができると述べている。

9　カーボンナノチューブの効率的な化学修飾

カーボンナノチューブ（CNTs）は円筒状の一次元構造を持った炭素の同素体であり，医療分野（ドラッグデリバリーシステムキャリアなど）や，物質科学分野（エレクトロニクスからエネルギー分野まで）など幅広い分野で興味の対象となっている。しかし，CNTsは強いチューブ間の相互作用から汎用溶媒に対して溶解度が低く，取扱いが困難であるため，化学修飾することにより溶解度を高める必要がある。CNTsは難溶解性のため反応性が低くいが，MagginiらはACRを使って，CNTsとジアゾニウム塩との反応により効率的な化学修飾を報告している[10]（図８）。本反応は気体，液体，固体を含んだプロセスである。

4-メトキシアニリンを1-シクロヘキシルピロリドン-2に溶解し，単層CNTs（SWNTs）を分散させ，超音波を照射させた後，亜硝酸イソペンチルを加え，Coflore ACRの入口の前に設置されたインジェクションループにロードし，DMFをキャリア溶媒としてHPLCポンプにより送液する。ACR内の反応体積は14 mLで反応温度70℃で滞留時間30～120分，SWNTsを構成するCに対するジアゾニウム塩の当量数１～５ eq.という反応条件で検討されており，反応条件とSWNTsへの修飾の程度およびDMFへの溶解度の関係を示した。その結果，滞留時間が長く，ジアゾニウム塩の当量数が大きいほど修飾の程度が増加し，アグリゲーションサイズが小さくなり，それにしたがって溶解度も増加した。

このようにACRを利用することによりスケールアップおよび他の機能性CNTsの構築の可能性を示した。

10　生体触媒による酸化反応

アミノ酸の光学分割は医薬品製造プロセスにおいて重要な技術であり，生体触媒による光学分割は高いエナンチオ選択性という観点で広く利用されている。酸化酵素を利用したスラリー系での気-液反応はバッチ反応でも流通型反応器でも物質移動が問題になる。

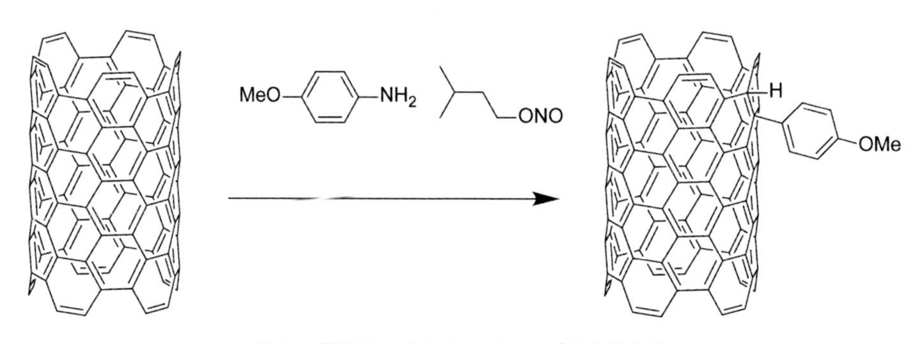

図８　単層カーボンナノチューブの化学修飾

Jonesらは酸化酵素スラリー系での気-液反応に関して，バッチ式反応器に対するCofloreの優位性を検証している[11]。

DL-アミノ酸においてD-アミノ酸酸化酵素により触媒的にD-アミノ酸のみα-ケト酸に変換し，L-アミノ酸を得ることができる（図９）。

バッチ反応器では撹拌速度400 rpm，反応５時間という条件で，反応器サイズ250 mLと１Lで転化率はそれぞれ95%と25%であった。また，撹拌速度依存性も検証されており，１L反応器，反応５時間という条件で200 rpm，400 rpmおよび600 rpmで転化率はそれぞれ20%，25%および60%であった。このように本反応条件は物質移動律速であり，反応器サイズと撹拌速度に大きく依存する。

Coflore ACRにおいてはアラニンと酵素のスラリー液を送液し，酸素は１個目のセルより導入している。その結果，滞留時間2.5時間で転化率90%を実現しており，バッチ反応器250 mLより反応速度が向上した。これはACRの横方向の効率的な固-気-液の混合を実現しているためであると結論付けている。

工業生産用反応器ATRでも検証しており，同サイズのバッチ反応器よりも反応速度が２～３倍向上した[12]。

11　連続晶析

晶析操作も反応器と同様にバッチ型と流通型があり，流通型にも管型と撹拌槽型がある。結晶の品質として要求されるものは，純度，粒径，粒度分布，結晶形（多形）などがあるが，これらを制御するにあたりバッチ型と流通型ではどちらが有利とは一概には言えない。晶析現象は核発

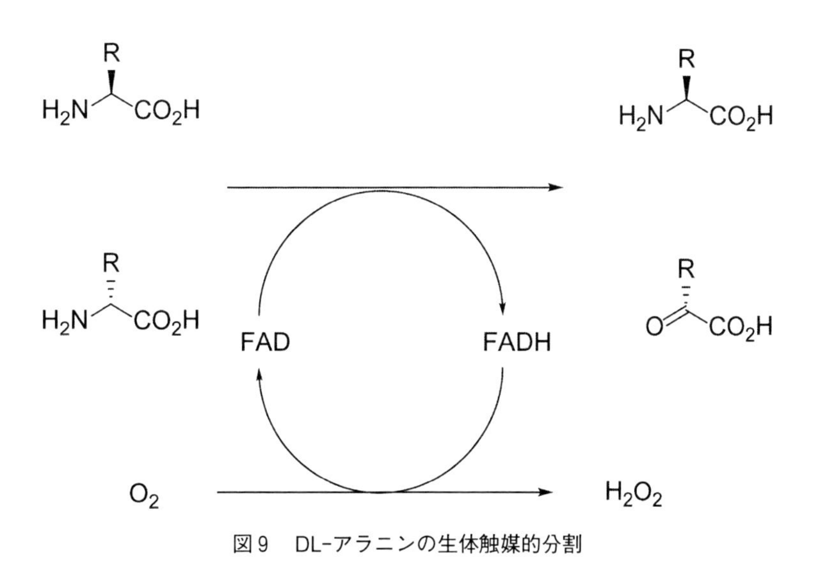

図９　DL-アラニンの生体触媒的分割

生と結晶成長から成り立ち，所望の品質の結晶を得るにはそれぞれの速度論を考慮し，晶析装置を選択しなければならない[13]。

溶質が溶解した状態から過飽和状態に移行させる方法として，様々な方法があるが，冷却法と貧溶媒法が主である。

Coflore ACRでも連続晶析が可能であり，激しい攪拌により壁への固着の程度を軽減することができる。㈱ナード研究所ではACRにより医薬品中間体の連続晶析を検討した実績があり，バッチよりも平均粒子サイズが小さいという結果を得た。

また，CMAC社とAM Technology社は$CaCl_2 + Na_2CO_3 \rightarrow CaCO_3$の反応晶析を検討し，3時間の連続運転を行い，粒度分布の狭い結晶を得た[14]。

ACRではバッチ型と比べて急激な冷却や貧溶媒の添加が可能であり，すなわち一気に大きな過飽和度の状態に移行させることができる。これらの操作が晶析のどのような場合に有利に働くかを考察してみる。

過飽和度が大きくなると，核発生速度が大きくなり，核の数が多くなる。その結果，成長過程で核1個あたりに供給される溶質の量が少なくなり，結晶サイズが小さくなる[15]。すなわち，平均粒子サイズを小さくしたい場合は有利に働く可能性が考えられる。また，バッチ型に比べて熱交換も良好であるため粒度分布も狭くなる可能性が考えられる。この予想は前に述べた2例の結果と矛盾しない。

次に医薬品製造において重要な結晶多形の制御について考察してみる。例えば図10(a)の単変形を考えた場合，点Xからゆっくり温度を下げていくとβ晶のみ過飽和領域に入るためβ晶が析出するが，α晶を析出させたい場合は一気に点Yまで冷却するとα晶の過飽和状態となりα晶が析出し，点Zに到達する。ただし，点Zはβ晶の過飽和領域でもあるためその核発生および成長速度を理解しておくことが重要である。(b)の互変形の場合もゆっくり冷却するとβ晶の過飽和領域に入るためβ晶が析出する。（そのまま冷却されていくとα晶も析出する。）一気に点Yまで冷却

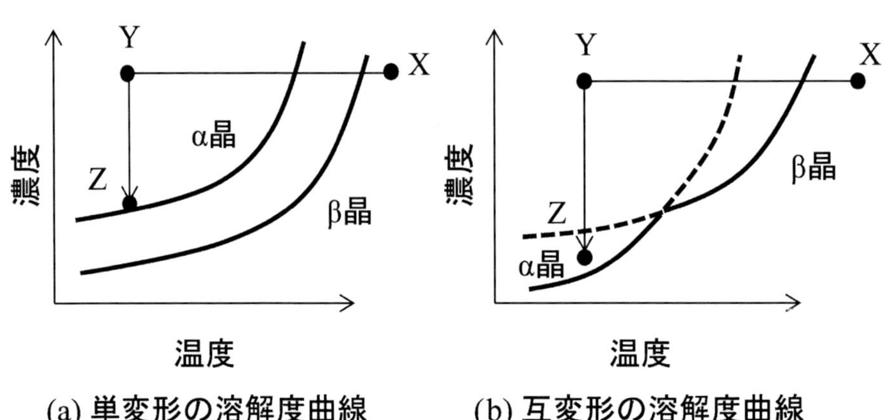

図10　結晶多形の溶解度曲線

するとα晶のみを析出させることができる[16]。このように過飽和度を大きくする操作のほうが所望の結晶形を得ることができる場合はACRが効果的に働く可能性が予想できるが，まだ報告例がないため検証が必要である。

準安定結晶および安定結晶それぞれの溶解度と核化および成長速度を十分理解し，晶析プロセスを構築する必要がある。

12　おわりに

連続プロセスを構築する上で，その反応の化学的，物理的特性を理解し，反応器（バッチ，マイクロリアクター，PFR，CSTRなど）を選択することが重要である。

Coflore ACRは撹拌子を有する多段連続式撹拌槽型反応器（多段CSTR）であり，PFRの性質を有しており，高い撹拌効率でスラリーを伴う反応を含め，多相系に有利である。

㈱ナード研究所は医薬品，電子材料，高分子，無機材料と化学系の様々な分野で受託研究，製造を手掛けており，これまで紹介したCoflore ACRを含めたフローケミストリーの技術を利用し，日本産業発展の一助を担えたら幸甚である。

文　　献

1）橋本健治，反応工学（改訂版），p.5，p.49，培風館（1993）
2）GB2475401（2011）
3）http://www.amtechuk.com
4）S. L. Buchwald *et al.*, *J. Am. Chem. Soc.*, **132**(40), 1407（2010）
5）T. Noël *et al.*, *Org. Lett.*, **13**(19), 5180（2011）
6）S. V. Ley *et al.*, *Org., Process Res. Dev.*, **15**, 693（2011）
7）M. A. Keane *et al.*, *Chem. Eng. J.*, **166**(3), 1044（2011）
8）J. G. V. Alsten *et al.*, *Org., Process Res. Dev.*, **13**, 629（2009）
9）http://www.amtechuk.com/hydrogenation-batch-to-continuous/
10）M. Maggini *et al.*, *Chimica Oggi/Chem. Today*, **30**(6), 39（2012）
11）E. Jones *et al.*, *Chem. Eng. Res. Des.*, **90**(6), 726（2012）
12）R. Ashe *et al.*, *Org., Process Res. Dev.*, **16**(5), 1013（2012）
13）滝山博志，晶析の強化書，p.7，S&T出版（2015）
14）http://cpac.apl.washington.edu/files/robinson_rome2013.pdf
15）滝山博志，晶析の強化書，p.31，S&T出版（2015）
16）滝山博志，晶析の強化書，p.66，p.75，S&T出版（2015）

第7章　積層型多流路反応器（SMCR®）

野一色公二*

1　はじめに

マイクロリアクター，マイクロチャネルリアクター（MCR: Microchannel Reactor）やフローリアクターなどと総称されているデバイス[1,2]は，名称が示すように流路のサイズが微細（マイクロ空間）であるのみならず，装置・機器サイズおよび容量が小さいとのイメージが定着し，例えば医薬品のような高付加価値小ロット製品製造への適用がほとんどであった。

この理由としては，装置材料や加工方法が特殊であり，生産量に対して，流路加工などの装置製作費用が高いことや，ナンバリングアップ（単一機器での多流路化）方法が難しく大容量用途には適さないことも一因と考えられる。

しかし，大容量用途である化学プラントなどでのバルク生産に，このマイクロ空間を利用した新しい単位操作を適用できれば，高い伝熱性能による原単位削減，高い物質移動速度による反応時間の削減などにより，大きな省エネルギー効果や，さらなる生産性向上が期待される。

そこで本章では，バルク生産用マイクロリアクターの基本概念とバルク生産を可能とする大容量MCRである積層型多流路反応器（SMCR®: Stacked Multi-Channel Reactor）の特徴や商業化事例について紹介する。

2　バルク生産用マイクロリアクターの基本概念

これまで，マイクロリアクターは，微細な空間を用いることで得られる安全性や，優れた伝熱および物質移動性能を最大限利用することや，経済性が成り立つ可能性が高い医薬品製造などの高付加価値用途への検討が優先されてきた。しかし，バルク生産用マイクロリアクターを実現するには，マイクロリアクターからの発想ではなく，これまで長年使用されてきた工業製品であるバルク生産用の熱交換器や反応器と同様の発想が必要とされる。言い換えると，バルク生産用マイクロリアクターの基本概念としては，特殊な機器としてではなく，これまでバルク生産用として実績のある機器の設計技術，製造技術や運転管理方法を参考に，マイクロ空間の効果を最大限利用できる機器としての開発が必要となる。

また，マイクロリアクターの特徴をバルク生産に適用できた場合，省エネルギーの効果や，生

---

*　Koji Noishiki　㈱神戸製鋼所　機械事業部門　産業機械事業部　機器本部　技術部
担当次長

産性の向上により，運転費の削減につながることも予想され，高付加価値向け以外においても設備投資費用に対して運転費用の削減効果も考慮することで経済性が成り立つ適用範囲が増えることが期待される。

3　バルク生産用熱交換器から大容量MCRへ

これまでマイクロリアクターで課題となっていたナンバリングアップを解決できる機器として，バルク生産用熱交換器の中で，コンパクト熱交換器の一つである伝熱性能に優れるアルミ合金を用いた高性能な熱交換器であるアルミ製ろう付プレートフィン熱交換器（BAHX: Brazed Aluminum Plate Fin Heat Exchanger）に着目した[3]。

BAHXは，空気を深冷分離し酸素，窒素を生産する設備用の熱交換器として開発され，多流体を一度に熱交換できるため，近年，天然ガスの分離や液化用熱交換器としても広く使用されてきた。

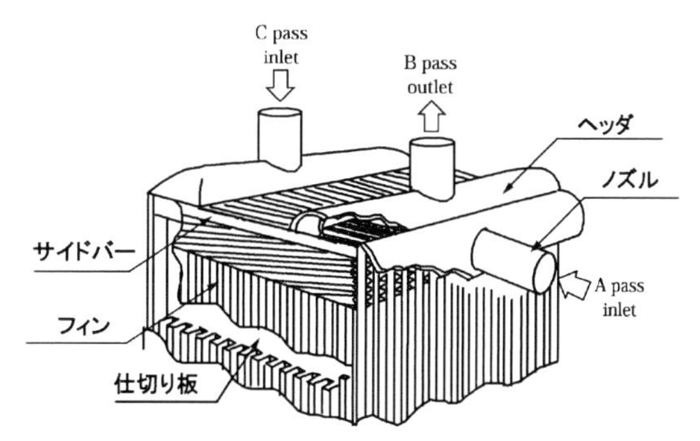

図1　プレートフィン熱交換器の外観

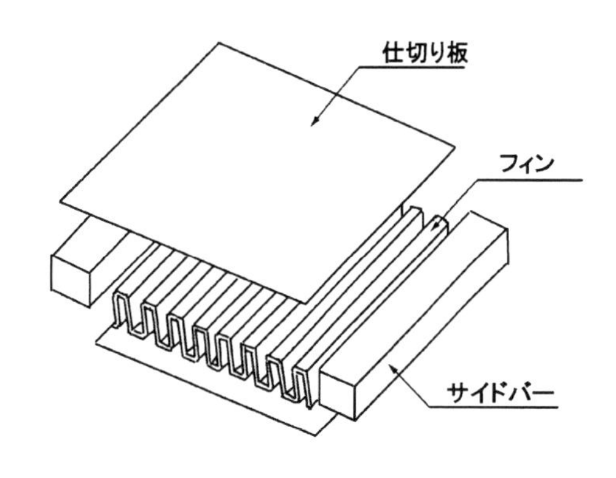

図2　コア単層の構造

BAHXの構造は，図1に示すように熱交換を行うコア本体および流体をコア内に導くためのヘッダ・ノズルからなる。コア本体は，図2に示すように仕切り板，フィンおよびサイドバーで構成された層を多数積層し，真空炉でろう付することによって形成される。コア本体に用いられるフィンは，伝熱性能および流路に許される圧力損失に基づき選定される最適なフィンタイプを採用している。BAHXはこの積層構造の特徴を活かし，層内のフィンの置き方や組合せを工夫することで，気体，液体のみならず2相流（気液混相）を均一分配できるとともに，複数の流体を同時に熱交換することができる。また，フィンの1ピッチ（フィンの隙間）を1流路と考えるとBAHX 1コアあたり10万流路（1000本／段×100段）を超える流路を有することも特徴である。

用途にもよるが，単位体積当りの伝熱面積が1000 m^2/m^3以上と大きいため，従来の多管式熱交換器に比べ数分の1から10分の1の機器サイズとなりコンパクト化が可能である。また，複数のコア本体を溶接で接合しヘッダとノズルを共通化することで一つの熱交換器とするか，または，各コア本体のヘッダ部に溶接したノズルを配管で相互に結合することにより，他の機器との接続が容易であるとともに，任意の流量を処理できる。

BAHXは多流路のバルク生産用熱交換器として50年以上の使用実績があり，基盤技術として以下の技術がある。

① 製造技術（接合，流路加工など）

② 伝熱設計，圧力損失計算技術（性能計算）

③ 気液分配構造（均一分配，混合技術）

④ 流体をコア毎に均等に分配する技術（コア間の偏流対策）

⑤ 流体を各層に均等に分配する技術（積層間の偏流対策）

これらの技術は，大容量MCRにも必須な技術であり，図3に示すようにBAHXのフィンは，MCRの流路に読み替え可能であり，これまでBAHXで得られた性能計算，圧力損失計算や強度評価などの設計技術やノウハウが活用できる。さらに，この設計思想を利用することで，国内，海外の各種圧力容器規格，船級規格や法規にも対応可能であり，従来の工業製品であるバルク生産用の熱交換器や反応器が対象としていた広い用途へ適用が可能となる。

4　大容量MCR　積層型多流路反応器（SMCR®）について

MCRの流路の基本構造としては，一般的に図4に示すようにチューブを組み合わせたY字およびT字形状が多用されている。しかし，この構造のままでは大容量化のためのナンバリングアップの際，流体の供給方法などから流路の配置に制限がある。積層方向のナンバリングアップ

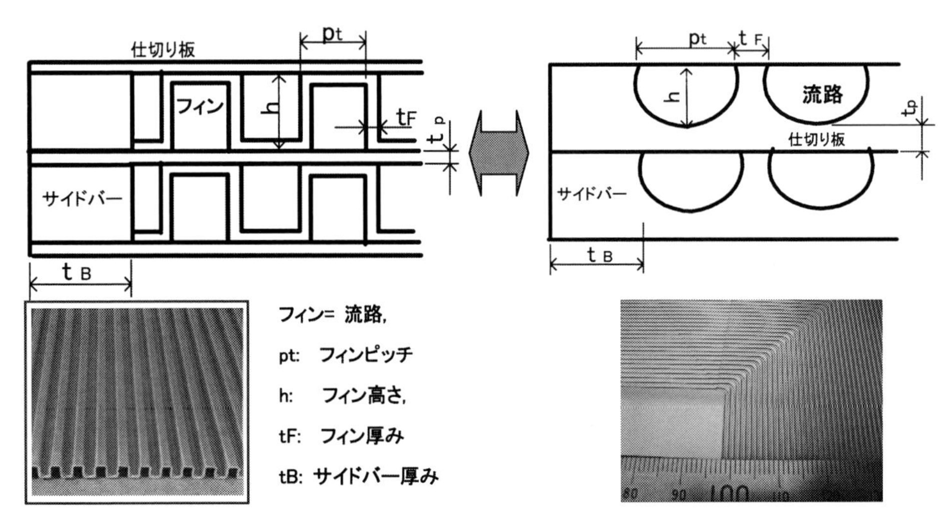

図3　フィンと流路の読み替え方法

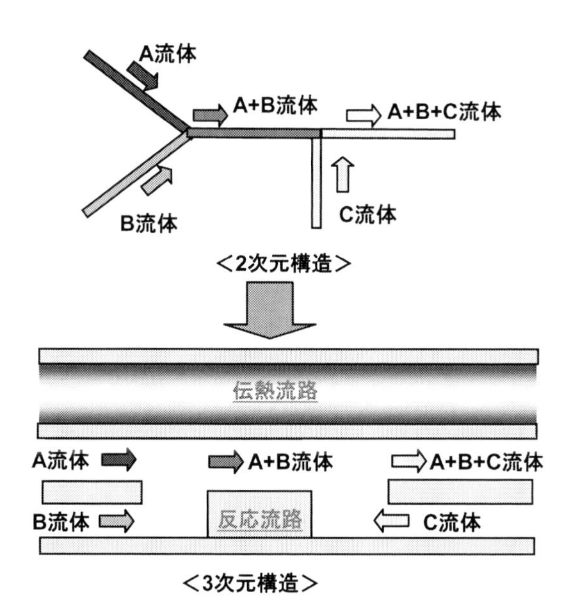

図4　2次元および3次元のマイクロチャネルリアクターの基本構造

は容易であるが製作上の問題などで積層数には限界があり，また接続方法なども考慮すると幅方向に複数の流路を効率良く配置するのは難しく，大容量MCRには適さない。そこで，既存のBAHXの構造を参考に，図4に示すようにプレートの両面に流路を加工し3次元的に流体供給流路を配置した構造を採用した。

この構造でプレート内に流路を密に配置することで単位体積当りの流路数を増やすことができ，バルク生産への適用が可能となる。また，プレートを複数積層することで流路数を増すことができ，1機あたりの流路本数は，流路本数／プレート×積層枚数で計算可能である。生産量が増えればプレート積層枚数を増やすだけでよく，従来の反応器のようなスケールアップ時の性能低下のリスクを最小化することができる。

また，本操作時に温度調節が必要であれば，温調流体を流すプレートを重ねることで迅速かつ精密な温度調節も可能となる。各流路への流体供給は，図1のBAHXに示したようなヘッダ，ノズル構造を利用することで各基本プレートに流体を均一に分配することが可能となる。また，図5に示すように合流後の各流路長さを均一にすることで圧力損失が同じとなり，基本プレート内においても偏流を防ぐことが可能となる。図6にSMCR®の流体の出入口および内部イメージを示す。外観上は，BAHXと同様に各流体の出入口を1箇所にまとめることが可能であり従来の機器と同様に容易に他の機器と接続可能である。

よって，この構造を採用することで，容易にMCRのナンバリングアップ，すなわち大容量化が可能となる。本構造を採用した大容量MCRを積層型多流路反応器（SMCR®: Stacked Multi-Channel Reactor）と呼んでいる。

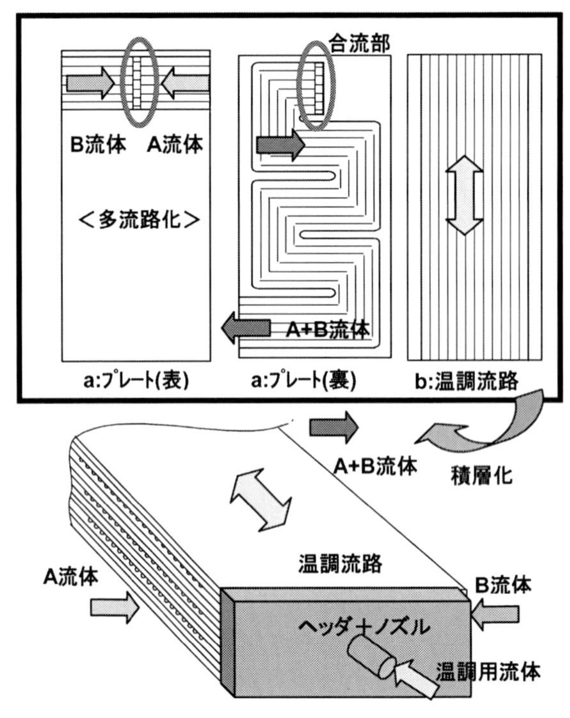

図５　SMCR®スケールアップのコンセプト
（上：流路配置イメージ，下：積層イメージ）

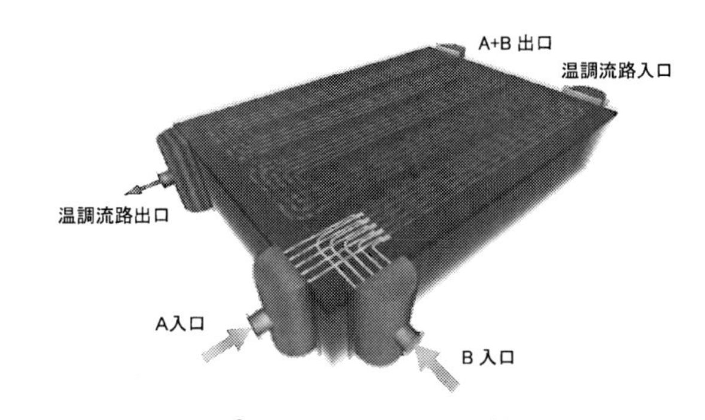

図６　SMCR®の流体の出入口および内部イメージ

SMCR®の製作の手順としては，ステンレス鋼，Ni基合金などの金属プレートに化学エッチングなどにより図５のような流路パターンを形成する。その後，目的の流路本数となるように温調プレートと組み合わせ必要枚数を積層し，真空加熱炉にて加熱，加圧することにより，拡散接合にて各プレートが接合され，流路ごとに流体が流れる空間が仕切られる。図７はステンレス鋼の拡散接合の例であるが，接合後，流路の閉塞は認められず，また接合界面を越えて結晶粒の成長も行われており，母材と同等以上の接合強度が得られる。よって，耐圧性能は，流路サイズに基いた強度計算で推算可能であるとともに，その強度は，実際に耐圧試験や破壊試験を実施し検証を行っている。また，耐腐食性，耐熱性などが必要な用途では，加工方法，接合方法は金属製のSMCR®とは異なるがアルミナ（Al_2O_3），炭化珪素（SiC）などのセラミックを採用でき，金属製のSMCR®と同様に自由度のある設計・製造が可能である。

5　SMCR®の適用事例

バルク生産用マイクロリアクターとしてSMCR®は，BAHXの設計技術，製造技術を参考に開発されているが，マイクロリアクターとしてマイクロ空間の効果が得られているか，抽出用途への適用検討を通して確認を行った。

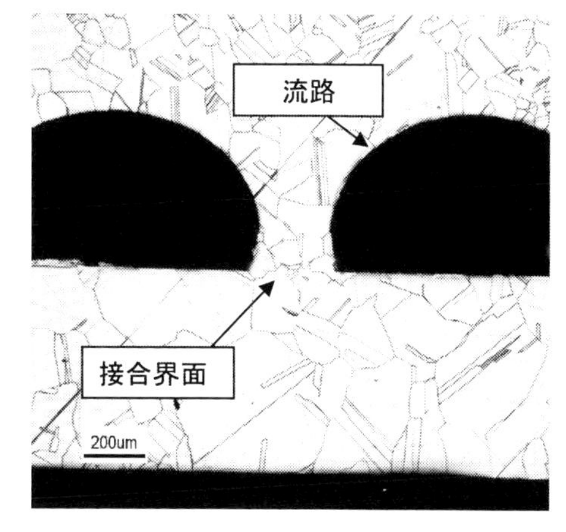

図7　流路および拡散接合の一例
（材質：ステンレス鋼　type 304 L）

5．1　抽出用途への適用検討

各種化学製品の製造工程には，原料中の目的物質または目的外物質を抽剤を用い除去する抽出工程がある。例えば，抽剤をリサイクルする場合，攪拌槽において，原料を抽剤で抽出後，製品と抽剤に比重差で分離するセトラーと，抽剤を蒸留操作などで回収する抽剤回収塔を含めたユニットとなる。

この場合，抽出を行う攪拌槽の処理能力に合わせて抽剤回収塔の処理能力が決定される。このようなユニットにおいて，SMCR®を適用すると以下のような効果が期待される。

① 抽出時間の低減
② 抽出工程機器サイズの低減
③ 抽剤の使用量削減による原単位改善

そこで，SMCR®を用いた抽出試験を実施し，SMCR®の抽出用途への適用の可能性を確認した。

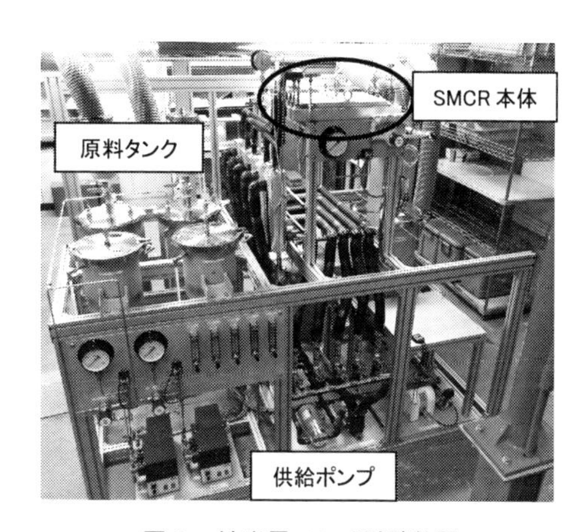

図8　抽出用ベンチ試験装置

5．2　実験内容および結果[4, 5]

SMCR®の試験体は，半円形の微小流路を有するステンレス製のプレートを別のプレートで両側から挟んで製作した。また多流路化，すなわち大容量化による各流体の偏流の影響による性能の低下の有無を確認するため，試験体の流路数は，1本×1枚の1本流路，5本×1枚の5本流路，5本×5枚の25本流路の3種類の試験体を準備し，図8に示すベンチ試験装置を用い抽出実験を行った。

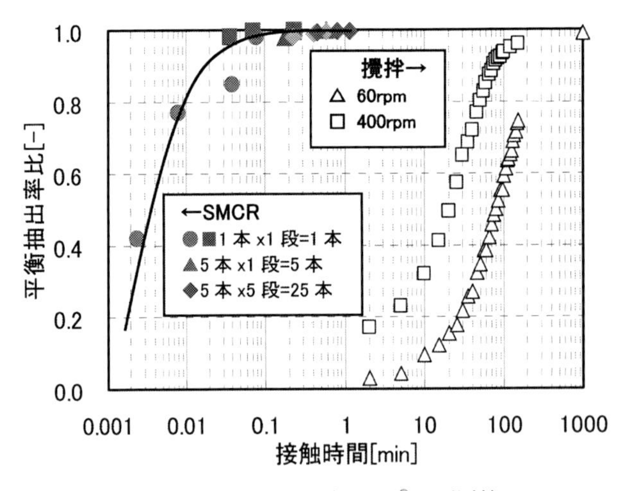

図9　抽出試験結果（SMCR® vs. 攪拌）

実験では，抽出原料としてドデカンにフェノール0.1 wt%を溶解させた溶液を，抽剤として水を用い，フェノールの抽出を行った。抽出原料および抽剤の体積比を1として，各液をポンプを用い所定の流量（流路あたり合計1～10 ml/min）で試験体に供給し，回収液を原料相と抽剤相に分離した。分離した原料相中のフェノール濃度を吸光光度法を用いて分析し，フェノールの抽出率を求めた。

攪拌抽出試験では，200 mlビーカーに抽出原料および抽剤を各100 ml入れ，抽剤相をマグネチックスターラーを用いて所定の回転数で攪拌した。所定時間間隔で抽出原料中のフェノール濃度を分析し抽出率を求めた。

実験結果を図9に示す。縦軸に平衡抽出率比（＝抽出率(%)／平衡抽出率(%)）を，横軸に滞留時間を示す。

攪拌抽出試験では，攪拌子の回転数が大きくなるにつれて抽出に要する時間が短くなるが，回転数が400 rpmより大きい場合，抽出原料が抽剤中に微細な液滴として分散したエマルション化し，攪拌を停止しても分離が困難であった。また，平衡抽出に達するまでの時間は約100分程度必要であった。一方，SMCR®では，0.1～1分程度と平衡抽出に達するまでの時間は約1/100程度に短縮された。また，試験体から流出した液は直ちに抽出原料と抽剤の2相に分離した。これは，混合部では積極的な混合を行わず，原料相と抽剤相でスラグ流や2相流を形成させ相分離性を保っているためである。さらに，流路本数が異なる試験体でも，滞留時間と平行抽出率比の関係はほぼ同じであり，複数流路に溶液が均一に分配されていること判断できる。

また，別の半円形の微小流路を有するステンレス製のプレートの上面にガラスプレートを貼り付け，原料と抽剤のかわりに空気と着色した水を流動させ可視化試験も実施した（図10）。1本流路および多流路（15本）においても均一な気液スラグ流が形成されており，図5に示したSMCR®の構造において均一な流体の分配が達成できることが確認できた。

以上の結果からSMCR®を抽出に用いる場合，以下の利点があることが確認された。

① 攪拌抽出に比べ滞留時間が1/100程度に短縮できる。

② 抽出後の分液性に優れ連続処理が可能となる。

③ 抽出性能において流路本数および枚数の影響は認められず溶液の分配性に優れる。

この結果から，SMCR®を用いることでナンバリングアップを達成しつつ，マイクロ空間の効果も得られることが確認でき，SMCR®がバルク生産用マイクロリアクターとして使用可能であるといえる。

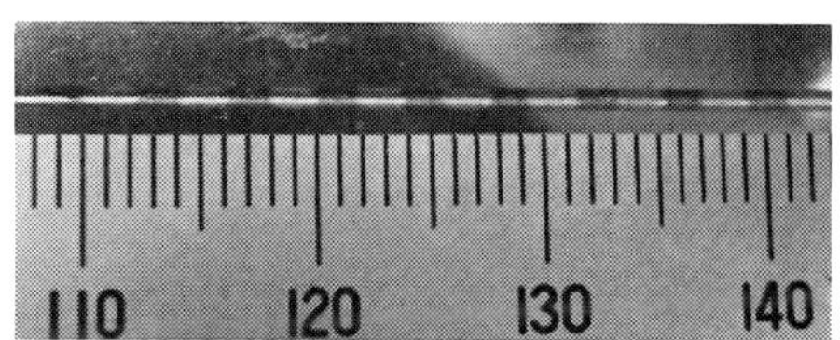

図10　気液流（空気-水）の可視化，観察事例
（上：15本流路，下：1本流路）

5．3　SMCR®による商業化事例[6)]

SMCR®の適用が検討されている用途は複数あるが，商業化事例の一つとして，レアメタル回収用の抽出ユニットがある。

レアメタル回収用の抽出ユニットでは，目的のpH（酸性環境が多い）において原料溶液から効率良く目的の物質を抽出する必要があり，さらに目的の物質を選択的に目的の濃度まで抽出するために数十段の抽出装置を用い抽出される場合がある。

回収する目的物によって，抽出回数，抽出条件などは異なるが，2014年に商業化されたレアメタル抽出ユニットにおいては，従来のミキサー＆セトラーに対してSMCR®を採用するメリットとして以下が挙げられた。

① セラミック製SMCR®の採用により腐食の心配がない（図11）。

② 抽出性能，処理量によりSMCR®の積層数の組合せが自由に変更可能（図11）。

③ 従来のミキサー＆セトラータイプに比べ分液に要する時間が短く，装置の設置面積が小さくできる（約1/20）。

④ 効率よく抽出できるため危険物である溶剤の保持量が少なくできる（約1/10）。

図11　セラミックリアクターの外観写真

今後，実際の運転の経験を活用し，ミキサー＆セトラーなどの既存の抽出ユニットに対しSMCR®を用いた抽出ユニットの優位性を明確にし，さらなる商業化を推進していく必要がある。

6 分解型SMCR®での適用用途拡大

微細な流路を用いるMCRは，基本的には使用時に流路の汚れや閉塞の可能性が無い流体性状の良い用途に適用されてきた。しかし，適用用途によっては想定外の反応条件などにより流路の閉塞の可能性が高まり従来のSMCR®では内部の確認ができないため適用が難しい場合があった。そこで，以下の従来のSMCR®の特徴をもった分解型SMCR®を開発した。

① SMCR®の特徴である流体の均一分散が可能

② 反応における発熱・吸熱の制御が可能（伝熱性能に優れる）

③ 耐圧性能がある（設計圧力２MPa以上など）

図12に示すように，内部構造としては従来のSMCR®と同様に反応液などを均一混合可能な流路配置となっているが，本体内部に流路の曲り部を有し，その外側にシール部を設けボルト構造を利用した分解可能な板状フランジを設けることで耐圧性能を維持しつつ分解可能型SMCR®となる。

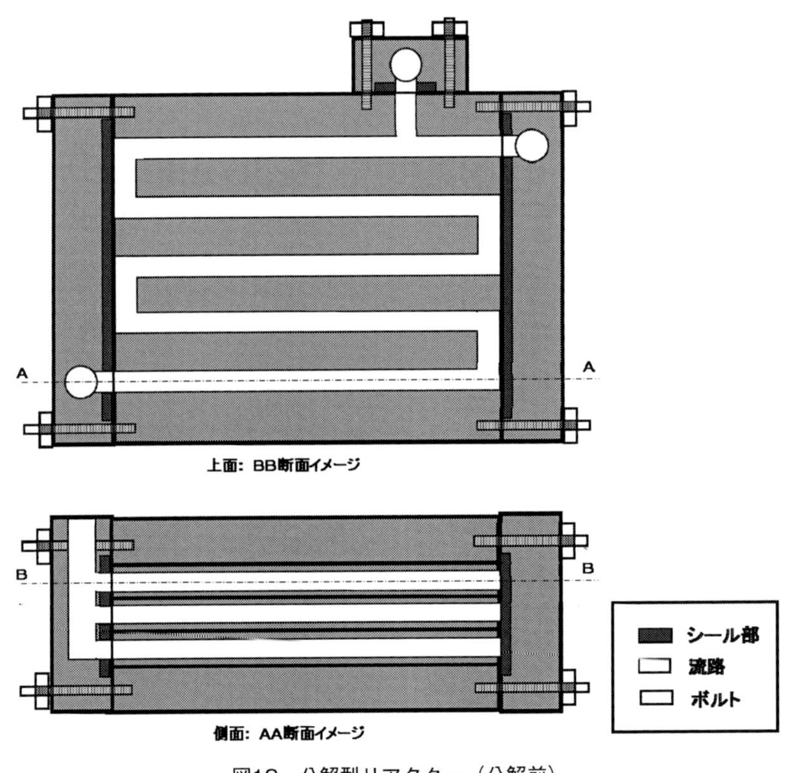

図12　分解型リアクター（分解前）

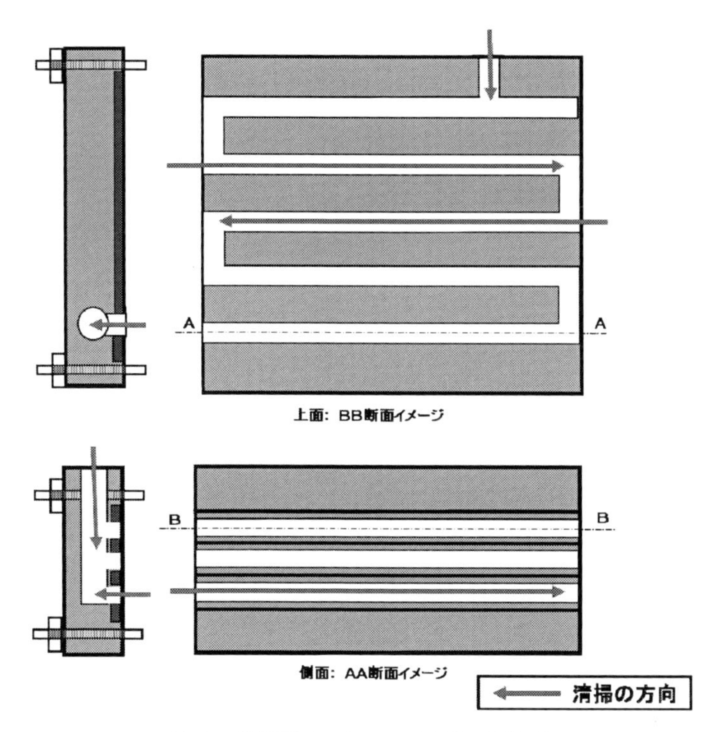

図13　分解型リアクター（分解，清掃時）

また分解・清掃時は図13に示すように板状フランジを開放するとこで全ての流路にアクセス可能になる。これにより高圧水での洗浄やブラシなどによる機械的洗浄が可能となる。また本体がステンレス鋼などで構成されている場合は，コア本体に熱を加え閉塞物を炭化させ除去するなどの方法も適用可能である。図14に分解型SMCR®の外観を示す。商業化に向けた検討としてベンチ試験やパイロットプラントでは，反応条件の最適化ができていない場合も多く各種試験条件での性能確認が必要であり流路の閉塞の可能性も高まるため分解型SMCR®を採用するメリットは大きい。また，内部の流路の設計技術は，分解型SMCR®と通常のSMCR®では同じであるため，ベンチ試験やパイロットプラントで得られた実験データは，通常のSMCR®に適用可能である。よって，各種実験により適用を検討している用途で，流路閉塞の可能性が低いと確認されれば，より安価で製作できる通常のSMCR®において商業化を

図14　分解型SMCR®の外観写真

具体化することも可能である。

分解型SMCR®の具体的な適用用途としては，反応時に固形物が発生する可能性がある特殊な反応用途や，ポリマー合成など内部で反応物の状態が変化し流路閉塞の可能性がある用途が考えられる。

7　おわりに

MCRは，高い伝熱性能および高い物質移動速度などから工業化への検討が実施されているが，一般的に機器容量が小さく高価であるため，医薬品のような高付加価値用途であるか，または迅速な反応ではほとんど滞留時間を必要とせず，小容量の機器で良いといった用途に限られてきた。

しかし，本章で紹介した既存の熱交換器・反応器の機器構造を参考に開発したバルク生産用マイクロリアクターであるSMCR®においては，マイクロ空間の利点である伝熱促進，物質移動促進の機能を維持しつつ大容量化が可能であり，これまでの高付加価値用途のみならず滞留時間を必要とする抽出，反応などのバルク生産用のプロセスへの適用も可能となる。

また，従来のSMCR®に付加的機能を加えたセラミック製SMCR®や分解型SMCR®など新しいタイプのSMCR®の開発も進めてきており，これまでMCRの適用が難しかった用途への適用も可能になりつつある。

さらに，MCRにおいて達成される高い伝熱性能や物質移動性能により機器のコンパクト化を実現するだけではなく，プロセス条件（運転圧力，温度など）を緩和することができ，省エネルギー効果や抽剤，溶剤などの低減を実現できるため，SMCR®のさらなる用途展開が期待できる。

文　　献

1)　吉田潤一，マイクロリアクターの開発と応用，4，シーエムシー出版（2003）
2)　Gray S. Calabrese, *AIChE J.*, **57**(4), 828（2011）
3)　野一色公二ほか，神戸製鋼所技報，**53**(2)，p28（2003）
4)　化学工学会第43回秋季大会要旨集，X216積層型多流路反応器（SMCR®）による抽出性能，社団法人化学工学会
5)　A. Matsuoka and K. Noishiki, Stacked Multi Channel Reactor for Solvent Extraction Process, 20th International Solvent Extraction Conference, September 7-11（2014）
6)　A. Matsuoka et al., Development of Large Capacity Micro channel Reactor -Application for Rare Metal Recovery-, 14th International Conference on Microreaction Technology, September 12-14（2016）

第8章　フローマイクロリアクターを用いた連続合成プロセスの構築

中原祐一*

1　はじめに

日常生活において，私たちは化学の力をつかって生み出された様々な製品の恩恵を受け快適な生活を享受している。科学技術を活用することで生み出された製品の領域は幅広く，製薬，電子材料，香粧品，洗剤そして食品素材など多岐に渡る。これらの製品を生み出すための製造技術において，製品の機能向上は無論のこと，環境負荷低減の観点が近年ますます重要視されるようになってきている。これらのニーズに対応するため，精密かつ環境調和型のプロセスの開発が喫緊の課題となっている。このような状況の中，フローマイクロリアクター技術を利用した化学合成が，従来の製造技術に革新をもたらす合成プロセスとして注目され，研究開発の取り組みが加速化している。今後，フローマイクロリアクター技術の幅広い製造分野での活用が期待される理由の一つとして，ラボスケールの合成から工業化までの移行がスムーズであることが挙げられる。従来のバッチプロセスを用いたスケールアップによる大量生産で必要となる反応条件の再検討などが不要となり短期間での工業化を目指せる。また，アメリカ食品医薬品局（FDA）は環境負荷低減の観点からフローマイクロリアクターに代表される連続プロセスの導入を推進しており[1]，将来的には多くの製造プロセスがバッチプロセスから連続型のプロセスに移行していくことも予想される。このため，合成をはじめとする上流プロセスだけでなく，抽出など下流プロセスにおいても数多くの応用例が紹介されている。さらには，製薬分野において，原料から錠剤化までのプロセスを一元的に行い，小型の製造装置を構築する取り組みなども活発化している[2]。

1．1　化学合成におけるフローマイクロリアクターの特長

フローマイクロリアクターは①高速混合，②精密温度制御，③滞留時間の精密制御，④界面での効率的な物質移動，といった特長を有し，従来のバッチプロセスでは構築ならびに制御することが困難であった反応場を比較的容易に実現することが可能である。1990年代にフローマイクロリアクターの概念が提唱されて以来，化学反応における収率・品質向上および生産性の向上など数多くの有益な報告がなされている。特に，アルキルリチウム種の利用プロセスにおいては高速混合により並列競争反応を制御し官能基を保護することなく，合成が可能となるなど従来のバッチプロセスでは実現が不可能なプロセスの構築が可能となることを示した[3]。

＊　Yuichi Nakahara　味の素㈱　イノベーション研究所　基盤技術研究所
プロセスエンジニアリンググループ　研究員

1.2　フローマイクロリアクターの課題

前述のとおりフローマイクロリアクターは従来の合成プロセスを大きく転換する可能性を有している。しかしながら，これまで多くの知見の蓄積があるバッチプロセスに比べ，全く新しいコンセプトに基づいているフローマイクロリアクターは技術の応用が始まったばかりである。それゆえに，必ずしも導入がスムーズに進んでいない状況が存在し，また，技術を最大限に活用するために解決すべき課題もある。

1.2.1　化学合成と化学工学の融合による反応場の構築

フローマイクロリアクターにおいては，反応速度と混合速度，発熱量と除熱能力といった反応要素を精密に制御することで高い反応収率を得ることができる。適切な反応制御をおこなうためには，反応で生じるパラメータを深く理解しプロセス開発に活かすための化学工学，反応工学的な知見が必要になる。それに加えて，副反応などを含め化学合成の視点から反応のメカニズムを充分に理解し，プロセス開発に反映させる知識も必須である。化学合成と化学工学の融合によって得られる反応場は非常に魅力的である一方，両分野に精通していなければ真に有益なプロセスの構築ができないため，優れたプロセスエンジニアの育成は大きな課題となっている。

1.2.2　パラメータの多さによる開発スピードの遅延

フローマイクロリアクターでは，複数の反応を集積化し，それぞれの反応に対して原料濃度，混合比率，温度を変化させることが可能である。多数の反応条件により多様なアプローチが可能である反面，パラメータが多くなることで反応の最適化が非常に難しくなる。多くの知見の蓄積があるバッチプロセスでは，経験則による最適な反応条件の推定が可能である。そのため，ラボスケールにおける反応系の構築を比較的容易に行うことができる。結果的に，反応プロセス開発の初期段階ではバッチプロセスのほうが優位に立つことが多く，反応系の立ち上げにおいて最適化に一定の期間を要するフローマイクロリアクターは不利になることが多い状況にある。

1.2.3　安定な連続化プロセスの構築

フローマイクロリアクターはプロセスが定常状態に達すれば連続的に製品を供給できることが利点の一つである。しかしながら，長時間の運転には，微小な流路を使用する本プロセスならではの課題がある。流路やミキサーの閉塞により，流速や流量比が変化し原料の供給量に差異が生じ，安定的に製品の供給ができない状況が発生する可能性もある。このような状況で合成された製品については品質の低下が危惧され，下流のプロセスにも悪影響を与えかねない。最悪の場合，製品規格を逸脱しプロセスそのものが不適格となる可能性もある。また，ラボスケールにおける開発で多く使用されているシリンジポンプを，連続プロセスで実用するのは非現実的であり，連続化に適したポンプを使用する必要がある。さらには送液やマイクロリアクター内の閉塞を確認するための流量計や圧力計といった各種センサーとモニタリング装置も連続運転には欠かせない。安定的な連続プロセスを実現するためには，これらのデバイス開発も喫緊の課題である。

１．３　京都大学マイクロ化学生産研究コンソーシアムにおける取り組み

マイクロリアクター技術への世界的な注目の高まりを受けて，マイクロ化学生産を産学連携のもと集中的かつ戦略的に推進し21世紀の化学産業をリードしていく機会ととらえて，京都大学マイクロ化学生産研究コンソーシアム（Micro Chemical Production Study Consortium in Kyoto University(MCPSC-KU)）が2011年に結成された。本コンソーシアムは吉田潤一教授を代表として長谷部伸治教授，前一廣教授が中心となってマイクロ化学生産を推進する法人会員とマイクロ化学生産を支えるデバイス類を開発する賛助会員で構成される。2016年現在，化学メーカーを中心とした法人会員12社，デバイスメーカー８社，大学会員10名で構成されている。
（コンソーシアムHP，http://www.cheme.kyoto-u.ac.jp/7koza/microchem/index.html）

本コンソーシアムはマイクロ化学プロセスを実現するための人材育成を目的として，マイクロ化学合成ならびにマイクロ化学工学に関する集中講義，マイクロリアクター技術の習得を目指した実習，マイクロ化学プロセス開発に向けたプロジェクトからなり，産学連携による研究開発が積極的に推進されている。本稿ではコンソーシアムで行われたプロジェクトの１つであるアニオン重合の連続プロセスについて紹介する。本プロジェクトは京都大学 永木愛一郎講師が中心となり，法人会員４社（高砂香料工業，東邦化学工業，日産化学工業，味の素），デバイスメーカー２社（タクミナ，三幸精機工業）によって行われた事例である。

２　フローマイクロリアクターによる高分子合成

高分子（ポリマー）はモノマー（単量体）を重合させることによって得られるものであり，重合させるモノマーの性質や種類，また重合の度合いによって様々な機能を有するポリマーを合成できる。ポリマーは繊維，塗料，樹脂，フイルムといった製品として製造され，その応用分野は医薬，香粧品，電子材料など多岐にわたって展開されている。

高分子を合成する代表的な反応として，付加重合，縮合重合，開環重合，付加縮合などがある。このうちポリスチレンをはじめとした代表的な高分子を合成・製造する付加重合は特に重要な重合法として位置づけられている。付加重合は，開始剤が不飽和結合種であるモノマーに付加する開始反応と，開始反応により生成された活性種がモノマーに順次付加する生長反応によって構成される[4~7]（図１）。理想的な重合系である完全混合系での反応場では，適切なエネルギーを与えることで開始反応と生長反応を制御し，特定の反応だけを選択的に進行させることができるとされる。しかし，フラスコなど従来のバッチ型反応器では，理想的な反応結果が得られないだけでなく，反応の再現性が低いという問題がある。これは不十分な混合や温度むらによるホットスポットの発生によって，理想的な反応環境とは全く異なる反応条件のもとで合成が進行するためだと考えられ，その結果，速度論に基づき予想されるものとはかけ離れた結果がもたらされる。また，スケールアップを行った際にはこれらの現象がさらに顕著化するため，超低温条件下で反応を行うことで制御を容易にするなどの対策を行っているものの，生産性の低下や過剰なエ

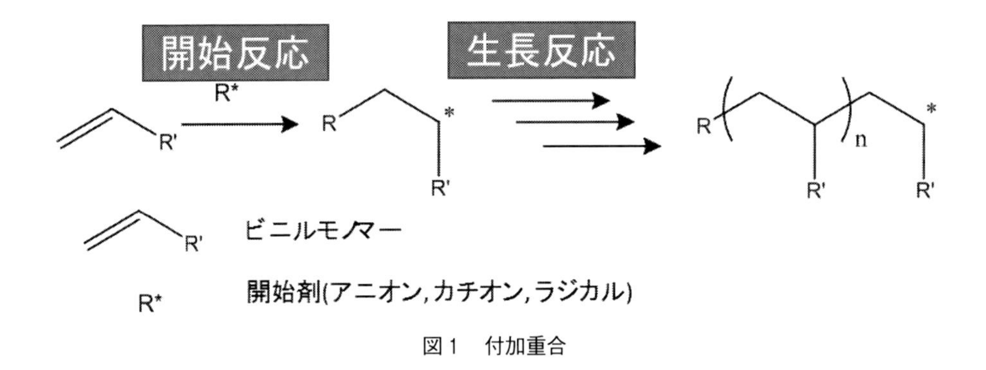

図1　付加重合

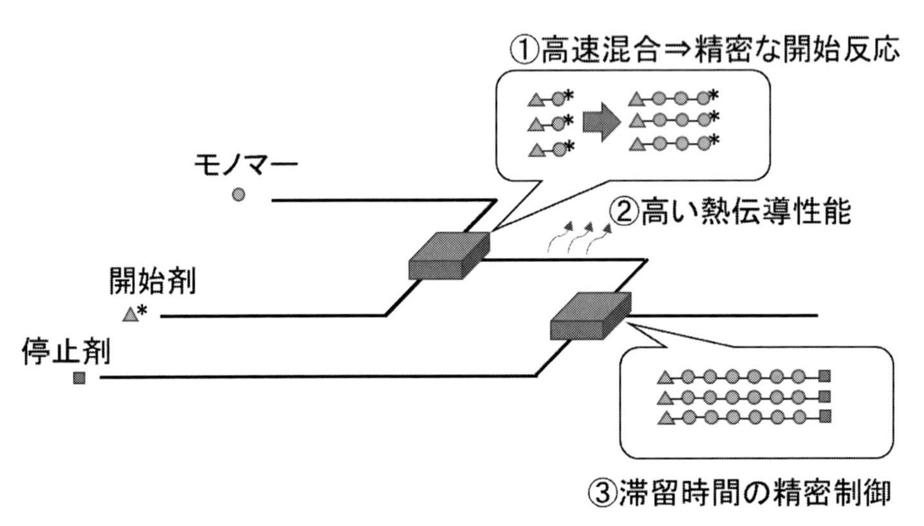

図2　フローマイクロリアクターを用いた付加重合

ネルギーの投入といった課題は解消されていない。

これに対しフローマイクロリアクターは，この理想と現実のギャップを埋めることができる反応技術として高分子合成への適用が期待される。一般に，反応器の容積を小さくすればするほど，①混合，②反応温度，③反応時間などの反応環境の制御が容易になる。以下には付加重合へのフローマイクロリアクター適用に対する効果について述べる[8~10]（図2）。

①　高速混合

付加重合において，モノマーと開始剤による開始反応のタイミングを均一にすることは，品質の良いポリマーを合成するのに重要である。フローマイクロリアクターでは，微小な流路により拡散距離を短くすることによって，バッチ型反応器では構築が困難であった分子拡散に基づく高速な混合場で反応を行うことが可能となる。すなわち，マイクロリアクターでの高速混合により，理想的な開始反応が実現できる。

②　精密な温度制御および高い熱伝導性能

バッチ型反応においては反応溶液中にホットスポットが発生し，それによって反応が不均一になり，場合によっては反応の暴走など予期しない事態を招く恐れも考えられる。これは発生した熱に対して，熱を伝達する界面（表面）が不足しているためである。単位長さあたりの体積と表面積は体積が長さの３乗，面積が長さの２乗に比例する。反応器体積の小さいフローマイクロリアクターでは単位体積当たりの表面積はバッチ反応器よりも大きく，効率的な熱伝導が行われる。そのため，ホットスポットの発生に伴う反応の不均一化や暴走を抑制し，スムーズな生長反応を行うことができる。また，必要以上に低温反応場を構築することがなくなるため，投入するエネルギー量の観点からも利点が大きいといえる。

③　精密滞留時間制御

高品質で品質が安定したポリマーを得るためには，開始反応，生長反応そして停止反応を揃えることが重要となる。完全混合条件での反応は溶液の滴下から混合までが瞬時に混合されると仮定されている。しかし，実際のバッチ反応では滴下から混合され反応が進むまでに一定の時間がかかるため，滞留時間分布が発生し，生成したポリマーの品質は低下する。スケールアップが大きいほど滞留時間の分布は大きくなる。これに対し，フローマイクロリアクターでは，反応容器の体積と溶液の流速を調整することによって滞留時間の分布を極小化することができる。基本的には，一度条件を設定すればポンプによる送液のみで反応場の構築が可能であるため，人為的な操作は必要なく容易に制御することができる。

3　フローマイクロリアクターによるアニオン重合システムの構築

リビングアニオン重合では，数百から数万の幅広い分子量のポリマーが非常に狭い分子量分布での合成が可能である。1956年のSzwarcによるスチレンのアニオン重合の発見以来，精密な高分子合成をおこなう上で優れた重合系とされてきた[11, 12]。また，リビングアニオン重合は，成長末端が安定であるため単分散ポリマーの合成をさらに発展させる形で，ブロック共重合体，末端官能基化ポリマー，多分岐ポリマー，環状ポリマーなどの精密構造制御ポリマーの合成に広く利用されている[13~17]。

バッチ型反応器でスチレンのアニオン重合を行う場合，極低温，高真空条件下などでの反応を行う必要があり，工業的な利用における課題となっている。これに対し，フローマイクロリアクターを使用する場合，s-BuLiを開始剤とするアニオン重合を行うことができ，０℃といった比較的高い温度での重合が可能である。さらには1.10前後という単分散に近いポリマーの合成が可能であり，フローマイクロリアクターの特徴を発揮した反応場が構築できている[18]。ただし上記の結果は，シリンジポンプによる短時間の反応での検討結果であり，工業的なスケールでの製造を行うためには連続合成システムを新たに開発する必要があった（図３，４）。

	Batch	フローマイクロリアクタ
Condition		
	−80℃, 〜1hr	0℃, 10sec
特長	一度に大量の合成が可能	低温、常温での反応が可能 単分散高分子が得られる スケールギャップなし
課題	超低温での反応場 分子量分布 スケールギャップ発生	連続運転時の安定的な 品質の確保

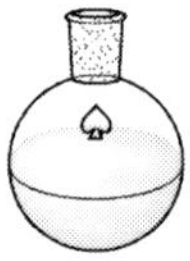

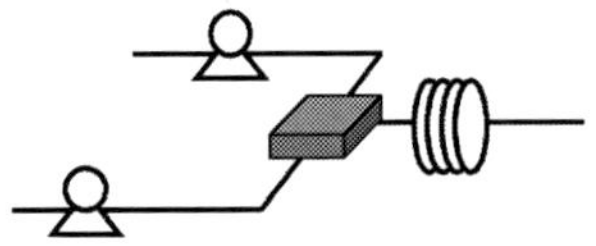

図3　アニオン重合におけるBatch型プロセスとフローマイクロリアクターの反応条件の比較

	ラボスケール	工業化スケール
Batch		
	スケールアップによって分子量に分布が生じる （スケールギャップ）	
フローマイクロリアクタ		
	スケールギャップが生じない	

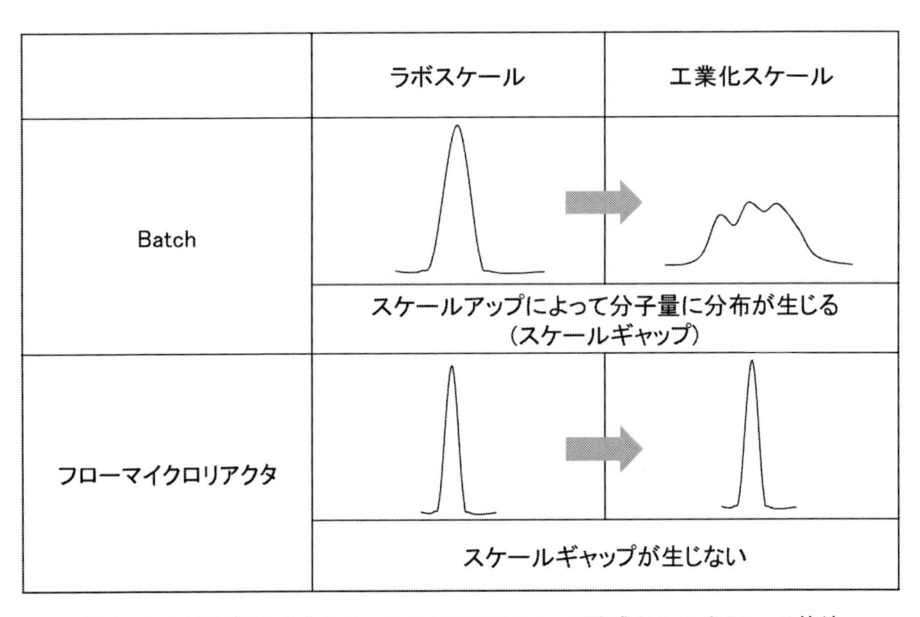

図4　Batch型プロセスとフローマイクロリアクターで生成されるポリマーの比較

3．1　連続反応システムの構築とシステムの検証

工業的なスケールでの製造を行うためには，安定的な送液を可能にする①ポンプの選択と②リアクターの構築，さらには送液ならびに反応の状態を監視する③計測系の設置が重要となる。こ

れらの課題に対して，安定的かつ検証が可能な製造プロセスの構築を目指して，MCPSC-KUにて連続反応システムの構築を行った（図５，６）。本システムはドラフトチャンバー内に収納が可能な極めてコンパクトなシステムとなっており，従来のバッチ型反応装置と異なり，装置の移動なども容易に行うことができる。以下に装置の選択について記述する。

①　送液システム

ラボスケールでのフローマイクロリアクターの検討ではシリンジポンプをはじめとした比較的簡便な装置を用いての検討を行うことが一般的である。しかしながらシリンジポンプを工業ス

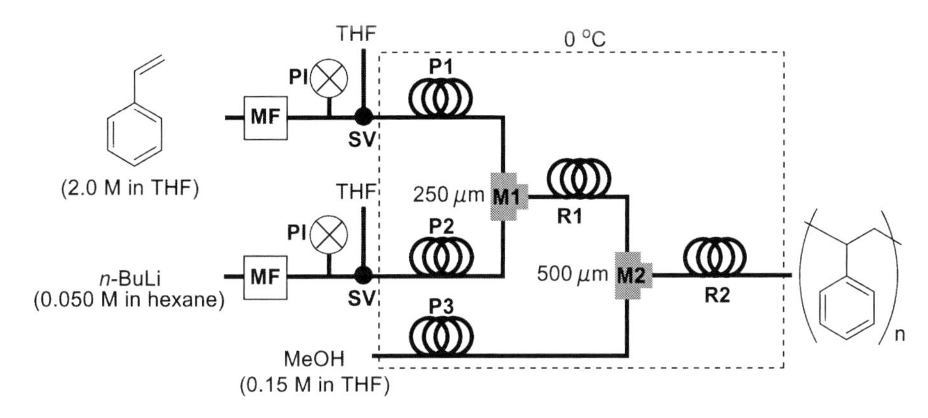

図５スチレンのアニオン重合の連続合成装置の概要
M1，M2：マイクロミキサー，R1，R2：チューブリアクター，P1，P2，P3：プレクーリングユニット
MF：流量計，PI：圧力計，SV：スイッチングバルブ

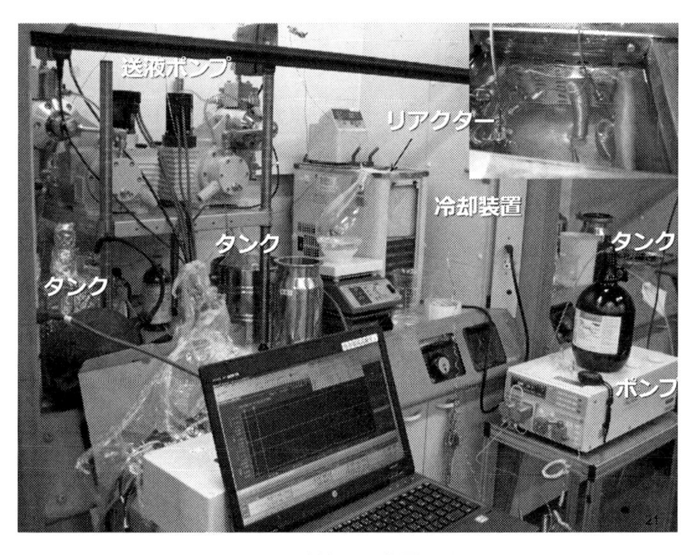

図６　連続運転装置写真
（タクミナ社製ダイアフラムポンプ２台，島津製プランジャーポンプで構成）

ケールで使用することは耐圧性，送液を連続的に行うという観点においては難しく，連続的な送液が可能なポンプを選択する必要がある。一方で，アニオン重合において開始剤として使用するアルキルリチウム種は空気中の水分と反応し容易に水酸化リチウム結晶を生成するため，送液ポンプの送液不良やマイクロリアクターの閉塞を招く恐れがある。この問題に対して，溶液の外気との接触を防ぐことを目的にダイアフラム式のポンプシステム（タクミナ社）を選択した。本ポンプシステムを採用することで水酸化リチウム結晶の析出を最小限に抑えることが可能となり，安定的な送液が可能となった。

② リアクターの構築

ラボスケールでの検証をスムーズに移管し，安定的な製造プロセスを構築するために，最小限の変更で適切なリアクターを選択することも重要となる。一方，設定した温度に達する前に反応が開始するリスクやリアクター内の圧力上昇のリスクを抑制するため，送液量は十分に考慮する必要がある。そのため，事前の温度調整を目的に滞留管を延長したシステムを構築し反応前の冷却を可能とした。それ以外の部分については基本的にラボスケールのシステムと同等のシステムを構築した。さらに，リアクターが閉塞した際の対策として洗浄用のラインを設置した。

③ 計測系の設置

フローマイクロリアクターによる連続合成には，安定的な送液の実現が必須である短時間の安定だけでなく，長時間のプロセスを通しての安定性が確保できなければ，高い品質の製品の製造に使用可能なプロセスにはならない。そこで，各種センサーをシステム中に導入し，反応を監視することは非常に重要である。インライン式の圧力計と流量計を各ポンプに設置し，監視を行うと同時に経時の記録を行うシステムを導入した。

3．2 モノマー／開始剤の比率がポリマー分子量に及ぼす影響の評価[19]

シリンジポンプを使用したシステムですでに得られている反応条件を基に構築した連続運転システムの安定性の検証を行った。検証方法として，モノマー［M］と開始剤［I］であるs-BuLiの等量比を変化させ，生成したポリマーの分子量を評価した。モノマー［M］／開始剤［I］比を増加させることによって生成するポリマーの分子量が増加することと，分子量分布を確認することで構築したシステムの安定性を検証することが可能となる。

［M］/［I］比の増加に対してポリマー分子量が直線的に増加する傾向が認められ，最大でMn＝14,000，Mw/Mn＝1.11という高品質なポリマーを合成できることを確認した（図7）。また，開始剤としてn-BuLiを使用した場合もs-BuLiと同等のポリマーが得られることを確認した。

3．3 アニオン重合によるポリスチレン連続運転システムの検証

フローマイクロリアクターによる物質生産の利点として，ラボスケールで最適化した反応条件をそのまま実生産に活用できることが挙げられる。つまり，スケールアップによって生じる混合，伝熱，滞留時間制御といったファクターを再検討することなく，原料を増やすことで生産量

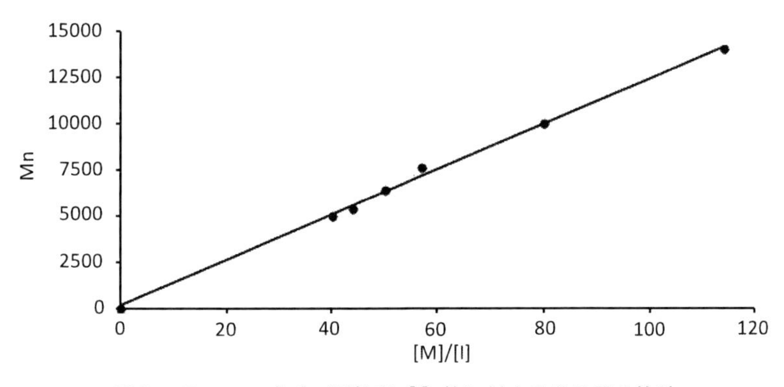

図７　モノマー［M］／開始剤［I］比に対する分子量の比較

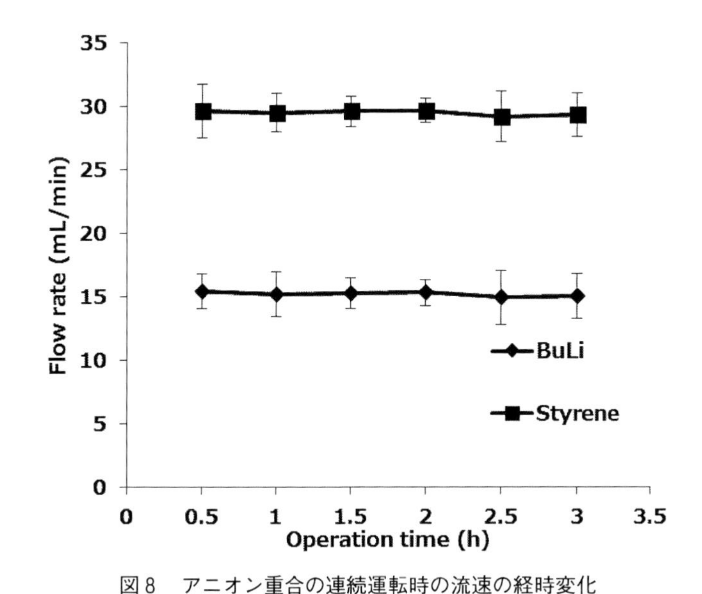

図８　アニオン重合の連続運転時の流速の経時変化

を増加させることができる。必要な時に必要なだけ作るというオンデマンド型の生産システムへの展開も可能となる。そこで３．２項にて得られたシステムを利用して，アニオン重合の連続運転を行った。前述の結果に基づいて，安定的なポリマーが得られる条件として［M]/[I］比が80となるように流量を設定し，送液を行った。リアクター内の圧力変動や流量変動のモニタリングからは流量，圧力とも安定に推移し（図８，９），分子量分布7000～8000，Mw/Mn＝1.1程度の分子量分布の小さなポリスチレン約１kgを３時間で合成することに成功した（図10）。また，３時間の連続運転後，一旦運転を停止した後，再度送液を開始した場合でも上記と同等のポリスチレンが安定的に得られることを確認した。工業化を志向した安定的な連続運転システム構築の展望が開ける結果となった。

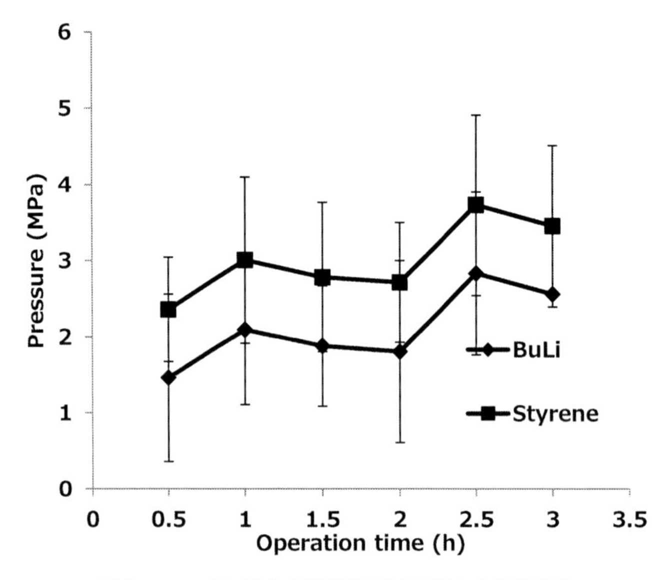

図9　アニオン重合の連続運転時の圧力の経時変化

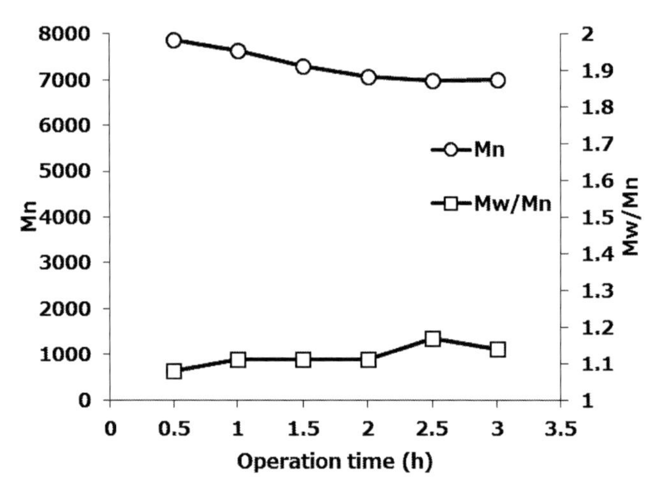

図10　アニオン重合の連続運転時の分子量分布およびMw/Mnの経時変化

4　おわりに

今回紹介した連続合成システムを用いることにより，高品質の単分散ポリスチレンをフローマイクロリアクターの連続運転で合成可能であることを見出した。そして極めて精密な混合，温度制御，滞留時間の制御が必要であるアニオン重合において，フローマイクロリアクターの利用が有効であることと，工業化にあたり重要となる連続合成が実現可能であると示された。一連の結果より，フローマイクロリアクターの大きな魅力の一つであるラボスケールから工業化スケールへのスムーズな移行が可能であるという点を実証できたといえる。また，単分散のポリスチレン合成が可能となったことで高品質なブロックポリマーの合成など新たな高分子の創出への展開が期待される。さらに，これまでのバッチ系反応器では開発が困難である反応場をフローマイクロリアクターで構築し，新規の機能性高分子の創出を行い，速やかに製品化するといったことも可能になる。一方，工業化に向けた製造プロセスの確立には，原料の調製，システムの立ち上げ，運転，洗浄といった一連の手順を常に安定的に行うことができる体制を整える必要がある。これが，フローマイクロリアクターを本格的な工業生産への導入に向けた大きな課題といえる。フローマイクロリアクターの知見が少しずつ蓄積され工業化に向けた動きが加速されていく現在，モノづくりへの適用の重要性はますます増えていくことが期待される。

謝辞

本執筆を行うにあたり京都大学大学院工学研究科　永木愛一郎先生には多大なるご協力をいただきました。また実験にあたっては東邦化学工業㈱　古澤様，㈱タクミナ　伊藤様，島崎様をはじめ京都大学マイクロ化学生産研究コンソーシアムの会員の皆様に多くのご協力をいただいております。この場をお借りして御礼申し上げます。

文　　献

1) FDA Perspective on Continuous Manufacturing/IFPAC Annual Meeting/Baltimore, January, 2012/Sharmista Chatterjee, Ph. D. CMC Lead for QbD/ONDQA/CDER/FDA, www.fda.gov/downloads/aboutfda/centersoffices/officeofmedicalproductsandtobacco/cder/ucm341197.pdf
2) A. Adamo, R. L. Beingessner, M. Behnam, J. Chen, T. F. Jamison, K. F. Jensen, J.-C. M. Monbaliu, A. S. Myerson, E. M. Revalor, D. R. Snead, T. Stelzer, N. Weeranoppanant, S. Y. Wong, P. Zhang, *Science* **352**, 61 (2016)
3) A. Nagaki, K. Imai, S. Ishiuchi, J. Yoshida, *Angew. Chem., Int. Ed.*, **54**, 1914-1918 (2015)
4) M. Kamigaito, T. Ando and M. Sawamoto, *Chem. Rev.*, **101**, 3689 (2001)
5) K. Matyjaszewski and J. Xia, *Chem. Rev.*, **101**, 2921 (2001)
6) K. Matyjaszewski and M. Sawamoto, “Cationic Polymerizations”, Matyjaszewski, K. Ed., Marcel Dekker, New York (1996)
7) H. L. Hsieh and R. P. Quirk, “Anionic polymerization: principles and practical applications”, Marcel Dekker, New York (1996)
8) A. Nagaki, J. Yoshida, *Advance Poly. Sci.*, **259**, 1 (2013) and reference therein
9) D. Wilms, J. Klos and H. Frey, *Macromol. Chem. Phys.*, **209**, 343 (2008) and reference therein
10) V. Hessel, C. Serra, H. Löwe and G. Hadziioannou, *Chemie Ingenieur Technik*, **77**, 1693

(2005) and reference therein
11) M. Szwarc, *Nature*, **178**, 1168 (1956)
12) A. Hirao, S. Loykulnant and T. Ishizone, *Prog. Polym. Sci.*, **27**, 1399 (2002)
13) A. Nagaki, Y. Tomida, A. Miyazaki and J. Yoshida, *Macromolecules*, **42**, 4384 (2009)
14) A. Nagaki, K. Akahori, Y. Takahashi, J. Yoshida, *J. Flow Chem.*, **4**, 168 (2014)
15) A. Nagaki, Y. Takahashi, K. Akahori, J. Yoshida, *Macromol. React. Eng.*, **6**, 467 (2012)
16) A. Nagaki, A. Miyazaki, Y. Tomida and J. Yoshida, *Chem. Eng. J.*, **167**, 548 (2011)
17) A. Nagaki, A. Miyazaki and J. Yoshida, *Macromolecules*, **43**, 8424 (2010)
18) A. Nagaki, Y. Tomida, J. Yoshida, *Macromolecules*, **41**, 6322 (2008)
19) A. Nagaki, Y. Nakahara, M. Furusawa, T. Sawaki, T. Yamamoto, H. Toukairin, S. Tadokoro, T. Shimazaki, T. Ito, M. Otake, H. Arai, N. Higashida, Y. Takahashi, Y. Moriwaki, Y. Tsuchihashi, K. Hirose, J. Yoshida, *Org. Process Res. Dev.*, **20**, 1377 (2016)

【第Ⅱ編　企業の実例】

第1章　マイクロリアクターを用いたイソブチレンのリビングカチオン重合

豊田倶透*

1　はじめに

微細加工技術に端を発したマイクロリアクター技術は1990年代から研究が本格化している。元々は1mm以下の流路径を用いたため，「マイクロ」リアクターと呼ばれているが，後述の微小空間の特性を損なわない範囲でmmオーダー・cmオーダーの流路の活用が検討されている。本稿でも流路径に拘らず，微小空間特性を活かした連続反応器をマイクロリアクターと呼ぶことにする。

マイクロリアクターは迅速な混合や熱交換，滞留時間の厳密制御，微小空間を活かした界面制御などの特徴を有しており，プロセス強化を達成するための基盤技術の一つとして[1]，また，グリーン・サステイナブルケミストリーにおけるグリーン製造化学プロセスの一つの技術として注目されている[2]。当社ではマイクロリアクター技術を次世代プロセス技術の一つとして技術の深耕を進め，様々な分野への展開を検討している。ここでは，マイクロリアクター技術を精密重合に適応した事例として，フローリアクターでのイソブチレンのリビングカチオン重合を紹介する。

2　リビング重合とマイクロリアクター

カチオン重合は一般に，開始反応，生長反応，停止反応，連鎖移動反応から成り，分子量分布の広い重合体が得られる。一方，近年，精密重合技術であるリビング重合の発達により1次構造が制御された機能性高分子が得られるようになってきた。

リビング重合とは，狭義においては重合生長末端が常に活性を保ち続けて分子鎖が生長していく重合のことを言うが，一般には重合生長末端が不活性化されたものと活性化されたものが平衡状態にありながら分子鎖が生長していく擬リビング重合も含まれる。このようなリビング重合では，連鎖移動反応や停止反応を伴わないことから，全ての開始点から重合反応が同時に開始すれば分散度の小さい重合体が得られる。また，特定の官能基を重合体の活性末端に導入することや，2種以上のモノマーを用いることにより共重合体を合成することができる。

リビング重合とマイクロリアクターの相性を考えると，特に以下の2つのマイクロリアクターの特徴を活用できることが分かる（図1）。

---

* Tomoyuki Toyoda　㈱カネカ　生産技術研究所　R&D第一グループ

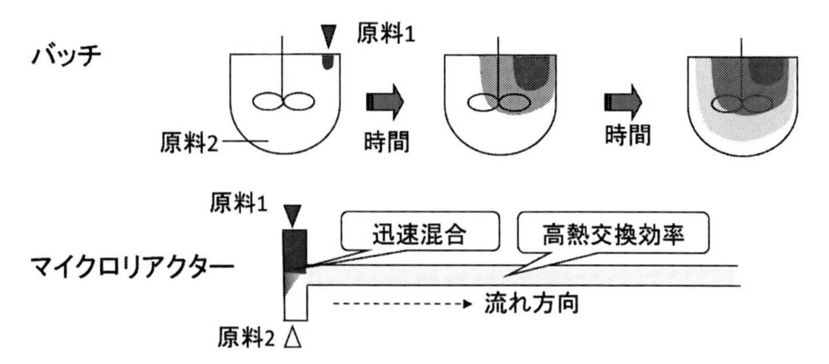

図1　リビング重合で活きるマイクロリアクターの特徴

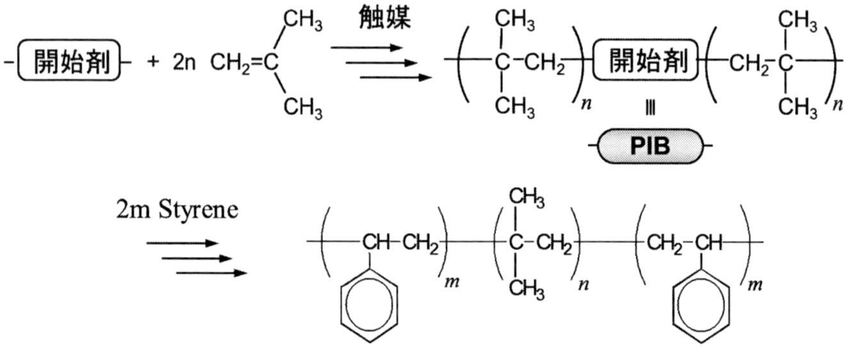

図2　イソブチレン系樹脂の合成方法の概略

- リビング重合は副反応を抑制するためには温度制御が重要である。マイクロリアクターでは比表面積が大きいことから，高速な熱交換を行うことができ，温度制御性に優れている。
- リビング重合では開始反応が揃うことが分子量の同じポリマーを得るために必要な要件となってくる。触媒と開始剤の接触などの2種以上の溶液の混合によって反応を開始させる場合には，マイクロリアクターの迅速混合性の有用性が高い。

3　イソブチレン系樹脂と現行プロセスの課題

当社ではイソブチレンのリビングカチオン重合に着目して，新規なイソブチレン系樹脂の研究開発を進めてきた[3~6]。図2に示すように2段階の反応によってスチレン-イソブチレン系ブロック共重合体（SIBSTAR®）を得ることができる。SIBSTAR®は，ソフトセグメントのポリイソブチレンに由来する柔軟性，ガスバリア性，粘着性，耐熱性や耐候性に優れた熱可塑性エラストマーとして，シール材，粘着フィルム，チューブなどに応用されている。

イソブチレンはカチオン重合によってのみ高分子量化することができるが，リビングカチオン重合を行うことで末端の官能化やブロック共重合を精度良く行うことができる。

リビングカチオン重合では反応制御性を高めるために一般に低温反応場において重合を行う。上記のイソブチレン系樹脂の重合ではバッチプロセスにおいて－70℃程度の低温に保持する必要があり，バッチプロセスのスケールアップによる生産能力の向上においては除熱能力がボトルネックとなる。また，低温反応を行うためには大型の冷凍機を要し，ランニングコストが高い点も課題となっている。当社では前項に示したマイクロリアクターの適応性を活用するだけでなく，温調冷媒温度の上昇による冷凍機の小型化や連続重合器のナンバリングアップによる生産性向上を狙い，処方の大幅な変更を含めたマイクロリアクターによる連続重合の検討を行ってきた。次項より具体的な検討内容について紹介する。

4　マイクロリアクターを用いた連続重合検討

イソブチレン系樹脂の基本骨格であるポリイソブチレンの連続重合にマイクロリアクター技術を応用し，高温高速連続重合を達成した事例について以下に紹介する。研究開発は①反応機構解析，②速度論解析・反応速度シミュレーション，③ラボ実証実験，の順で展開され，検討内容を順を追って記述した。加えて，高活性なハロゲン化アルキルアルミニウムを触媒として用いた重合検討や，プロセスの連続化に伴う省エネルギー効果についても示した。

4.1　反応機構解析

マイクロリアクターは連続プロセスであり，反応様式がバッチリアクターと大きく異なる。そのため，マイクロリアクターでの反応処方・条件はバッチ式の反応処方・条件の延長上にあるとは限らない。今回の検討では生産性の向上を一つの狙いとしているため，反応時間をバッチ反応と比べて格段に短くすることを念頭に置いている。つまり，バッチ反応に比べて著しく大きな反応速度のハンドリングが求められることになる。反応条件が大きく変わった際の挙動を予測するためには，取り扱う反応の十分な理解が必要である。

今回の重合反応では温度の低下によって反応速度が上昇することが知られており[5,7]，この背景となる反応現象について量子化学計算を用いた反応解析を実施し，基本的な現象の考察を行っている[8]。詳細は引用文献8）を参照いただきたいが，図3に示すように2分子の$TiCl_4$触媒が非反応性末端に作用することで反応性末端が生成する平衡反応が存在する。この平衡反応の熱力学パラメーターの計算結果（表1）からは，反応温度の上昇によって活性種が生成しにくくなることが計算によって示されている。活性種が生成しにくくなるとモノマーの消費が遅くなるため，反応を低温に保持することが極めて重要だということが分かる。

4.2　速度論解析・反応速度シミュレーション

イソブチレンのリビングカチオン重合は溶液重合であることから，反応場がフラスコ中であっ

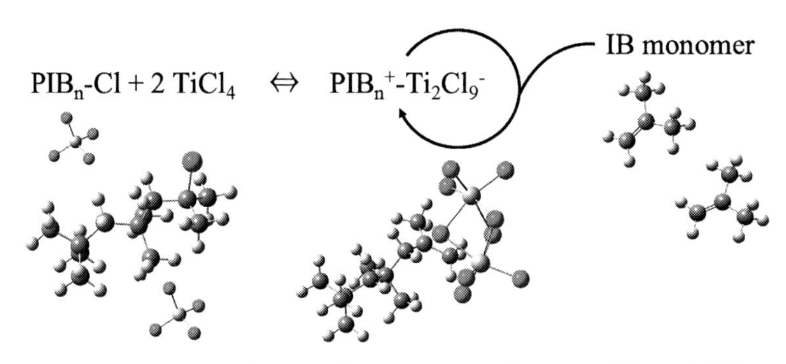

図3 $TiCl_4$を用いた際のイソブチレンのリビングカチオン重合の反応機構

表1 量子化学計算値と実験値の比較

算出方法	溶媒	温度 [℃]	ΔH_r [kcal/mol]	ΔG_r [kcal/mol]
量子化学計算 (MP2/B3PW91)	ジクロロメタン	−100	−9.2	4.6
		−70	−8.9	7.0
		−50	−8.7	8.5
	n−ヘキサン	−70	−6.8	9.1
		−50	−6.6	10.7
速度論解析	n−ヘキサン/塩化メチル＝6：4	−80	−8.1	5.4
Sipos L. et al.: Macromolecules, 36, 8282−8290 (2003)	n−ヘキサン/塩化メチル＝6：4	−60	−	6.7

ても，連続式のマイクロリアクターであっても反応を支配するメカニズムは同じである。そのため，バッチ重合反応において見かけのモノマー消費反応速度定数の温度依存性，触媒濃度依存性を予め評価し，マイクロリアクター利用時の反応速度シミュレーションを実施した。見かけのモノマー消費反応速度定数の活性化エネルギーは負の値を示しているが，触媒濃度の2次式として見かけのモノマー消費反応速度定数を上昇させることができるため，冷媒温度を上昇させたとしても添加する触媒量を増加させることで反応を低温に保持しながら高速に実施することができることが予想された。バッチプロセスでは大型反応槽での除熱がボトルネックとなるため，少量の触媒で時間をかけて重合する必要があったが，マイクロリアクターの高い除熱性能を活かすことで，処方を改良し，反応時間を大幅に短縮できることが示された。

図4には反応管の内径を変化させた時のモノマー濃度（c_M）と反応管内を流れる反応液の温度（T）の経時変化のシミュレーション結果を示した。内径が10 mmの場合には内温は−25℃以上に上昇するが，内径1 mmでは−35℃を上回らない結果となった。微小空間利用による比表面積の増加によって温度上昇を大幅に抑制できることが示されている。また，この反応は温度上昇によって見かけのモノマー消費反応速度定数が低下するため，管径が細い方が反応速度を高速に維持することができる。これらの結果からマイクロリアクター技術はイソブチレンのリビングカ

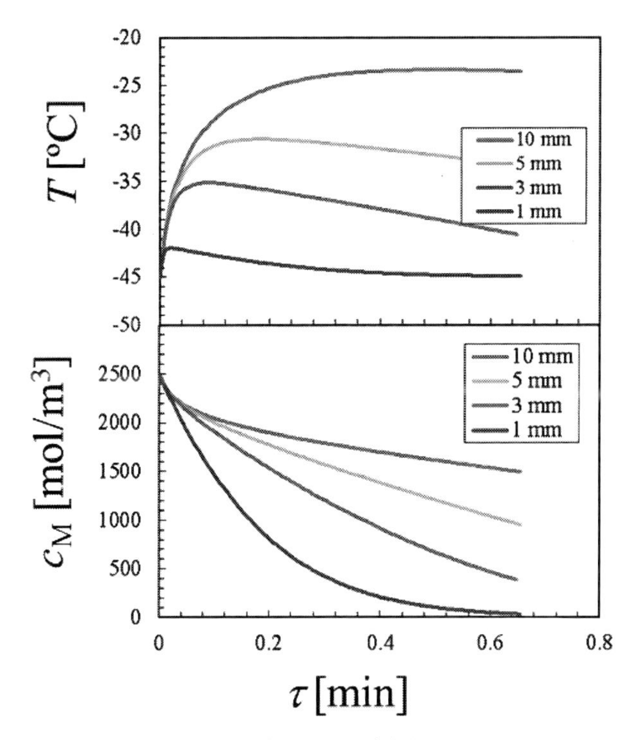

図4　反応管の内径変化の重合挙動への影響

チオン重合に適していると言える。一方で，高分子溶液は高粘性のため流路径の減少は圧力損失の著しい増大に繋がる可能性があるため，設備設計においては考慮が必要である。

4.3　ラボ実証実験

シミュレーション結果に基づき連続重合装置を構築した（図5）。3L耐圧容器を2槽用意し，一方には開始剤であるp-ジ-クミルクロライド，電子供与剤である2-メチルピリジン，重合単量体であるイソブチレンを重合溶媒中に溶解させた。もう一方には触媒である$TiCl_4$の重合溶媒溶液を準備した。重合溶媒にはn-ブチルクロライド：n-ヘキサン＝9：1を用いた。原料容器から繋がったスタティックミキサーと管型反応器は－45℃の冷媒浴槽中に設置した。混合にはスタティックミキサーを用い，管型反応器は内径3 mm，管長10 mのSUS管を使用した。

実際に連続重合を行った結果を表2に示した。触媒量を大幅に増加させた処方によって滞留時間が僅か1.5 minで反応が完結しており，バッチ重合の1/30に短縮することができた。また，得られたポリマーの分子量分布および分散度（M_w/M_n）の測定結果より反応も十分に制御できていることが分かった。なお，マイクロリアクターでの重合では濃度や温度のリアクターの長さ方向のトレンドを得ることは難しいが，速度解析を行うことによってシミュレーションを行うことができる。一例ではある図6は上記の反応条件に対してシミュレーションを行ったものであり，

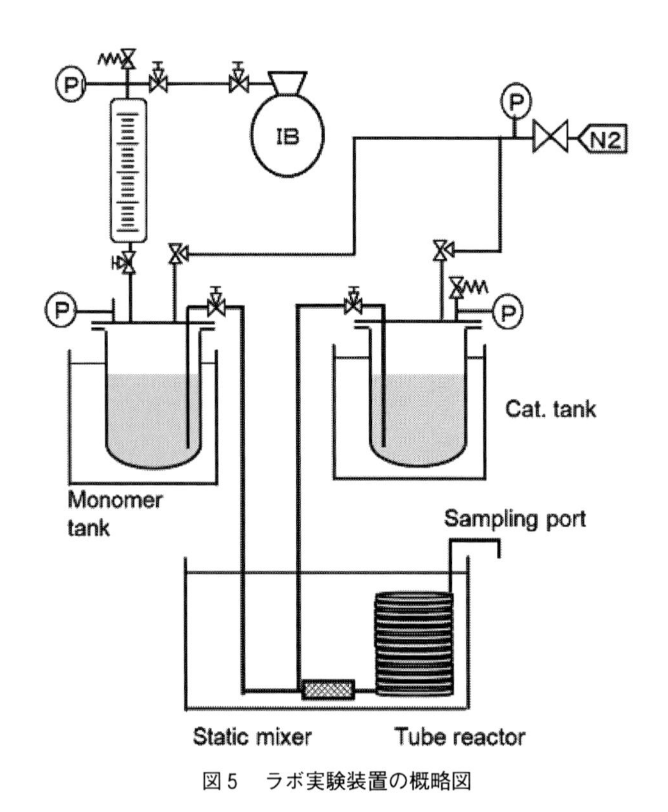

図５　ラボ実験装置の概略図

表２　バッチおよび連続重合結果の比較

	温度* [℃]	滞留/反応時間 [min]	M_n	M_w/M_n
連続	−45	1.5	32400	1.25
回分	−45	45	36660	1.16

*回分重合については重合中一定とした反応液温度，連続重合では反応器を浸した冷媒の温度

反応初期の温度の立ち上がりはよく一致していた。

４．４　高活性触媒

カチオン重合には様々なハロゲン化金属が用いられてきているが[9]，系統的にはまとまっておらず，処方開発の中で触媒活性の調整や相性の検討が試されてきた。より高活性な触媒を用いることは，反応高速化による生産能力アップや，省資源の観点から環境負荷が少なくなる点で好ましい。イソブチレンの重合において$EtAlCl_2$は$TiCl_4$よりも触媒活性が高いことが確認されている[10]。また，Me_2AlClを用いた時のイソブチレンの重合では，見かけの速度定数はMe_2AlCl濃度に対して２次となることが示されている[11]。触媒の活性が高い場合には反応が高速に進行し，反

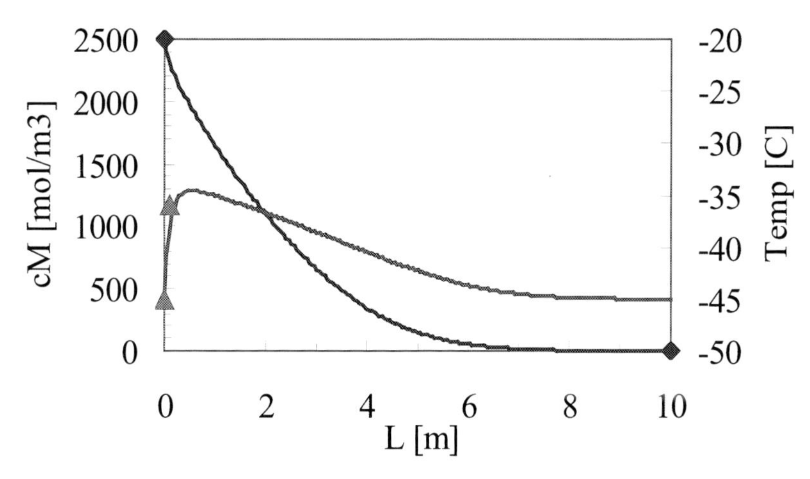

図6　シミュレーションと実験結果の重合挙動の比較
◆：モノマー濃度，▲：温度

表3　異なる触媒種での平衡反応の熱力学パラメーターの計算結果

触媒	温度 [℃]	ΔH [kcal/mol]	ΔG [kcal/mol]	平衡定数K [－]
$TiCl_4$	−100	−9.2	4.7	1.29×10^{-06}
	−50	−8.6	8.6	3.86×10^{-09}
Et_2AlCl	−100	5.8	10.5	6.32×10^{-14}
	−50	6.1	11.8	3.05×10^{-12}
$EtAlCl_2$	−100	−5.4	0.0	$1.09\times10^{+00}$
	−50	−5.1	1.5	3.46×10^{-02}

応熱によって反応液の著しい温度上昇が起こると反応を制御できなくなる。そのため，除熱性能の低いバッチ重合において高活性な触媒を用いることはリビング性を確保する上で難しかったと言える。

前述の検討結果から，マイクロリアクターの高い除熱性能を活かせることが示されたため，バッチ重合では用いることができなかった高活性な触媒の利用の可能性が出てきた。4.1項で示した量子化学計算をハロゲン化アルキルアルミニウムに対しても実施した（表3）。二塩化エチルアルミニウム，塩化ジエチルアルミニウムについて計算を実施したが，反応性としては，$EtAlCl_2$＞$TiCl_4$＞Et_2AlClとなった。$EtAlCl_2$についても低温の方が活性種となりやすいことを示しているが，$TiCl_4$に比べて活性種生成能が大幅に高いことが計算結果として得られている。

二塩化エチルアルミニウム（$EtAlCl_2$）を用いてイソブチレンの連続重合を行った結果と四塩化チタン（$TiCl_4$）を用いて行った結果を表4に示す。$EtAlCl_2$を用いることで触媒量を1/20以下に低減することができ，短時間で高分子量体が得られた。なお，$EtAlCl_2$をバッチ重合に用いた

表4　二塩化エチルアルミニウムと四塩化チタンを用いた際の連続重合結果

触媒種	混合時の触媒／開始剤	平均滞留時間［sec］	M_n	M_w	M_w/M_n
$EtAlCl_2$	8.7	22	37800	46600	1.23
$TiCl_4$	200	28	34900	40800	1.17

場合には反応の制御が難しく，分散度が4以上の大きな重合体となった（data not shown）。

4.5　連続化がもたらすエネルギーメリット

イソブチレンのリビングカチオン重合での電力コストについて，反応液の事前の冷却と反応熱の除去にかかるエネルギーが主要な課題であった。マイクロリアクターを用いた連続重合での反応温度の上昇により反応液の冷却コストが約20%低減した。さらに，プロセスの連続化がもたらすエネルギー需要の経時変化を平滑化することによる大幅な効率化を達成し，冷却コストを50%以上削減できる試算が得られた。バッチプロセスにおいては，冷却器の最大冷却能力は反応の最大発熱速度に対して設計されるため，反応の後半では冷却能力が余り，エネルギー効率が低い。一方で連続プロセスとした場合には経時的に一定の除熱能力を発揮することが求められるため，高い効率でエネルギーを利用することができる（図7）。

5　おわりに

本稿ではイソブチレンのリビングカチオン重合へのマイクロリアクター技術の活用について示した。これまでのマイクロリアクター技術に関する多くの研究報告より，処方と装置の大胆な変更によって生産力UP，収率UP，省エネ，などのプロセス強化が可能となることが示されてきた。同時に，微小空間を巧みに操ることで新規反応・素材開発ツールとしてマイクロリアクターを活用する事例も多くみられている。筆者はマイクロリアクターを用いたプロセス開発においては

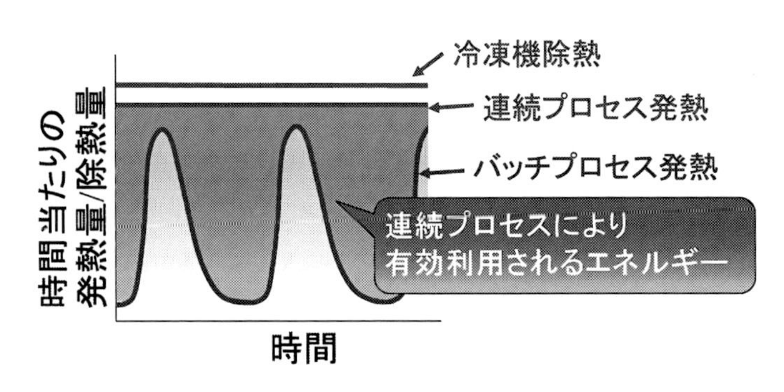

図7　連続化によるエネルギー効率化の概念図

「製品・反応処方・反応装置の同時の作り込み」が重要であると考えている。それを支える基盤技術は，各種のシミュレーション技術の活用，より高度な現象のモデル化，付帯設備を含めたトータル設備設計であり，これらをタイムリーに活用することが優れたマイクロリアクター活用プロセスの開発において重要であると考えている。

文　　献

1) A. I. Stankiewicz, J. A. Moulijn, *Chemical Engineering Progress*, **96**, 22-34 (2000)
2) 経済産業省，技術戦略マップ2010
3) 米沢和弥，化学経済，**12**，69-73 (1996)
4) 古川直樹，化学工学，**72**，189-192 (2008)
5) M. Tawada, R. Faust, *Macromolecules*, **38**, 4989-4995 (2005)
6) 中林裕晴，日本ゴム協会誌，**83**，284-288 (2010)
7) Z. Fodor, Y. C. Bae, R. Faust, *Macromolecules*, **31**, 4439-4446 (1998)
8) 豊田倶透，齋藤健，吉見智之，化学工学，**77**，414-416 (2013)
9) 遠藤剛（編），高分子の合成（上），講談社 (2010)
10) L. Sipos, P. De, R. Faust, *Macromolecules*, **36**, 8282-8290 (2003)
11) M. Bahadur, T. D. Shaffer, J. R. Ashbaugh, *Macromolecules*, **33**, 9548-9552 (2000)

第2章　フローリアクターでの香月シャープレス不斉エポキシ化

小沢征巳*

1　はじめに

光学活性エポキシドは，種々の構造へと広く展開できることから，医薬品等の中間体として魅力的な化合物である。これら光学活性エポキシドを得るための方法論はいくつか知られているが，香月とシャープレスによって1980年に報告された不斉エポキシ化反応[1)]およびその発展型[2)]は，アリルアルコールであればおよそどんな基質にも対応できるという基質適用範囲の広さから今なお有用な反応であり，当社でも医薬品の合成法などで実用化している。なお，この反応の発見は，シャープレスの2001年ノーベル化学賞受賞理由の一つとして挙げられる。

本稿では，この香月シャープレス不斉エポキシ化（以降KSAE）のフロー法開発研究について紹介したい。

本研究は2009年から2010年にかけて行ったものであり，当時当社では，メタリルアルコールの不斉エポキシ化によるキラルシントンの開発を行っていた。医薬開発品原料として，年間数百kg程度需要のあった化合物である。もちろん，バッチ法での製造を行っていたわけだが，その製造法にはスケールアップに際しての大きな課題があり，将来の増産対応に不安があった。詳しくは後述するが，その課題解決を目的として，我々はKSAE反応のフロー法開発を開始し，最終的には年間１トンの生産が可能なところまでスケールアップを行った。

我々にとってはこれが初のフロー化研究であり，当時はまだフローケミストリーが良くわかっていなかった，更には，装置も今のように使いやすいものが揃っている環境では無かったため，一つ一つ手探りで進めていたことを記憶している。

2　香月シャープレス不斉エポキシ化（KSAE）反応

まずは，本研究の主役であるKSAE反応（図１）について，後のちょっとした発見の前提にもなるので，少し詳しく紹介したい。

基質として適用可能なのはアリルアルコール類であり，アリルアルコール構造を持っていれば多置換オレフィンでも構わない。触媒となるのは，酒石酸エステルを不斉配位子としたチタン錯体であり，酸化剤にはtert-ブチルヒドロペルオキシド（TBHP）やクメンヒドロペルオキシド

＊　Masami Kozawa　日産化学工業㈱　物質科学研究所　合成研究部
戦略技術Gリーダー

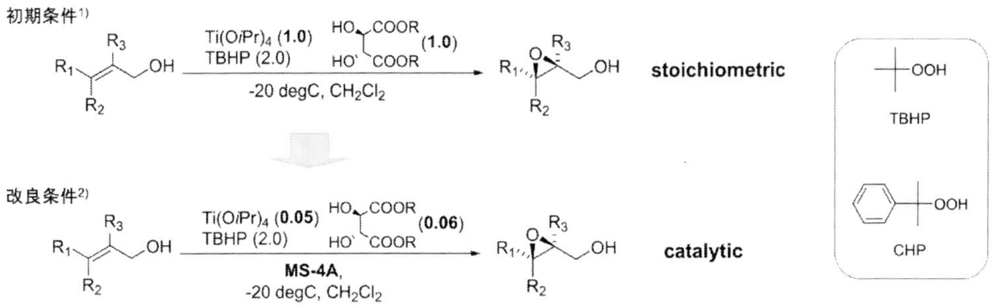

図1　Katsuki-Sharpless asymmetric epoxidation（KSAE）

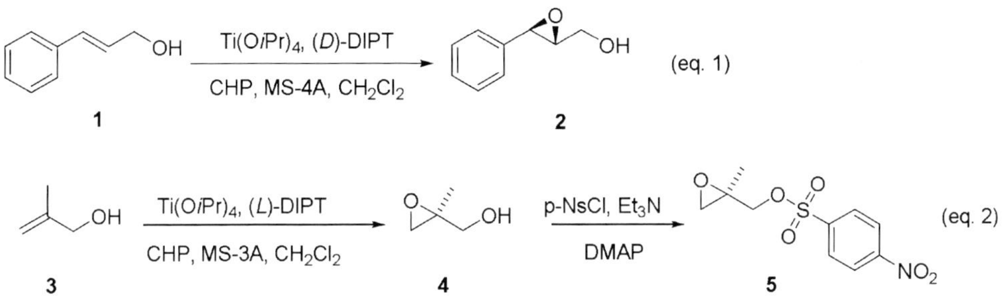

図2　Target reactions of Katsuki-Sharpless asymmetric epoxidation

（CHP）などの有機過酸化物を用いる。溶媒は塩化メチレンが特別良好で，たいていは0℃以下に冷却して反応させる。

この不斉エポキシ化は，発表当初は等量反応であったが[1]，後に，モレキュラーシーブ3A（MS-3A）あるいはモレキュラーシーブ4A（MS-4A）を反応系に共存させることで，触媒的に反応が進行することが見出され，実用性が大きく高まった[2]。製造の場では主にこちらの触媒系が用いられる。

我々が検討を行った反応を図2に示す。基質は，シンナミルアルコール(**1**)と，メタリルアルコール(**3**)であり，これら2基質のKSAE反応のフロー化に取り組んだ。

開発の本命は，メタリルアルコール(**3**)から得られる光学活性エポキシ化合物(**4**)をp-ニトロベンゼンスルホニルクロリド（p-NsCl）と反応させた化合物5の製造（eq 2）であったが，まずは分析が容易なシンナミルアルコール(**1**)にて検討を開始した。

3　スケールアップ課題

検討内容について述べる前に，なぜフロー化を検討するに至ったかを説明しておく。

シンナミルアルコールのバッチ法での製造プロセスを図3に示す。反応槽にシンナミルアル

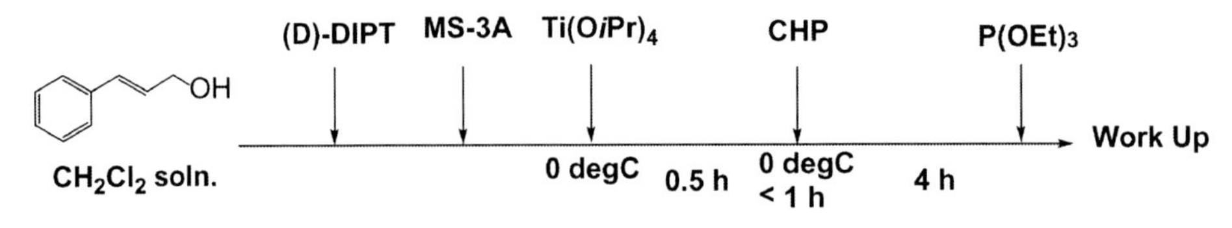

図3　Batch process KSAE

コールの塩化メチレン溶液，(D)-酒石酸ジイソプロピル（DIPT），乾燥させた粉末状MS-3Aを加え，0℃に冷却したところへチタンテトライソプロポキシド（$Ti(O\,i\,Pr)_4$）を滴下し，0.5時間撹拌する。そこへCHPを温度が上がりすぎないように，且つ，短時間で滴下し，その後4時間撹拌する。反応後は亜リン酸トリエチルを加えて過剰のCHPをクエンチし，ワークアップを行う。

さて，この反応で鍵となるのが，「CHPを温度が上がりすぎないように，且つ，短時間で滴下」する点である。これは，生成物であるエポキシ化合物が反応条件下で不安定であるにも拘わらず，CHP滴下時の発熱量が大きいこと（シンナミルアルコールで217 kJ/mol，メタリルアルコールで163 kJ/mol）に起因する。1 Lフラスコ程度のスケールであれば問題にはならないが，数m^3もの反応槽ともなると除熱能力が追い付かず，内温上昇を抑えるため滴下時間が非常に長くなってしまう。すなわち，スケールアップに伴いCHP滴下時間が延び，その分生成物が分解するので，収率低下が起こるのである。

当時，化合物**5**を年間数百kg程度製造していたが，将来的には年間数十トンといった可能性も議論されており，その場合，現状のままではスケールアップ不可能，といった懸念があった。そこで，このスケールアップ課題を解決する手段として，当時話題となり始めていたフローリアクターへの適用を試みたのである。

4　フロー検討用装置

当時は，容易にフロー合成用の装置が手に入る状況にはなかったので，コンビケムなどでお世話になっていたモリテックス（当時の担当部門は，組織改編で現在，昭光サイエンス内）にお願いして，実験用装置を作製してもらった（図4，5）。

流路内に粉末状モレキュラーシーブを充填したガラスカラム（10 ϕ ×50 mm or 100 mm）を組み込めるように設計し，そのためポンプには耐圧性能の高いプランジャーポンプを選択した。安定送液を担保するため，各試剤の経時的重量変化をモニターできるようにシステムを組み，更には，ミキサー部での温度をモニターできるよう熱電対で1路塞いだ内径1 mmの十字SUSコネクターをミキサーとして用いることとした。

実験装置は検討が進むにつれ改良されていくのが常で，後に，取り回しのよいテフロンチューブ，混合効率の良いマイクロミキサー（マイクロリアクター），また一部シリンジポンプも組み

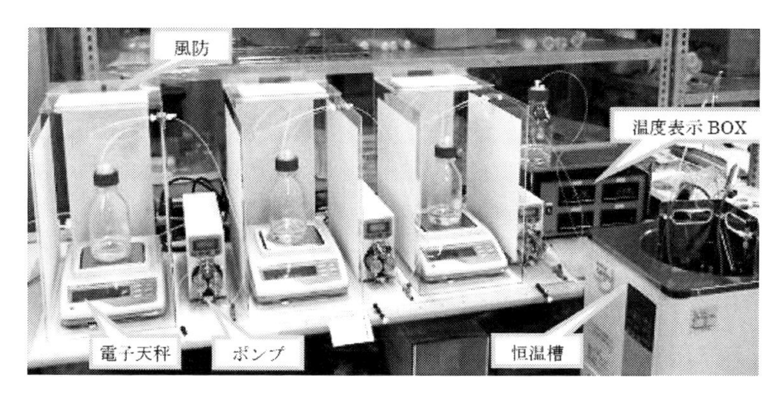

図4　装置外観

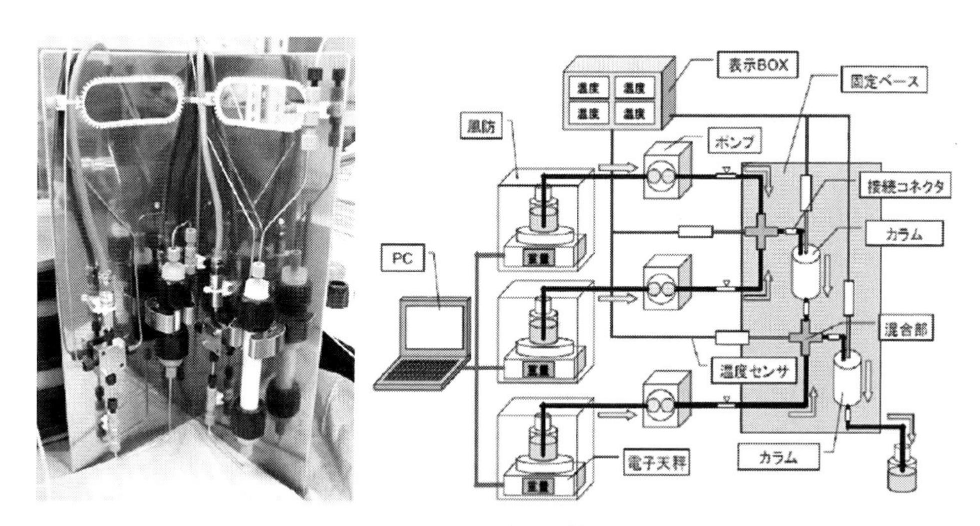

図5　リアクター部と装置模式図

合わせて使用している。また，当初図4にあるようなチラーを冷却槽代わりに用いていたが，精密な温度制御を行うため最終的には低温恒温槽を選択した。

5　シンナミルアルコールの不斉エポキシ化

5.1　フロー系への置き換え

手始めに，フラスコで行っていた反応をフロー系へ置き換えることから始めたが，試剤の種類も多く，禁水試薬も含むため，それだけでも苦労させられた。

溶媒として用いている塩化メチレンは沸点が40℃と低く，なかなか安定に送液できなかったので，調製溶液の超音波脱気，吸引側チューブの内径拡大といった対処を行った。

テトライソプロポキシチタン（$(Ti(OiPr)_4)$）溶液は，単独で送液すると白色固体が析出してしまい送液できなくなるので，錯体をあらかじめ調製し，その溶液を送ることとした。そうすると固体の析出が起こることなく送液できるようになった。

後に調べ直してみて気が付いたことであるが，シャープレスらの報告には，あらかじめ調製したチタン錯体を反応系に加える方式ではうまく反応しない，といった記述がある[2)]。にも拘わらず，フロー反応系では問題なく反応が進行しており興味深い。構築した反応システムと反応結果を図6に示す。

シンナミルアルコールの塩化メチレン溶液（A液）と，あらかじめ調製したチタン錯体溶液（B液）とを，先述の1 mm内径T字ミキサーで混合し，続いてCHPの塩化メチレン溶液（C液）を混合して，粉末状の乾燥MS-3Aが充填された10 $\phi \times 100$ mmのガラスカラム（空隙体積2.3 mL）に流通させた。溶液の混合比率は1：1となるよう調整し，混合部およびカラムは0℃もしくは20℃の恒温槽中に浸漬した。

いずれの条件でもミキサー内温度は設定恒温槽温度の±1℃以内であり，十分に除熱できていた。

反応結果を図6の表にまとめる。いずれの条件でもまずまずの反応収率，光学収率で反応が進行した。なお，entry 4の条件を温度0℃とすると，粘度上昇でポンプ圧が3 MPaを超えてしまうため，20℃と設定している。entry 5では，4時間連続運転を実施し16.0 gのエポキシ生成物**2**を得た。

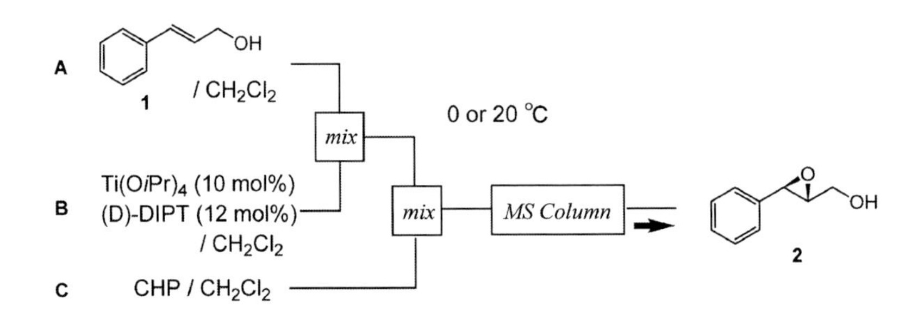

entry	Flow Rate (mL/min)			A conc.	CHP	temp.	residence time	yield	e.e.
	A	B	C	(%wt)	(eq)	(℃)	(min)	(%)	(%)
1	0.5	0.5	1	9	1.1	0	1.2	69	94
2	0.25	0.25	0.5	17	1.2	0	2.3	77	93
3	0.25	0.25	0.5	17	2.1	0	2.3	86	93
4	0.4	0.4	0.8	17	1.1	20	1.4	74	92
5*	0.4	0.4	0.8	17	2.1	20	1.4	79	91

* 4 hours run, product 16.0 g

図6　Continuous flow KSAE of cinnamylalcohol

5．2　バッチ反応との比較

酸化剤の種類が異なるので単純な比較ではないが，バッチで最適化した結果と，先に示したフロー反応系entry 5との比較を表1に示す。フロー反応系では，より高い温度で，なおかつ，高濃度な条件でも，バッチと同等の結果を得ることができた。本反応は溶媒量を多く用いる必要があり容積効率が悪いことも課題であったが，フロー化することで改善することができた。

6　メタリルアルコールの不斉エポキシ化

シンナミルアルコールでフローKSAEの構築にある程度の目途がたったため，本命であるメタリルアルコールの検討にシフトした。

その際，図7に示すように2液混合系としても3液系と遜色ない反応結果が得られることが分かったため，以降この2液混合系で検討を行った。塩化メチレンの量はそれぞれA液でメタリル

表1　Comparison with batch reaction

entry	cat. (mol%)	oxidant	temp. (℃)	reaction time	CH_2Cl_2 (wt)	yield (%)	e.e. (%)
Flow	10	CHP 2eq	20	1.4 min	20	79	91
Batch	10	TBHP 2eq	0	3 hours	52	80	90

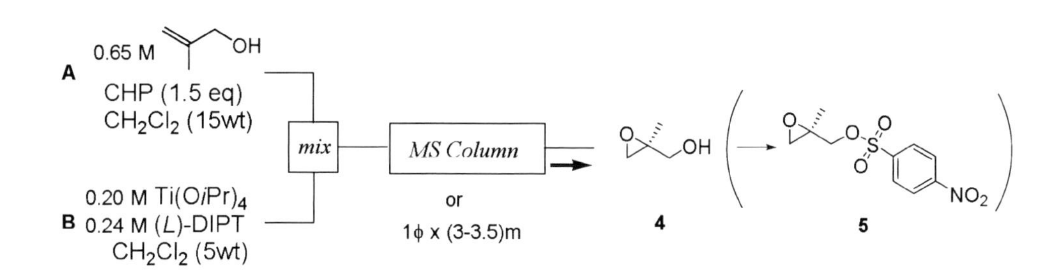

entry	column	Flow Rate (mL/min) A	Flow Rate (mL/min) B	Ti(O*i*Pr)$_4$ (mol%)	residence time (min)	temp. (℃)	yield (%)	e.e.* (%)	press. (MPa)
1	MS3A powder	0.7	0.3	11.8	2.3	20	93	97	0.6
2	MS3A powder	0.8	0.3	5.8	2.1	20	96	96	
3	MS3A powder	0.7	0.3	3.3	2.3	20	92	96	
4	none	0.9	0.3	10.3	1.9	20	94	96	<0.05
5	none	0.8	0.3	5.3	2.5	20	78	96	
batch	(MS3A powder)			5.0		0	96	94	

*e.e. was determined by p-Nosylate

図7　Continuous flow KSAE of methallyl alcohol

アルコールの15重量倍（0.65 mol/L），B液でメタリルアルコールの5重量倍（チタン濃度0.20 mol/L）の設定としている。なお，厳密に分析するとメタリルアルコールとCHPは，速度は遅いものの反応するようなので，実製造時にはインラインで混合する方が望ましい。

各種条件での結果を，バッチ反応系での結果と併せて図7に示す。entry 1～3はMSカラム（粉末状MS-3Aを充填した10 cmカラム）を用いた場合の結果，entry 4，5はMSカラムを省き代わりに内径1 mm長さ3～3.5 mのテフロンチューブを滞留部として用いた結果である。

MSカラム使用時は，予想通り，フロー系でもバッチとほぼ同等の収率となり，光学純度においては反応温度が高いにも拘わらずバッチを上回る純度を示した（entry 1～3）。

なお光学純度は，流出液をいったんサンプリングし，p-NsClと反応させ化合物**5**へと誘導したものをLC分析することで決定している。

このようにメタリルアルコールでもフロー反応系が適用できることがわかったが，1 mL/minの流量でさえMSカラムに0.6 MPaの圧力がかかっており，この先のスケールアップを考えると頭の痛い問題であった。

そこでカラムの圧力損失を低減するべく，粉末状MSに変えてペレット状MSなどを試していたのだが，その中で興味深い現象に遭遇した。MSカラムがなくとも反応が進行するのである。触媒量10 mol%であれば，カラム使用時と同等の反応を示した。MSカラムがなければ当然圧力がかかることもない（entry 4）。触媒量5 mol%とすると収率が落ちたが，これは滞留時間が短いためと考え，このMSカラムなしフロー法（以降w/o MSフロー法と呼ぶ）について，さらに検討を進めることとした。

基質濃度を上げることで原料転化傾向にあることもつかんでいたため，次以降では基質濃度を1.7 mol/Lとしている。それに伴い触媒錯体濃度を0.085 mol/Lに希釈。また，滞留部には内径1 mm長さ10 mのテフロンチューブを用いている（図8）。

触媒量5 mol%であっても反応時間（滞留時間）を延ばしてやれば反応が進行することがわかった。温度は0～15℃が良さそうである。

7　クエンチ連続化

生産効率の点では，不斉エポキシ化につづくp-Ns化もフロー反応系で行い，反応集積化することが理想的であったが，少し検討してみた感触ではp-Ns化のフロー反応条件設定には時間がかかりそうであったため，当座この部分はバッチで行うこととし，発熱量の大きなクエンチ部分，すなわち，亜リン酸トリエチル（$P(OEt)_3$）と残存CHPとの反応部分，までをフロー系に組み込むこととした（図9）。クエンチ反応時間の最適化はしていないが，思いの外かかるようで30分滞留設定とした。

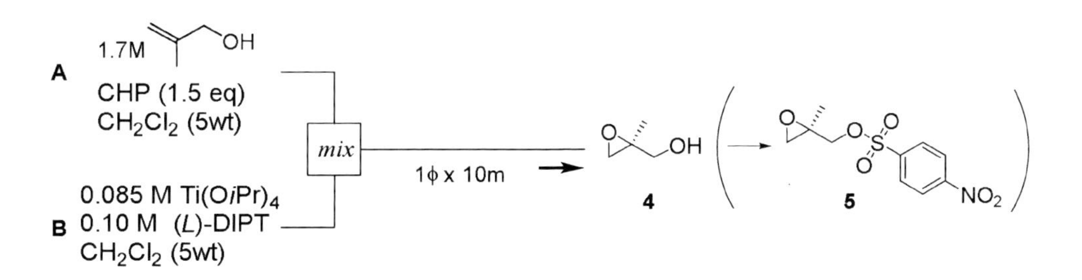

entry	column	Flow Rate (mL/min) A	Flow Rate (mL/min) B	Ti(OiPr)$_4$ (mol%)	Residence time (min)	temp. (℃)	yield (%)	e.e.* (%)
1	none	0.5	0.5	5.3	8	30	90	
2	none	0.2	0.2	5.8	20	15	97	93
3	none	0.2	0.2	5.4	20	0	92	98
col. flow**	MS3A powder	0.8	0.3	5.8	2	20	96	96
batch	(MS3A powder)			5.0		0	96	94

*e.e. was determined by p-Nosylate
**A: 0.65mol/L. B: 0.20mol/L

図8　Continuous flow KSAE of methallyl alcohol w/o MS

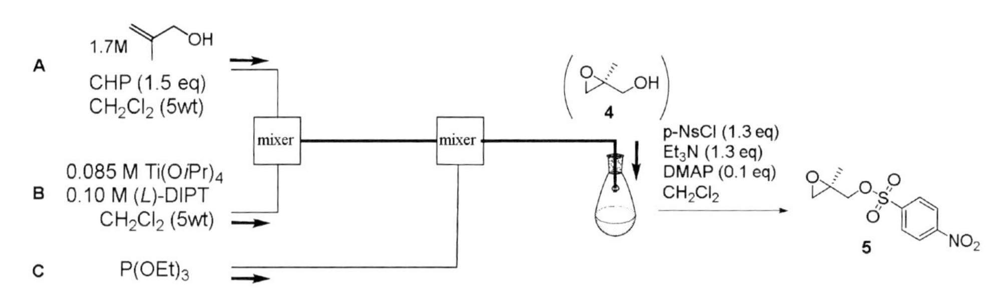

図9　Flow KSAE & batch Nosylation scheme from methallyl alcohol to compound 5

8　スケールアップ

反応システム，反応条件がだいたい固まったので，いよいよ製造を見据えたスケールアップの検討を行った。目指すは，1ラインで年間1トン生産可能なシステムである。

8．1　除熱限界

フロー反応系はバッチ反応に比べて除熱効率がよい，とはいうもののその能力にはやはり限界がある。そこで，どの程度から影響が出始めるかの試験を行った。

流路1mmのSUS製T字ミキサーを用いた実験結果を図10に示す。流量が増えるにつれミキサー部の温度が上昇しているのがわかる。5mL/min以下の送液，すなわち，8.5mmol/min以下

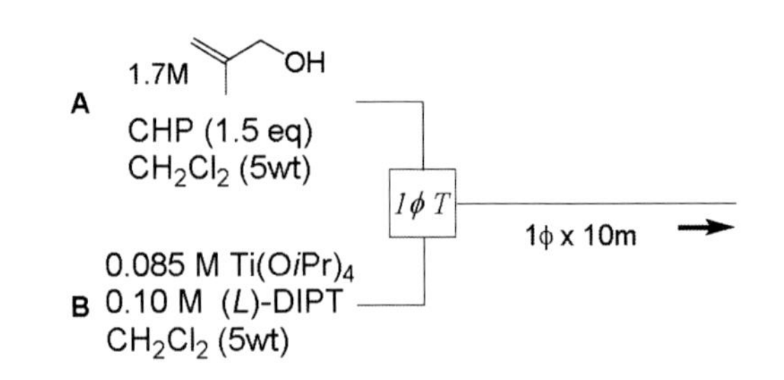

entry	Flow Rate (mL/min) A	B	bath temp. (℃)	mixer temp. (℃)
1	2.5	2.5	10	10
2	5	5	10	11
3	10	10	10	15

図10　Heat removal limitation

の基質処理量であれば，本システムで除熱能力は十分だが，それを超える場合除熱が追い付かない。

この結果を踏まえて，スケールアップ検討を行った。その結果を図11に示す。

entry 3 以降では，ミキサー部の除熱能力向上を期待してYMC製の200 μm流路マイクロリアクターhelixタイプ（商品名Deneb）とStaticタイプ（商品名Spica）を用いている。helixタイプは圧力損失が大きいため，高流量時にはStaticタイプを用いた。

しかしそれでも 8 mL/minで基質溶液を流した場合には収率が低下した（entry 4）。そこで，発熱が最も大きくなるミキサー部分を－10℃の恒温槽に浸し，滞留部分は10℃の恒温槽に浸す，といった方法をとったところ，除熱十分な条件と同等の収率で目的物が得られた（entry 5）。なお，滞留時間を確保するためにentry 2 以降では内径 5 mmのテフロンチューブを用いている。

さらに一点補足がある。このテーブルで光学純度が全体的に92～93%eeと低めになっているのは，この時点で光学純度の分析条件を設定し直したためである。新設定によりピーク分離が改善されているので，こちらの方が真値に近いと思われる。つまり，これまでの分析条件では 2 %ee程度高く出ていたことになる。論文発表を目的とした研究ならば，こういった時には過去のデータを取り直すのだろうが，今回は企業研究であるということでご容赦願いたい。各テーブル内での光学純度の相対関係に間違いはない。

entry 5 の条件で装置を 1 時間稼働させ，得られた流出液を捕集し（entry 6），p-Ns化の後，再結晶精製することで，光学純度97.8%eeの化合物 **5** を128 g得ることができた。

このシステムを336日稼働させれば 1 トンの化合物 **5** を得ることが可能であり，目標に置いた年間 1 トン生産システムの構築が達成できた。

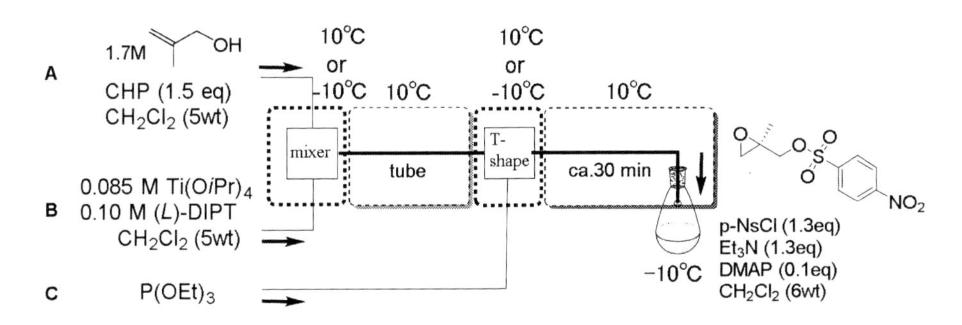

entry	Flow Rate (mL/min) A	Flow Rate (mL/min) B	$Ti(OiPr)_4$ (mol%)	tube	Residence time (min)	temp. (℃)	mixer*	conv. (%)	yield** (%)	e.e.** (%)	press. (MPa)
1	0.1	0.1	5.0	1φ×10m	39	10	1φT	94	81	93	
2	1.0	1.0	4.9	5φ×4m	39	10	1φT	81			
3	1.0	1.0	5.0	5φ×4m	39	10	0.2helix	93	79	93	
4	8.0	6.9	4.3	5φ×40m	53	10	0.2helix	87	66	92	3~5MPa
5	7.7	8.4	5.4	5φ×40m	49	−10/10	0.2static	91	79	92	
6***	7.9	7.8	4.9	5φ×40m	50	−10/10	0.2static	97	80	92	0.3MPa

*1φT: 1mmID T-shape mixer, 0.2helix: 0.2mm microreactor Deneb (YMC), 0.2static: 0.2mm microreactor Spica (YMC)

**yield and e.e. were determined by p-Nosylate; e.e. analysis method was updated.

***1 hour flow sampling

図11　Scale up of continuous flow KSAE of methallyl alcohol w/o MS

9　w/o MSフロー法の基質適用性

ここまでメタリルアルコールのw/o MSフロー法について検討してきたが，シンナミルアルコールにも特に問題なく適用できた（図12）。

基質によって最適条件に差はあるだろうが，w/o MSフロー法はKSAE反応全般に広く適用できるものと思われる。

10　結論

香月シャープレス不斉エポキシ化反応を，MSを用いないシンプルなシステムとしてフロー化することができ，更には，年間1トン生産可能なレベルにまでスケールアップすることができた。残念ながらターゲット化合物が開発中止となったため，本検討はここで中断となったが，不斉エポキシ化反応を安全に効率よく実施する方法として，フロー法の有用性を示せたものと思う。

しかしながら，なぜフロー法ではMSがなくとも触媒的に反応するのか，この謎を解明するに

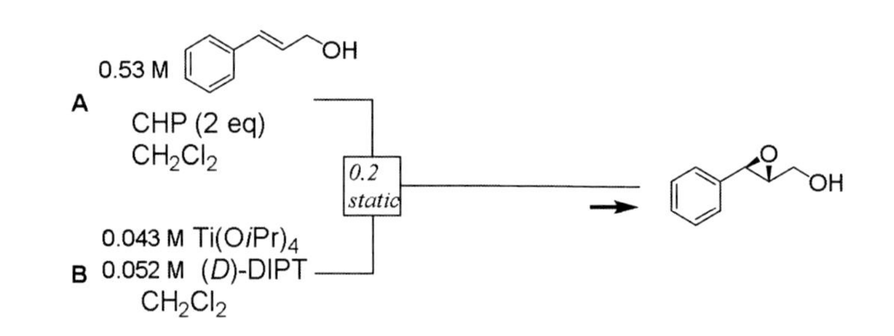

Flow Rate (uL/min) A	B	Ti(O*i*Pr)$_4$ (mol%)	residence time (h)	temp. (℃)	yield (%)	e.e. (%)
70	70	8.0	1	−10	91	91

図12　Continuous flow KSAE of cinnamyl alcohol w/o MS

は至っていない。バッチ検討時から，ペレット状MSは不適で粉末状MSが良い，といった，ただのMSの脱水効果だけでは説明がつかない不可解な現象は見られていた。直感ではあるがw/o MSフロー法が成立する理由もおそらくは同一原理によるものと思われる。今後解明されることを期待したい。

11　おわりに

今回，昔を振り返ってまとめてみたが，当時の検討手法や考察がいかに拙かったか，改めて思い知らされた。フロー反応についてよく分かっていなかったにも拘わらず，難しい反応をよくも選んだものだと，自分事ながら感心する次第である。

最後に，実験で一番苦労してくれた山口智裕氏，発案の尾田隆氏，両共同研究者に感謝を。

文　　献

1) T. Katsuki and K. B. Sharpless, *J. Am. Chem. Soc.*, **102**, 5974-5976 (1980)
2) Y. Gao, R. M. Hanson, J. M. Klunder, S. Y. Ko, H. Masamune and K. B. Sharpless, *J. Am. Chem. Soc.*, **109**, 5765-5780 (1987)

第3章　マイクロ化学プロセスを利用する新規アクリルモノマー製造技術の開発

安川隼也*1，二宮　航*2，星野　学*3

1　はじめに

α-アシロキシアクリル酸エステル（α-アシロキシアクリレート）を重合して得られるポリマーは，高透明性，高ガラス転移温度（Tg）の特徴を持つPMMA（ポリメチルメタクリレート）と比較しさらに高い透明性とTgを示すポリアクリレートになることが実証されており，機能性材料としての展開も大きく期待できる[1]。α-アシロキシアクリレートは乳酸エステルの第二級アルコールの酸化反応によって得られるピルビン酸エステルのα位をアシロキシ化することで，合成される（図1）。本稿では，乳酸エステルをピルビン酸エステルに酸化するプロセス，およびピルビン酸エステルをα-アシロキシアクリレートへと変換するプロセスの開発について述べる。

2　ピルビン酸エステルの合成へのマイクロリアクターの利用

ピルビン酸エステルは三塩化バナジル触媒の存在下で乳酸エステルの気液接触酸化により合成される[2]。この反応は気液反応であるが，バッチの反応釜では十分な気液接触面積を得ることができず，反応時間が長くなる。そのため，効率のよい反応を進行させる操作法の開発が必要であり，それを達成する操作法の一つとして，マイクロリアクターにおける気液スラグ流を利用する方法がある。流路内に気液スラグ流が形成されると，単位体積あたりの気液界面が大きくなるこ

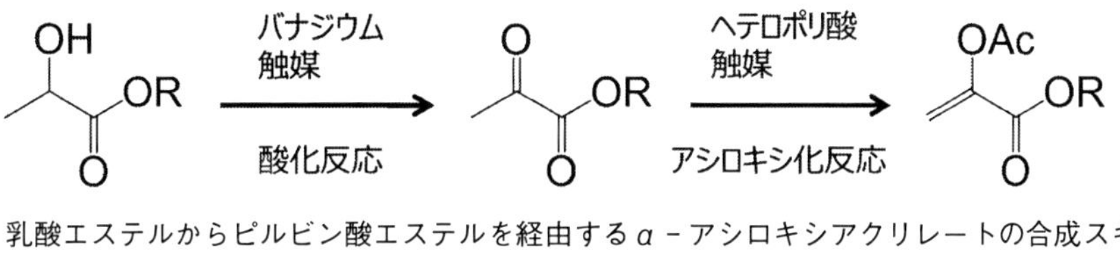

図1　乳酸エステルからピルビン酸エステルを経由するα－アシロキシアクリレートの合成スキーム

＊1　Toshiya Yasukawa　三菱レイヨン㈱　大竹事業所　化成品工場　生産技術課　課長代理
＊2　Wataru Ninomiya　三菱レイヨン㈱　大竹研究所　触媒研究センター　主席研究員
＊3　Manabu Hoshino　三菱レイヨン㈱　大竹事業所　化成品工場　生産技術課　課長

とや，スラグ内部に発生する循環流によって気液間の物質移動が促進される[3]。加えて，ナンバリングアップ時には，物質移動促進に必要な因子を制御することで，スムーズに処理量の増大を行うことができる。

当社ではすでに，触媒反応としての反応機構の解析，気液スラグ流を用いた場合の反応促進の効果の詳細を解析し，ラボスケールにおいてその反応性を定量化している[4]。ここではマイクロリアクターによる量産化技術を確立するために実施した，代表的なラボスケールでの結果と400本以上の流路を有するベンチスケールのマイクロリアクター試験体を用いた結果を比較しながら紹介する。

2.1　ラボスケールのマイクロリアクターでの操作方法

乳酸エステルからのピルビン酸エステル合成について，原料に乳酸エチル，触媒に三塩化バナジル，酸化剤に酸素ガス，溶媒にアセトニトリルを用いて反応を行った。図 2 に装置図を示す。内径 1 mm の PTFE 製のチューブを用いて反応を行った。乳酸エチルおよび三塩化バナジルは，脱水処理したアセトニトリルに溶解し，それぞれ 0.20 M および 0.020 M の濃度に調製した。それぞれの溶液を 1.0 mL·min $^{-1}$ で供給して混合した後，酸素ガスを 2.2 NmL·min $^{-1}$ で供給し反応流路手前で混合した。反応流路は，70°C に制御したウォーターバスに浸し，滞留時間が 0.5, 1.2, 2.2, 3.8 および 6.3 min となるように長さを調整した。生成物はガスクロマトグラフィーで分析した。

2.2　ベンチスケールのマイクロリアクターでの操作方法

ベンチスケール検討では，積層型マイクロリアクターを用いた。図 3 に示すように，マイクロリアクターは，反応液を流通させる反応プレート（流路本数 15 本）と温水を流通させる温調プレートを交互に積層し，各 29 段としたものである。流路の形状は直径 0.90 mm の半円型，流路 435 本である。材質はインコネル 625 を用いた。

図 4 には，ベンチ設備のプロセスフロー図を示す[5]。この設備の特徴としては，触媒への水

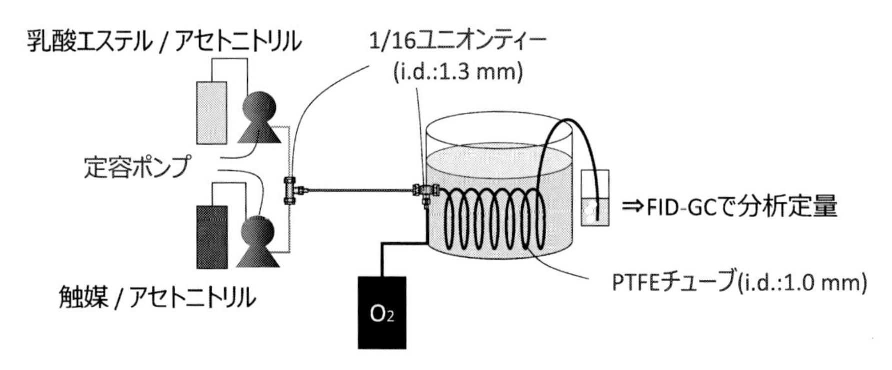

図 2　ピルビン酸エステル合成用マイクロリアクター

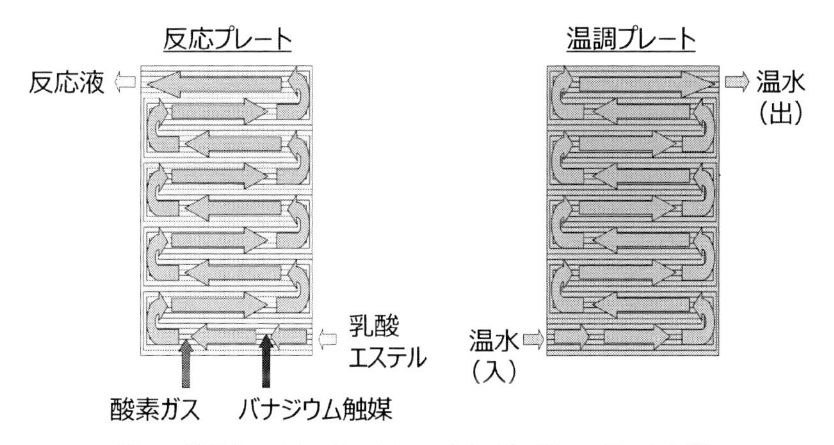

図 3　積層型マイクロリアクター（ピルビン酸エステル合成用）

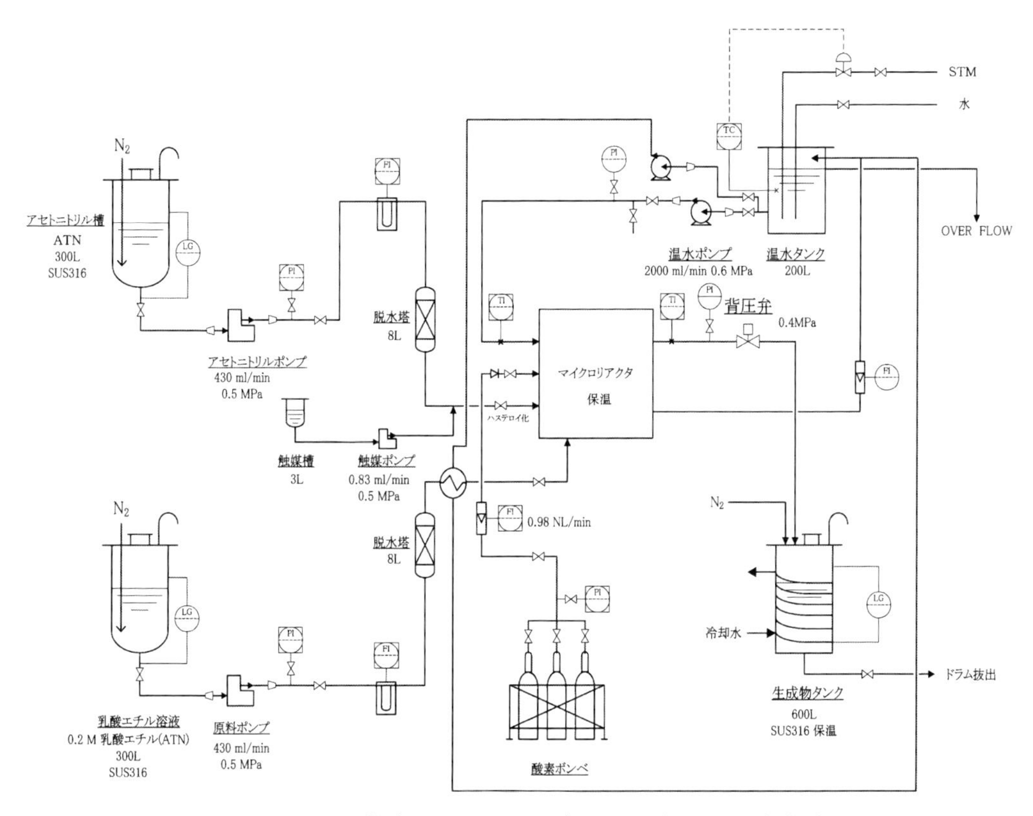

図 4　ベンチ設備プロセスフロー図（ピルビン酸エステル合成用）

分混入を一定濃度以下とするため，連続プロセスとして脱水塔を通したアセトニトリルと触媒を混合する工程を含んでいることである。同様に，原料側も脱水塔を通してからマイクロリアクターに導入することによって，反応初期の系内への水の混入を防止する。温水はタンク内で

90°C に設定しマイクロリアクターへの供給と，乳酸エチル溶液の予備加熱に使用した。酸素ガスは，ガスボンベからフローコントローラーを経てマイクロリアクターへ供給した。

乳酸エチルおよび三塩化バナジルは，ラボスケール検討時と同様に，脱水処理したアセトニトリルに溶解し，それぞれ 0.20 M と 0.020 M とした。それぞれの溶液は，流路 1 本あたり 1.0 mL･min^{-1} でなるように供給して混合し，酸素ガスを 2.2 NmL･min^{-1} で供給した。反応流路の長さは 15 m とし，この時の滞留時間は 1.0 min となった。反応液出口温度は 82°C に設定し，生成物はガスクロマトグラフィーで分析した。

2．3　結果

ラボスケールにおける 1 本流路での試験結果と，ベンチスケールにおける 435 本流路での実験結果を表 1 および図 5 に示す。ラボスケールでは滞留時間 6.3 min で収率 81% であった。また，乳酸エチル転化率が低い（26%）場合は選択率が 99% だが，転化率の上昇に伴い選択率が低下した。反応時間が長くなると，酢酸が生じることを確認した。一方，ベンチスケールでは，同等の滞留時間におけるラボスケールの結果と比較して，ピルビン酸エチル収率が低かった。ベンチスケールの結果をもとにして反応速度解析を行ったところ，気液の流量を 2．2 項で示した量の 40% にすると転化率 50%，選択率 99% となることが分かった。

表 1　ラボおよびベンチスケールのマイクロリアクターを用いた反応結果

		ラボスケール					ベンチスケール	
滞留時間	min	0.5	1.2	2.2	3.8	6.3	1.0	1.0
乳酸エチル転化率	%	26	61	82	94	98	25	31
ピルビン酸エチル選択率	%	99	85	82	82	82	99	99
酢酸選択率	%	1	3	3	4	6	1	1
ピルビン酸エチル収率	%	26	51	67	77	81	25	30

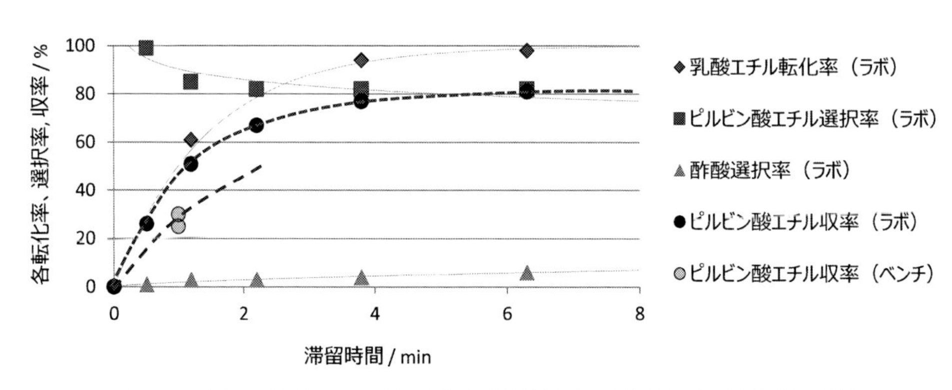

図 5　マイクロリアクターを用いた場合の滞留時間と各収率および転化率の関係

転化率の上昇に伴うピルビン酸エチル選択率の低下は，反応によって生成する水と，触媒の加水分解生成物である塩化水素によるエステルの加水分解反応によって引き起こされると推察される。原料の乳酸エチルや製品のピルビン酸エチルは，一般に酸触媒の存在下で加水分解されることが知られており，これによって生成したエタノールが酸化され酢酸が副生したと考える。また，ラボスケールと比較してベンチスケールでの収率の方が低かったのは，触媒の三塩化バナジルが水で分解したことによって有効触媒濃度が低下したことに起因すると考えている。ベンチスケールにおいては，アセトニトリルの含水率を低下させるための脱水塔を設置したが，脱水が不十分だったと考える。アセトニトリルは吸湿性が高いため，吸湿性の低い溶媒の選定や，ベント等の外気接触部に吸湿管を設置する等の対策による含水率の制御が必要と考える。また，触媒の加水分解生成物である塩化水素は，各種金属材料を腐食するため，反応器材質の選定にも課題が残る。本検討中も，腐食が原因と見られるマイクロリアクターの破孔が確認された。リアクターの材質選定やコーティング加工による機器保全，およびリアクター材質を考慮し腐食させないという観点からの非塩素系触媒の開発のように双方向からの技術開発が有効であろう。

想定よりも転化率が低い場合には，反応器の出側から排出される酸素濃度が上昇する。本プロセスにおいては，安全を十分確保するために希釈用の不活性ガスを反応器の出側に導入しているが，更なる効率化のためには十分な反応性の管理と過不足のない安全措置のバランスが重要と考える。

2.4　ピルビン酸エステルの合成まとめ

435本の流路を有する積層型マイクロリアクターを用いた実験を行った結果，転化率は31%，選択率が99%であった。また，反応速度解析の結果から流量を初期値の40%に下げて滞留時間を延長させた場合，転化率50%，選択率99%が達成できると推定した。

3　α-アシロキシアクリレートの合成[5)]

α-アシロキシアクリレートは，ピルビン酸エステルと酸無水物の反応により合成される[6,7)]。本反応は酸触媒反応であり，強酸性を有するリンタングステン酸が，特に有効な触媒として機能する。また，この反応は，ジアセトキシ中間体を経るスキームで進行することが分かっているが[8)]，ヘテロポリ酸触媒中に含まれる結晶水による無水酢酸の加水分解によって，64 kJ·mol^{-1}の大きな発熱が生じる。通常のバッチ反応においては，この熱を除去するために原料を少量ずつ滴下しながら反応を行う等の工夫が必要で，生産性が低くなってしまう。そこで，効率的な除熱が可能となるマイクロリアクターを利用することで，生産性向上が可能と考え，検討を行った[9)]。さらに，量産化技術を確立するため80本の流路を有するマイクロリアクター試験体を用いて，本反応を検討した。

3．1 ラボスケールのバッチ反応での検討

まず，ラボスケールのバッチ反応器にて，本反応に必要な温度条件の検討を行った。200 mLのフラスコに無水酢酸67 gを入れ，その後，リンタングステン酸を溶解させた酢酸溶液を所定量滴下した。この際に発熱を伴うので，除熱しながらゆっくり操作を行った。全量滴下後，所定温度にして，ピルビン酸エチルを7.5 g投入した。本検討における反応温度，触媒濃度を表 2 に示す。本操作における仕込みのモル比は，ピルビン酸エチル：酢酸：無水酢酸＝ 1 ：10：10とした。所定温度を保持しながら一定時間ごとにサンプリングを行い，ガスクロマトグラフィーを用いて分析をした。実験結果を図 6 に示す。

図 6 より，反応温度90°C，触媒濃度8.3 mol%（Run 3）では十分な反応速度が得られており，平衡時のα-アセトキシアクリル酸エチルの収率が75%であった。また，70°Cの条件では反応速度が遅かった。この結果より，平衡組成に到達する時間を短縮する事と，目的とするα-アセトキシアクリル酸エチルの生成に有利な平衡状態となるように反応温度を80°Cと設定し，かつ触媒濃度を12.5 mol%と増やして検討を実施した（表 2，Run 4）。この結果，平衡時のα-アセトキシアクリル酸エチルの収率は，反応時間20 minにおいて82%となることが確認された。この結果よりマイクロリアクターの実験では反応温度を80°Cの条件で検討した。

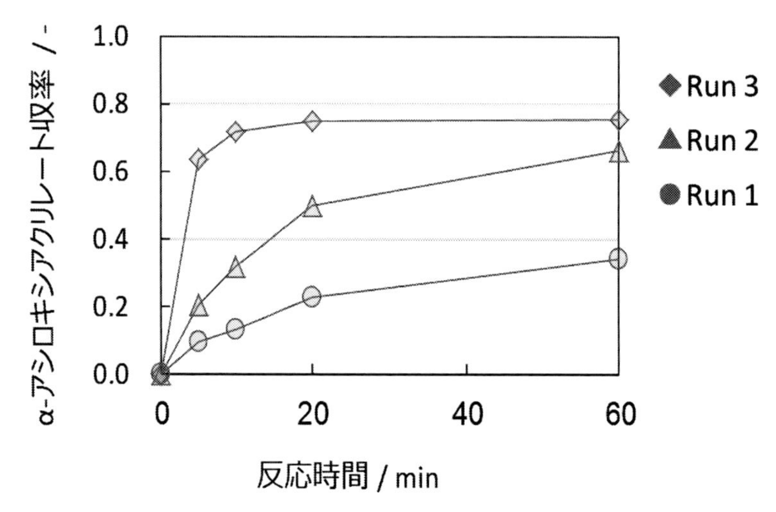

図 6　ラボバッチ操作における反応時間と生成物収率の関係

表 2　ラボスケールバッチ反応の反応温度および触媒濃度

Run		1	2	3	4
反応温度	°C	70	90	90	80
触媒濃度	mol%	0.83	0.83	8.3	12.5

3.2　ラボスケールのマイクロリアクターでの検討

マイクロリアクターを用いた場合の問題点の抽出と，ベンチスケールのマイクロリアクターでの触媒濃度を決定するため，ラボスケールマイクロリアクターにて 1 本流路の実験を実施した[10)]。装置の概要は図 2 とほぼ同様である。9.1 mol% ピルビン酸エチルの無水酢酸溶液を 2.0 mL･min^{-1}で，所定量のリンタングステン酸の酢酸溶液を 1.1 mL･min^{-1}で供給した。1 本流路マイクロリアクターでの反応条件を表 3 に示す。反応管長さは，滞留時間が 1.3，2.6，3.8，5.1，10.2 min となるように設定した。目標収率に到達すると予想される 20 min を滞留時間とすると，反応管が非常に長くなってしまうため，10.2 min 以下の滞留時間の結果をラボスケールバッチ反応と比較し，反応速度が変化するか否かを確認した。変化しなければ，ラボスケールバッチ反応での平衡に達する反応時間 20 min をベンチスケールのマイクロリアクターでの滞留時間として適用することができる。実験結果を図 7 に示す。

Run 4 および 6 より，ラボスケールバッチ反応とマイクロリアクターでの反応は，80°C，12.5 mol% において同等の反応速度が得られることが分かった。また，Run 4，6 および 7 より，12.5 mol% から 25 mol% に触媒濃度を増やした場合でも，反応速度は期待されるレベルから大きく変わらないことが分かった。触媒濃度が高い場合，触媒の析出による閉塞が懸念されるため，

表 3　マイクロリアクターを用いる反応の反応温度および触媒濃度

Run		5	6	7
反応温度	°C	80	80	80
触媒濃度	mol%	5	12.5	25

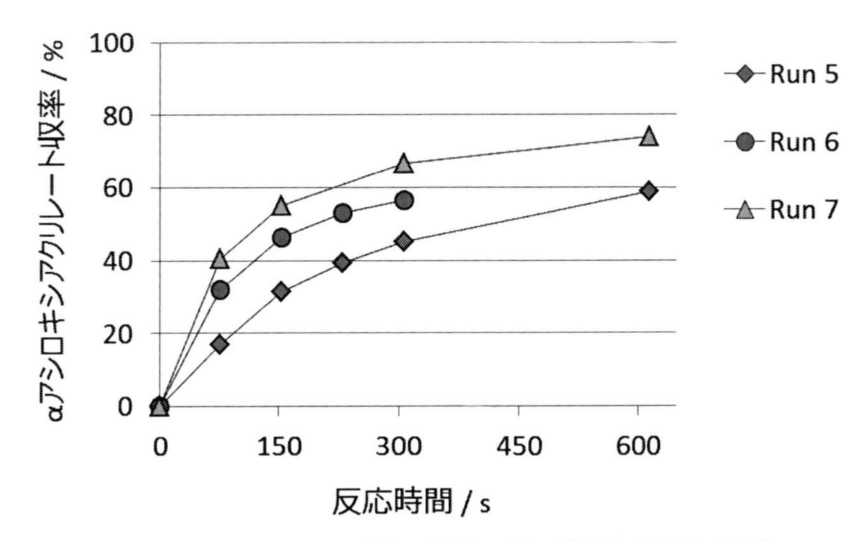

図 7　マイクロリアクターを用いた場合の反応時間と生成物収率の関係

ベンチスケールマイクロリアクターでは，反応温度を80°C，触媒濃度を12.5 mol% として検討を実施することとした。本反応にマイクロリアクターを適用した際の問題点は，どの反応条件においても，反応液がスラリー状になっており，触媒の析出が認められたことである。これは，無水酢酸の加水分解によって系中の水分濃度が低下およびその他の有機溶媒の組成が変化することで，触媒の溶解度が変化するためと考えている。この触媒析出は，反応時間が長くなるにつれ多くなる傾向にあるため，滞留時間の最適化が不可欠であることが分かった。

3．3　ベンチスケールマイクロリアクターでの検討

本反応は，無水酢酸と触媒の混合時に大きな発熱を伴うため，図 8 で示すように除熱を行う混合部と十分な反応時間を得るための反応部に分けることが有効と考えた。混合部の構造は内径0.6 mm の半円形の流路であり，流路数は 1 本で 2 m とした。他方，反応部の構造は内径1.0 mm の半円形の流路であり，流路数は 4 本で 26.5 m とした。前述のピルビン酸エチルの合成と同様に，温調プレートと反応プレートが交互に20段積み重ねた構造とした。反応器設計時の指針は下に示す通りである。

- 混合部での無水酢酸と触媒との反応による大きな発熱を除去するため，流路径を小さくした除熱区間を設ける。
- 反応部は，滞留時間を確保するように反応流路を分岐させる。
- 触媒の析出による閉塞抑制のため，滞留時間は必要最小限の20 min とする。

これらを適用して設計したベンチ設備のプロセスフロー図を，図 9 に示す。無水酢酸，酢酸，リンタングステン酸溶液およびピルビン酸エチルをそれぞれポンプでマイクロリアクターへ供給

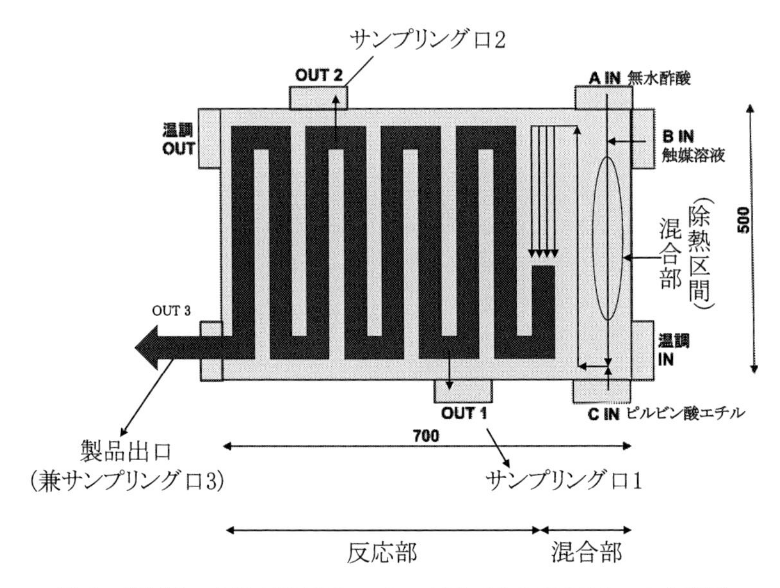

図 8　積層型マイクロリアクター（α－アシロキシアクリレート合成用）

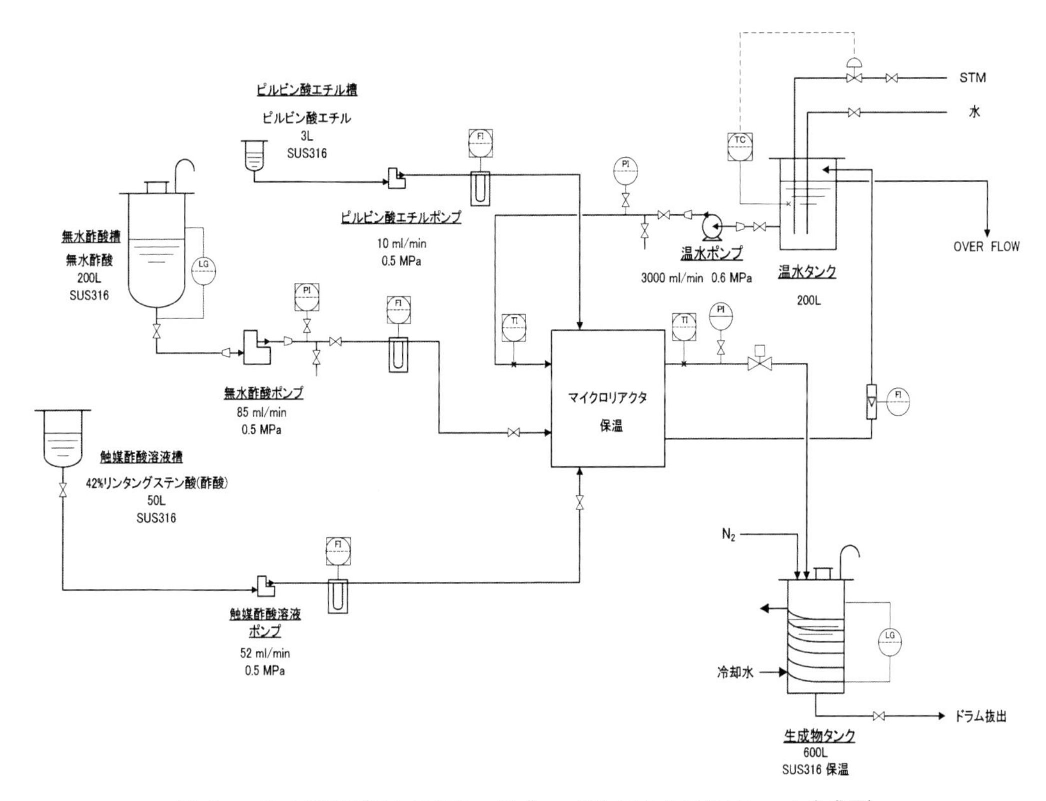

図 9　ベンチ設備プロセスフロー図（α－アシロキシアクリレート合成用）

し，全てマイクロリアクター内で混合するプロセスとなっている。温水は，温水ポンプからマイクロリアクターの温調プレートに供給される。ピルビン酸エチルを 10 mL·min^{-1}，無水酢酸を 85 mL·min^{-1}，リンタングステン酸酢酸溶液を 52 mL·min^{-1} でそれぞれ供給し，反応温度は 80°C とした。モル比は，ピルビン酸エチル：無水酢酸：酢酸＝ 1 ：10：10 となるように設定した。触媒濃度は，ピルビン酸エチルに対して 12.5 mol% とした。

ベンチスケールで得られた実験結果を，図 10 に示す。反応温度 80°C，触媒濃度 0.25 mol%，滞留時間 20 min で，収率 77% を得た。この結果は， 1 本流路の結果とほぼ同等であった。本検討においても，マイクロリアクターの一部閉塞が認められ，その原因は触媒の析出が疑われた。今後，析出原因の解明や抑制対策が課題である。

3．4　α-アシロキシアクリレート合成まとめ

80 本の流路を有する積層型マイクロリアクターを用いて，ピルビン酸エチルから α-アセトキシアクリル酸エチルを収率 77% で得た。しかし，触媒に由来すると思われる析出物による閉塞の可能性が懸念され，析出原因の解明と対策が課題である。

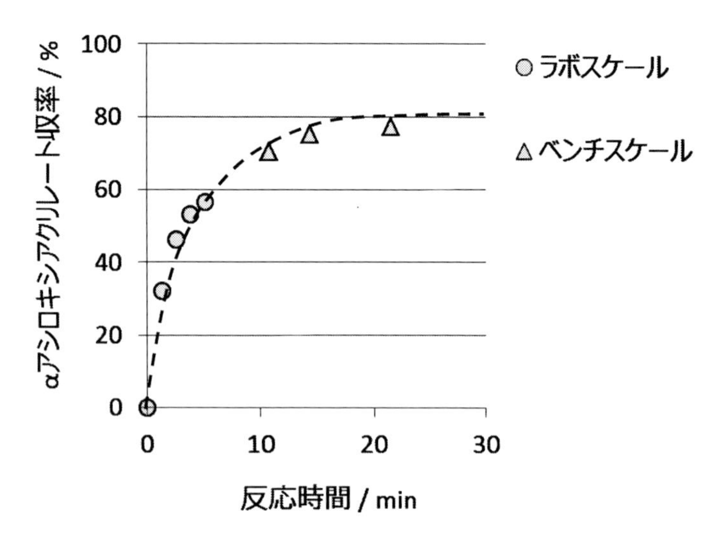

図10　ラボおよびベンチスケールにおける反応時間と目体生成物収率の関係

4　α-アシロキシアクリレートの製造プロセスの提案[5)]

ピルビン酸エステルからα-アシロキシアクリレートの製造プロセスをプロセスシミュレーションと実験で検証した。

4.1　検討方法

ピルビン酸エチルの製造プロセスおよびα-アセトキシアクリル酸エチルの製造プロセスについて，プロセスシミュレーションで検討した。計算前提条件は，以下のように設定した。反応系として，ピルビン酸エチルの製造プロセスの計算には，ベンチスケールでの反応結果（乳酸エチル転化率30%，ピルビン酸エチル選択率99%）を用いた。同様に，α-アセトキシアクリル酸エチルの製造プロセスの計算には，ラボスケール 1 本流路の反応速度とバッチ反応の反応速度が同等であったことから，ラボスケールバッチ反応の結果を用いた。精製系では，物性推算法にはNRTLを用い，各成分間の気液平衡パラメータは主にUNIFAC法による推算で算出した。構築したモデルのブロックフロー図を図11に示す。

ピルビン酸エチルの製造プロセスでは，反応後，触媒分離工程で水を添加して反応液から触媒である三塩化バナジルを水添加により失活させたバナジウム種（V）として沈殿させ，ろ過して分離する。その後，溶媒回収工程において蒸留で溶媒のアセトニトリルを回収しリサイクルする。このリサイクル液中にはわずかな水が存在する。反応系に水が混入すると触媒を分解してしまうため，活性化したモレキュラーシーブ等を充填した脱水塔で水を分離する。その後，原料回収工程にて，蒸留で原料の乳酸エチルを回収し，ピルビン酸エチルを得る。なお，触媒の分離プロセスでは，一定のロスを仮定している。このとき，ピルビン酸エチルの製造プロセスの収率は

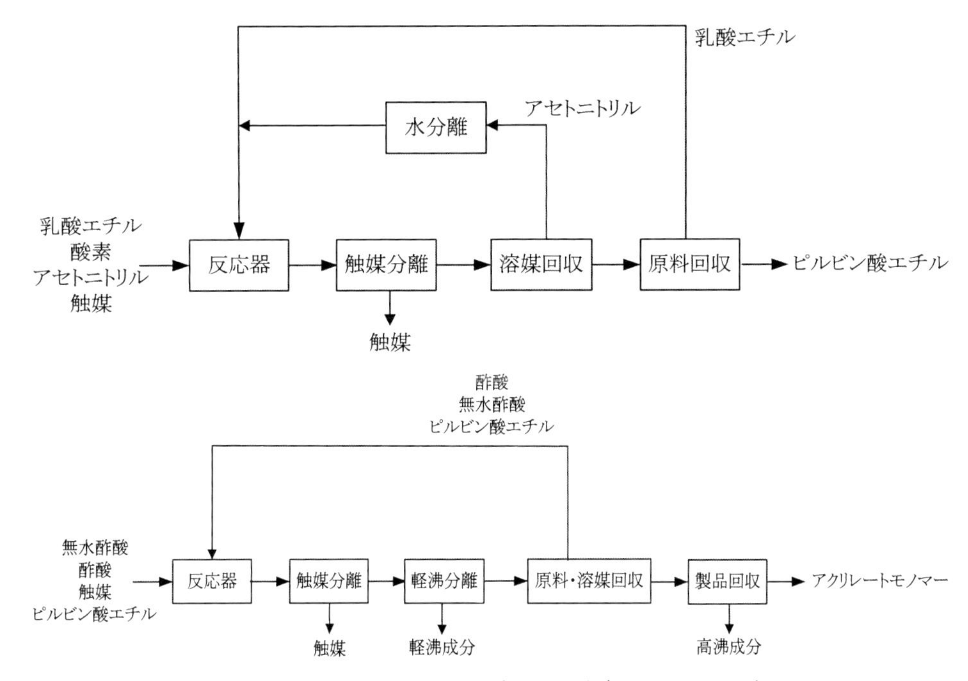

図11　(上) ピルビン酸エチルの製造プロセス (ブロックフロー図),
(下) α-アシロキシアクリレートの製造プロセス (ブロックフロー図)

92%となった。

α-アセトキシアクリル酸エチルの製造プロセスでは，反応後，触媒分離工程における抽出により，触媒を分離する。その後，軽沸分離工程にて蒸留で軽沸成分（抽出溶媒）を分離した後，原料・溶媒回収工程にて蒸留で原料および溶媒を回収し，反応器へリサイクルする。その後，高沸成分を除去し，目的物であるα-アセトキシアクリル酸エチルを取得する。このときの乳酸エチルを基準としたα-アセトキシアクリル酸エチルの総括収率は86%であった。

現状では，上述のプロセスを想定しているが，実用化のためには，以下の課題を解決する必要がある。

① 実験的な検証の蓄積

これまでに検証した各合成反応は純物質を原料としているため，リサイクルした液の反応系への影響の更なる確認が必要である。

② ピルビン酸エステルの製造プロセスにおける触媒分離方法

水添加により触媒を失活沈殿させる方法では，工程負荷が大きい。触媒分離を簡略化できる操作方法の開発が望ましい。

③ α-アシロキシアクリレートの製造プロセスにおける触媒分離方法

抽出により触媒を分離した場合，現状では確実な触媒の回収のためにはアルカリ塩として沈殿させた後にろ別回収を想定している。しかし，上記②と同様に触媒の回収・再利用を可能にする手法の開発が望ましい。

④　微量不純物の挙動について

本検討では微量不純物の挙動を考慮していない。得られる製品の特長として「高い透明性」を挙げているため，リサイクルによる不純物の蓄積や製品品質を低下させる不純物の混入の可能性を極力排除する対策をとる必要がある。

5　終わりに

本稿では，乳酸エステルから効率的に，機能性材料として広く展開可能なα-アシロキシアクリレートを製造するための技術を紹介した。気液マイクロスラグ流の特徴を駆使すること，触媒使用時の発熱挙動の定量化とその抑制のためにマイクロ場の特徴を利用した。また，スケールアップ検討に必要な精密な反応速度解析や，その結果を利用した流通状態の安定操作法の予測とも組み合わせることで，反応装置および製造設備の設計へ繋げた。本技術が，マイクロ化学プロセスを汎用化学品製造へ適用するための一助となることを期待している。

謝辞

本稿は，新エネルギー・産業技術総合開発機構（NEDO）から受託したプロジェクト「グリーンサステイナブルケミカルプロセス基盤技術開発」の研究成果に関するものである。本プロジェクトの遂行にあたり尽力いただいた，三菱レイヨン㈱，手塚祐介氏，本田昌也氏，加藤裕樹氏には，感謝の意を申し上げる。

文　　献

1)　W. Ninomiya, M. Sadakane, S. Matsuoka, H. Nakamura, H. Naitou and W. Ueda, *Chem. Commun.*, **41**, 5239-5241（2008）

2)　特許第5679150号（2015）

3)　NEDO，グリーン・サステイナブルケミカルプロセス基盤技術開発／化学品原料の転換・多様化を可能とする革新グリーン技術の開発／高効率熱化学変換によるバイオマス由来の脂肪族，芳香族化合物からのモノマー原料及び樹脂原料製造技術の開発 NEDO　平成21-22報告書，20110000001358，研究項目[2]-3

4)　T. Yasukawa, W. Ninomiya, K. Ooyachi, N. Aoki, and K. Mae, *Ind. & Eng. Chem. Res.*, **50**, 3858-3863（2011）

5)　NEDO，グリーン・サステイナブルケミカルプロセス基盤技術開発／化学品原料の転換・多様化を可能とする革新グリーン技術の開発／「高効率熱化学変換によるバイオマス由来の脂肪族，芳香族化合物からのモノマー原料及び樹脂原料製造技術の開発」NEDO 平成22年度-24年度成果報告書，20140000000018，研究項目[3]

6) 特許第5017173号（2012）
7) 特許第5090989号（2012）
8) W. Ninomiya, M. Sadakane, S. Matsuoka, H. Nakamura, H. Naitou and W. Ueda, *Green Chem.*, **11**, 1666-1674（2009）
9) 安川隼也ほか，化学工学会第78年会，O317（2013）
10) 特開2013-213025（2013）

第4章　マイクロリアクターを用いたシングルナノ粒子の製造

中﨑義晃*

1　はじめに

ナノ粒子の製造方法は，大きく分けて2通りある。一つは大きな粒子や塊を粉砕して小さな粒子を作るというアプローチ（Break down法）と，もう一つは，イオンレベルの小さな粒子を組み上げて大きな粒子を形成するアプローチ（Build up法）である。前者は，小さな粒子を得ようとすると，粒子径分布が広くなるという問題点がある。一方，後者はイオンや錯体を還元するので，数十原子からなるシングルナノ粒子調製に適している。しかしながら，特定の大きさの粒子のみを調製するためには，厳密な反応条件制御が要求されるが，通常の回分法や流通法では困難であった。

そこで筆者らは，ナノテクノロジー分野で用いられるシングルナノ粒子をより効率的に製造する手段として，金属塩を含む溶液を液相で還元するBuild up法を採用し，マイクロ化学プロセスを用いて量産する手法を開発した。本稿では，資源枯渇が問題となっているインジウム（In）を主材料とするインジウムスズ酸化物（ITO）透明導電性材料の代替材料合成にマイクロリアクターを適用した例について紹介する。

2　ITO代替導電性材料

ITO代替として，アンチモンドープ酸化スズ（$SbSnO_x$：ATO）やインジウム・ガリウム・酸化亜鉛（$InGaZnO_x$：IGZO）が提案されているが，前者は透明性が良くなく，アンチモン（Sb）の環境負荷が大きく，欧米では使用できない。後者は，ITOに比べて良い性能を発現しているが，レアメタルであるInとガリウム（Ga）が含まれるという点では，ITO代替材料とはならない。

他方，酸化亜鉛（ZnO_2）やグラフェンなども開発が進んでいるが，光学的特性ならびに電気的特性，さらには大型化対応困難などの問題があり決定的な代替技術ではない。

米国の市場調査会社Nano Markets社の2009年の報告では，ITO代替用に開発が進められているナノ材料は，透明性や電気伝導率だけでなく，価格においてもITOをしのぐ可能性があり，ITO代替用ナノ材料の2014年の市場規模は3億3100万米ドルになるという。

一方，富士キメラ総研の報告（2011年微粉体市場の現状と将来展望）によると，スパッタリング用ITOターゲット材の代替と考えられていたITO粉末は，導電性不足で採用には至っていない。

＊　Yoshiaki Nakazaki　㈱ナノ・キューブ・ジャパン　代表取締役

3　ドーパントの検討

3．1　ドーピング化学種の検討

周期表14族元素であるスズ（Sn）の隣の13族と15族の元素について，スクリーニングを行った。表1の周期表（抜粋）に示すように，13族元素であるホウ素（B），アルミニウム（Al），ガリウム（Ga），インジウム（In），タリウム（Tl）から，価格と毒性の観点からP，BおよびAlに着目した。

3．2　計算結果と考察

安定なSnO_2構造を求めた後，中心のSn原子をドーパント原子と置換した。計算に際しては，すべての原子をフリーにして構造最適化を行った。

計算の対象としたドーパントはP，BおよびAlの3種類である。ドーパントをSnO_2結晶格子内に添加した後，再び構造最適化を行うことでドーパント周囲の格子歪みを精密に計算した。なお，SnO_2の計算モデルとしてSnが16原子，32原子および64原子の3種類を用いた。さらにSn 16原子のモデルにはドーパントの添加個数を1～3個と変化させることでドーパント添加量を1.59%～23.08%の範囲で変化させて，現実の添加量をほぼカバーした。

図1にドーパントを6.67%の濃度で含むSnO_2の安定原子配置を示す。図中で最も明るい灰色がドーパント原子，最も暗い灰色がO原子，他はSn原子を表す。

AlおよびPは，SnO_2結晶格子中のSn原子と置換されて安定に存在していることが判った。一方，B原子添加の場合はSn原子の位置からずれており，結晶格子内のB原子近傍の原子配置が乱れていることがわかる。

3．3　ドーピング量の検討

第一原理計算ソフトウェアCASTEPを用い，平面波基底，ウルトラソフト擬ポテンシャル，ドーパントの安定性およびエネルギーバンドの観点から，SnO_2結晶中のBは生成エネルギーが約＋2eVと大きく，B原子はSnO_2結晶格子内で構造的に極めて不安定であり導電性の発現は見込

表1　周期表（抜粋）

周期＼族	12	13	14	15	16
1					
2		**B**	C	N	O
3		**Al**	Si	**P**	S
4	Zn	Ga	Ge	As	Se
5	Cd	In	**Sn**	Sb	Te
6	Hg	Tl	Pb	Bi	Po

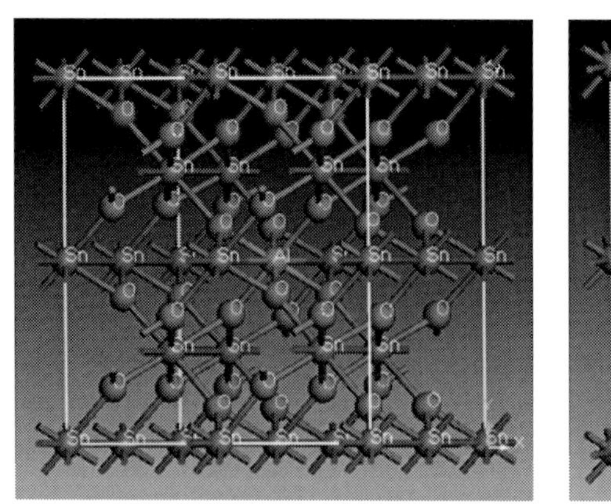

(a)　ドーパント原子：Al

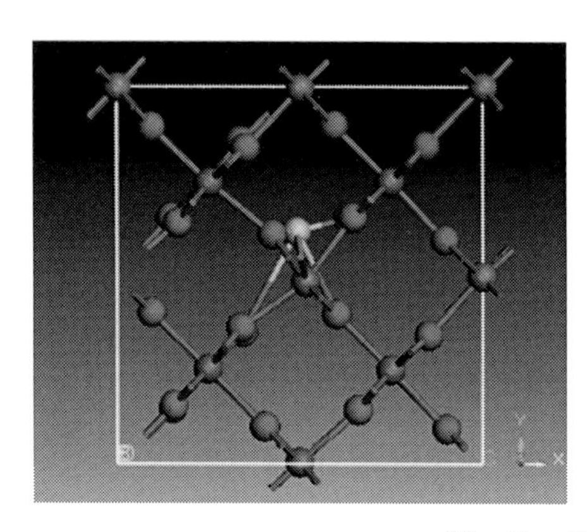

(b)　ドーパント原子：B

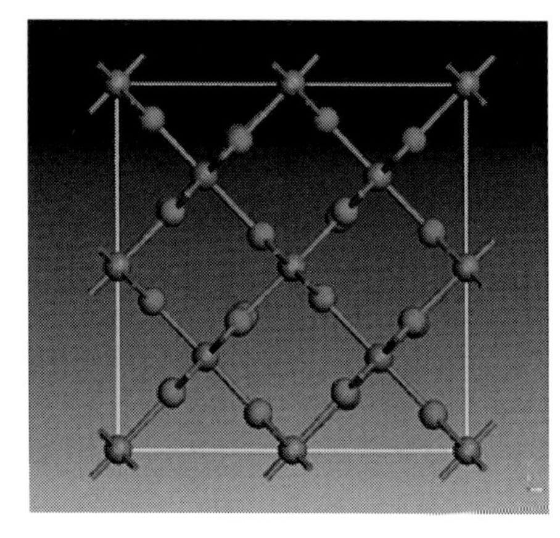
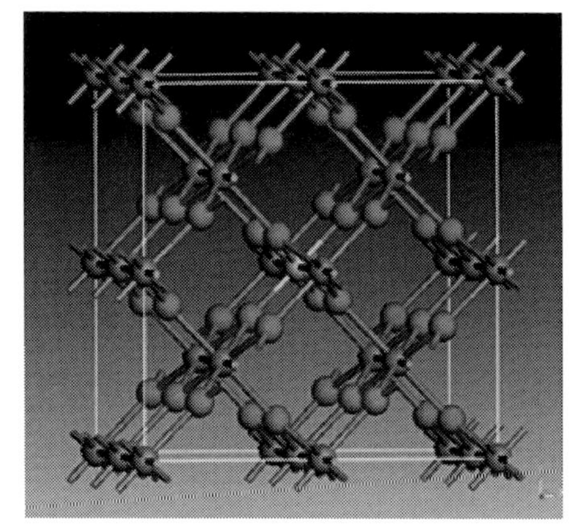

(c)　ドーパント原子：P

図1　SnO_2結晶格子内での各種ドーパントの安定化構造
ドーパント量　M : Sn = 1 : 15

めないことが判った。他方，Alをドーパントとした場合は，生成エネルギーが約－2eVとなり，SnO_2結晶格子内に安定に取り込まれることを示唆している。

電子の交換エネルギーをハートリーフォック法で評価し，さらに遮蔽効果も考慮したsx-LDA法によるバンド構造の高精度計算法についても検討した。

定量的な見地から，B，AlおよびP原子について，それぞれの原子に対するSn原子比について検討した結果を図2に示す。PドープSnO_2の生成熱が最も低く，ついでAlの順となった。いずれの場合もSn原子に対するドーピング比が大きくなるにつれて，生成エネルギーがわずかに増加する傾向が見られた。

3.4　ドーピングSnO_2のバンド構造

図3(a)から(c)にSnO_2のエネルギーバンド構造の計算結果を示す。計算で得られたバンドギャップは約2.03 eVであり，これは実験値の約3.6 eVの60%程度の値となっている。このバンドギャップの過小評価は理論の不完全性によるものであるが，伝導帯の構造は実験と近いものになっている。

図4(a)にAlドープSnO_2のバンド構造，図4(b)にBドープSnO_2のバンド構造，図4(c)にPドープSnO_2のバンド構造をそれぞれ示す。

各図において，縦軸の$E=0$の破線はフェルミ準位を表している。図4(a)と図4(b)から，AlドープSnO_2とBドープSnO_2は，ともに価電子帯頂上のエネルギー準位がフェルミ準位を横切っており，伝導性が生じていることがわかる。

価電子帯G点の頂上付近に正孔が生じているので，AlドープSnO_2とBドープSnO_2は，ともにp型と考えられる。またギャップは開いており，透明性が維持できているようである。

以上の結果をまとめると，ドーパントの安定性については，PおよびAlはSnO_2中で負の形成エ

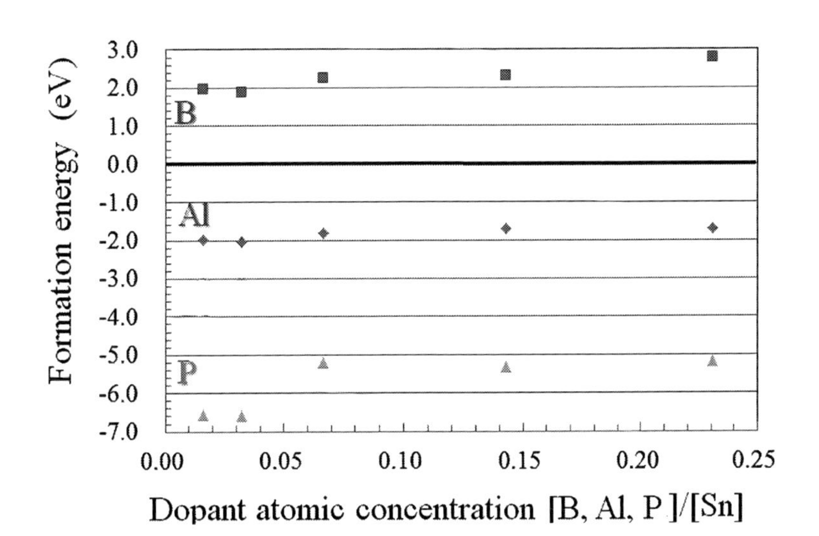

図2　SnO_2における各ドーパントの形成エネルギーの濃度依存性

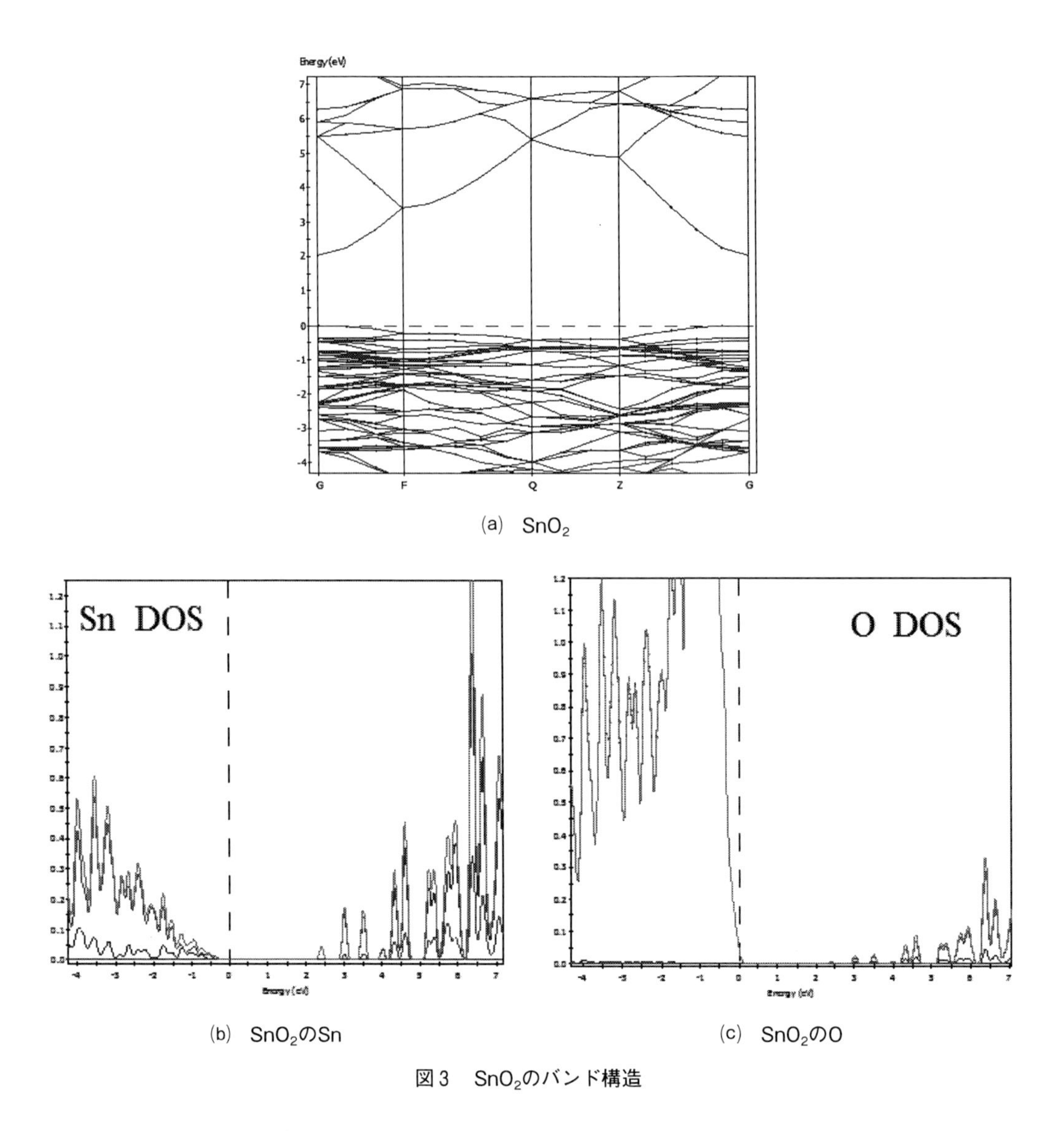

(a)　SnO_2

(b)　SnO_2のSn

(c)　SnO_2のO

図3　SnO_2のバンド構造

ネルギーを持ち，この値は添加量23%程度まであまり変化しない。他方，Pについては現実にドーピングに成功しているようであり，この事実は本計算結果とよく合致していると思われる。

4　マイクロ化学プロセスを用いた合成

4.1　ドーピング用マイクロリアクターの設計

本合成反応のような極めて迅速な無機中和反応にマイクロリアクターを適用する例は多くはない。「マイクロリアクターが，どうして化学プロセスに有効とされるのか」という問いに，岡山大学の「マイクロビーカー反応（MBR）の概念」という提案を基に合成方法の検討を行った。

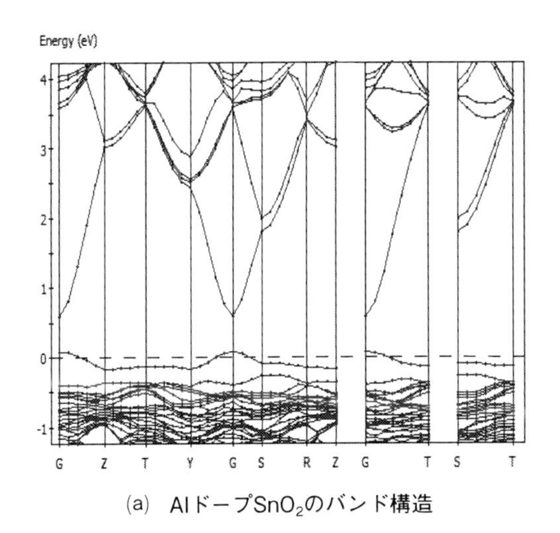

(a)　AlドープSnO_2のバンド構造

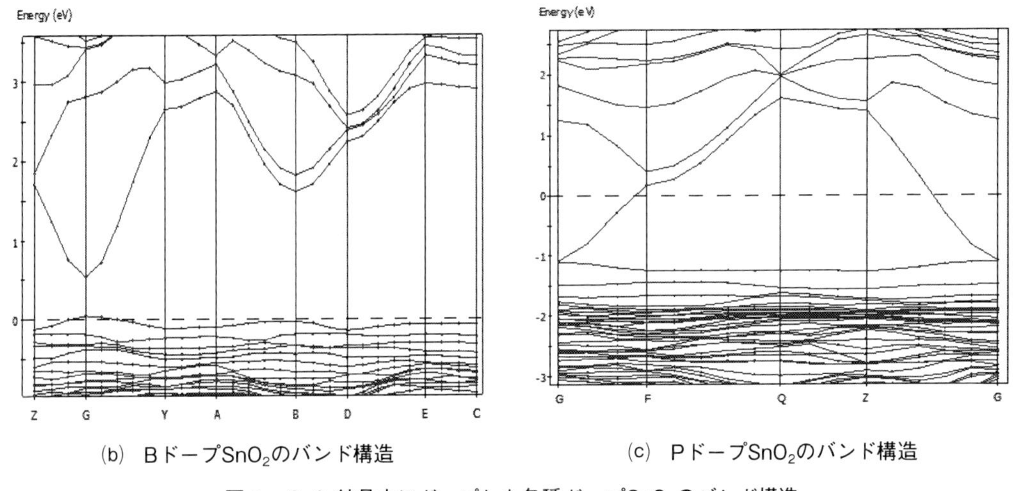

(b)　BドープSnO_2のバンド構造

(c)　PドープSnO_2のバンド構造

図4　SnO_2結晶中にドープした各種ドープSnO_2のバンド構造
ドーパント原子/Sn＝1/15

本稿の酸性水溶液とアルカリ水溶液の迅速無機反応による「P含有スズ酸化物透明ナノコロイドゾルの合成（(1)式）」は，明らかに互いに溶け合う反応系である。敢えてこのような溶け合う反応系を溶け合わない系を前提とする「マイクロビーカー反応（MBR）の概念」を本反応に適用し，ナノ領域サイズの透明コロイドゾルの生成現象を詳しく検証した。

$$Sn^{4+} \quad + \quad PO_4^{3-} \quad + \quad OH^- \quad \Rightarrow \quad \text{PTO colloid aq.} \tag{1}$$

種々の反応条件で合成した結果，一次粒子系を1 nm以下にまで小さくすることができた。さらに誘導回折格子法を用いた測定結果から，図5に示すように，シャープな粒子径分布を実現することができた。

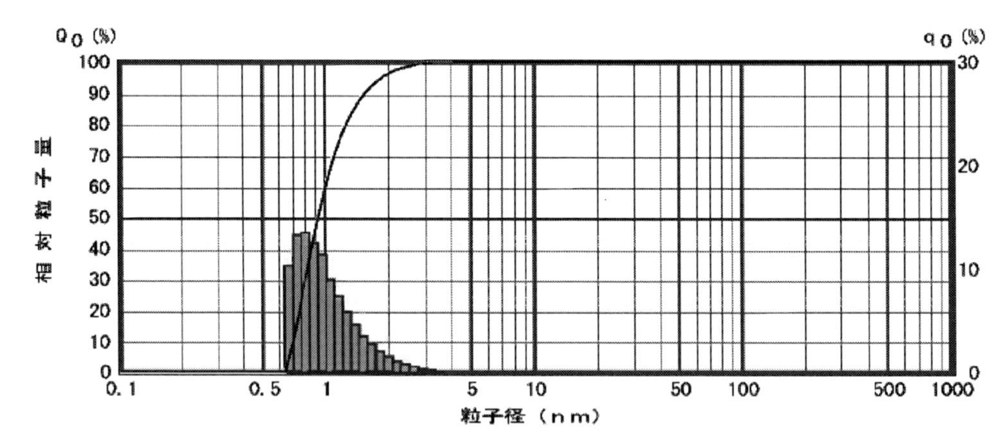

図5　誘導回折格子法を用いた粒子径分布測定結果

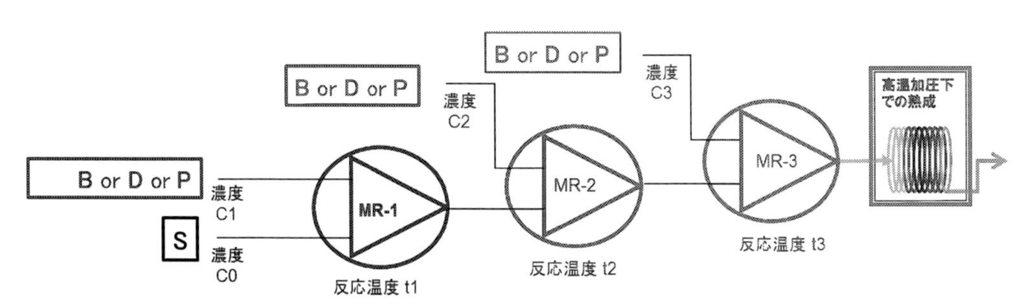

図6　P含有スズ酸化物透明ナノコロイドゾルへの化学種のドーピングプロセスの概念図
B：塩基溶液，D：ドーピング用化学種溶液，P：P化合物溶液，S：Sn化合物溶液

4．2　マイクロ化学プラントの試作（マイクロ化学プロセス，周辺装置試作）

図6に，P含有スズ酸化物透明ナノコロイドゾルへの化学種のドーピングプロセスの概念図を示す。このマイクロ化学プロセスは，複数のマイクロリアクターと反応温度制御槽からなり，原料溶液の濃度や供給速度を変化させることによって，ドーピング化学種とSnおよびPとの原子比を任意の割合で反応させることができる。

4．3　合成条件の検討

出発原料について，主成分であるスズ塩は固定しアルカリ源について検討した。さらにスズ塩溶液およびアルカリ溶液の流量と流量比の検討を行った。

反応温度を180℃まで上げることによって，結晶化を促進させることに成功した。生成物のXRD結晶構造分析の結果を図7に示す。同定された成分はCassiterite-SnO_2であり，アルカリ濃度が低い場合に結晶性が顕著に高いことが判った。

ドーピング種によって反応性が異なると考えられるので，ドーピング条件に関して検討を行っ

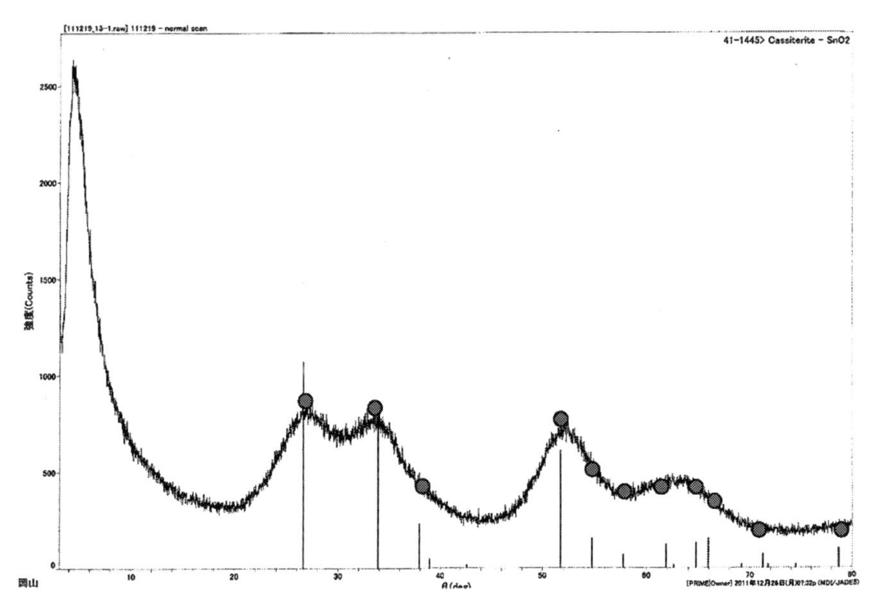

図７　ＰドープSnO_2試料のXRD分析結果
● Cassiterite- SnO_2

図８　マイクロリアクターで合成したＰドープSnO_2

た。マイクロリアクターへの導入前工程でのスズ化合物溶液やリン酸化合物溶液との混合順序についても詳細な検討を行った。

マイクロリアクターで合成した透明生成物であるＰドープSnO_2試料の一例を図８に示す。生成物コロイド溶液にレーザーを当てると，チンダル現象によりコロイド粒子の存在が示唆された。このようにマイクロリアクターを用いて合成した生成物は，極めて透明度が高い。

この透明ナノコロイドをTEM観察した結果を図９に示す。観察試料の調製前処理としては，測定したい試料を乳鉢で粉砕し，得られた白色粉末をエタノールに超音波で分散させた後に，TEM観察用マイクログリッドに滴下して調製した。TEM観察画像に見られる格子縞より，結晶

図9　マイクロリアクターで合成したPTOのTEM観察画像
合成条件：0.125 M Sn^{4+}，0.5 M PO_4^{3-}

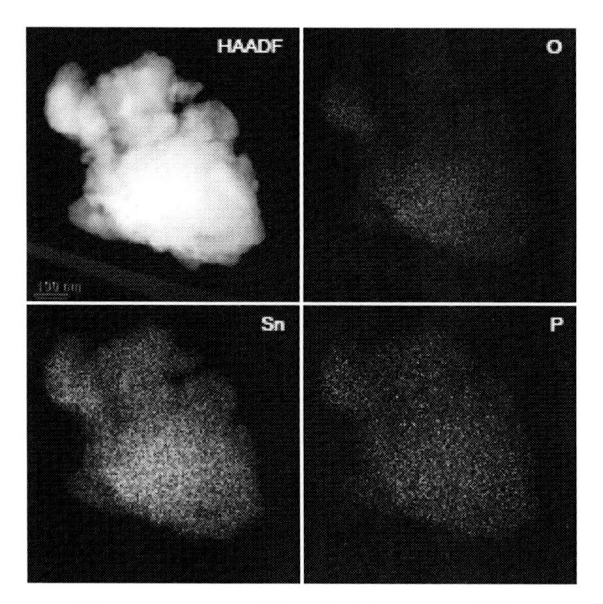

図10　STEM-EDXを用いた元素マッピング結果
（Sn：P＝93：7）

子のサイズが数nmである事が確認された。

また，実線で囲んだ部分に示すように，格子縞が観察されたことから，極めて結晶性が高いことが判った。

次に結晶子像のEDX分析をおこない，画像内成分の元素の定性分析と定量分析を試みた結果，

(a)　改善前

(b)　改善後

図11　AlドープSnO_2合成二次処理による透明化検討結果

glass joint *was closed* with a glass
tional groups in the organic molec
permit the *closure* of such rings. (~
outer electron shell with the arg
closed container soon comes to eq
透過　Observations by *transmission* el
a Hitachi H. U. 11 electron micros
mining concentration occurs at a
cent *transmittance.* (~度)／The or
transmittance, although analytica

図12　ガラス板に塗布・乾燥後のAlドープSnO_2

図10に示す通り，Sn，P，O元素が一様に分散しており，特定の元素が偏在していないことが明らかとなった。また，原子吸光光度法による分析の結果，元素比率は，Sn：P＝93：7であることを確認できた。

これらの検討から，マイクロリアクターの形状および配列，原料溶液の混合順序などについて知見を得た。

種々のAl/Sn原子比について合成を行ったところ，反応液中にはAlイオンは検出されなかったので，添加したAlイオンはすべて反応し，SnO_2結晶中にドーピングされていると考えられる。

4.4　透明性

AlドープSnO_2について生成物の透明性を検討した結果，二次処理の最適化を行うことにより，二次凝集の緩和と図11および12に示すように透明性を向上させることができた。

5 まとめ

透明導電性材料の合成を目的として，複合酸化物の母材料となる酸化スズ（SnO_2）ナノ粒子の合成を試みた。酸化スズは，所定濃度の塩化スズ水溶液をアンモニアによりpHを調製することによって得られるが，その反応系にマイクロ化学プロセスを適用させた。

従来，回分式合成法により，高温高圧で長時間の熟成が必要であったが，マイクロ化学プロセスの合成条件の検討とマイクロデバイスの選定を行うことにより，瞬時に混合・高温熟成・低温冷却させることを可能とし，平均粒子径3nm程度の酸化スズナノ粒子の合成に成功した。分散性の向上など技術的な課題は残されているが，今後，透明導電性材料などの高次ナノ構造材料への展開の可能性が示唆された。

第5章　不斉水素化反応へのマイクロリアクターの適応

山本哲也*

1　はじめに

不斉水素化反応は医薬品中間体や香料・農薬の合成に幅広く用いられており，高砂香料工業でも1983年に触媒的不斉合成法による*l*-メントールの工業化に成功して以来，独創的な研究から開発された均一系触媒技術，例えば，不斉配位子BINAP[1]やSEGPHOS®[2]から成る触媒を用いて，生活習慣病，感染症，中枢疾患用医薬品中間体を製造し供することにより世の中に貢献してきた。また，グリーンケミストリーの観点から考えると，環境に優しい水素を還元剤として使用する点と，目的物である光学活性体を化学的にも立体的にも非常に高い選択性で与え，廃棄物を減らすことが可能な点で，触媒を用いた不斉水素化反応は環境負荷軽減型の理想的な合成プロセスと言える。

近年，不斉水素化用触媒の開発とともに，反応のパフォーマンスを最大化できる高圧水素化反応設備の整備も実施してきた。バッチ方式からフロー方式への製造方法転換を推奨する提言が米食品医薬品局（FDA）により出された2012年頃から，当社は水素化技術へのフローシステムの適応を積極的に開始した。従来のバッチ方式は過剰のエネルギーや労力を必要とし，廃棄物も多量に排出されるという問題点があったが，フロー方式はその解決方法の一つと期待されているからである。また，自動化やProcess analytical technology（PAT）を組み込むことによりヒューマンエラーを防止し，安定生産や品質向上，安全性向上が実現できる点も理由の一つである。

我々はフローシステムの導入検討の際に，高速に反応が進行する不斉水素化反応にマイクロ流路を持つフローリアクターを適用することにより，シンプルかつ安全性の高いハイスループットを指向したシステムが構築可能であることを見出した。本章ではその開発の経緯を紹介する。

2　マイクロリアクターの特徴

フローシステムによる水素化反応を検討する上で，副反応抑制による選択性改善と生産性向上，安全性強化を目的としてマイクロリアクターに着目した。

すなわち，吉田らはマイクロ流路により得られる高速混合効果とミリ秒オーダーの時間制御を活用し，副反応を抑制した例を示している[3]。また，安川らは二相系スラグ流を利用した物質移

---

*　Tetsuya Yamamoto　高砂香料工業㈱　先端領域創成研究所　プロセス開発部
磐田開発室　技術員

動の高速化により反応を促進し，バッチでは数時間かかる反応を数分で完結させ単位体積当たりの生産性向上を達成している[4]。大きな比表面積による高熱交換能力により精密な温度コントロールが可能なため，安全性の高いシステムを構築できる。これら多くのメリットを有するマイクロリアクターであるが，数十分以上を必要とする反応には適用し難い。そのようなプロセスにマイクロリアクターのメリットを享受するためには，高速反応触媒の探索がポイントとなる。

3　高速不斉水素化触媒RUCY®を用いた不斉水素化反応へのマイクロリアクターの適応

3．1　小スケール検討

当社で開発したケトンの不斉水素化用触媒として，RUCY®がある（図１）[5]。ルテニウムに二座ホスフィン配位子とジアミンを配位させた錯体であり，高速かつ高選択的にケトンの水素化反応を進行させる。太線で示したルテニウム-炭素間の結合と名前の由来であるルテナサイクルと呼ばれる環状骨格がこのような優れた性能を与えていると考えている。一方，高速反応であるが故に反応時の発熱をコントロールし難い場合がある。特に，不斉水素化反応は反応温度の上昇によりエナンチオ選択性が低下することがあり，その場合温度コントロールがスケールアップ時の問題となる。

そこで，マイクロリアクターであれば温度コントロールが容易に行えると考え，T字ミキサーとチューブ（流路径1.0 mm，流路長４M）の組み合わせにより作製したマイクロリアクター（図２）を用い，RUCY®を触媒としたアセトフェノンの不斉水素化反応を行った。

その結果，バッチ方式では，基質に対して過剰の水素を加え転化率が99%以上に到達するまでに１時間を要したが，同条件（温度，圧力，触媒量）において，マイクロリアクターを用いた場

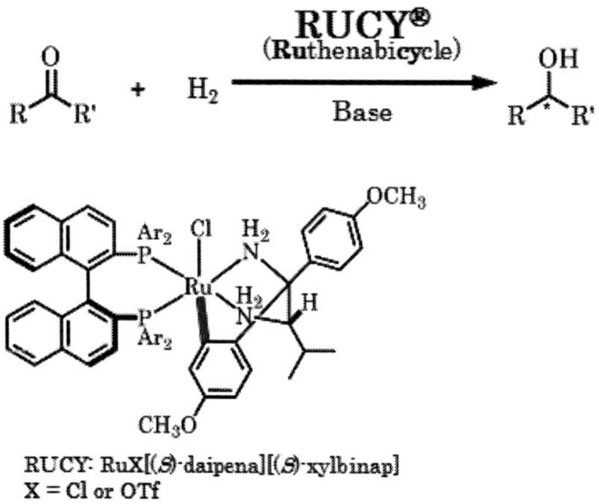

RUCY: RuX[(*S*)-daipena][(*S*)-xylbinap]
X = Cl or OTf

図１　RUCYを用いた不斉水素化反応およびRUCY構造式

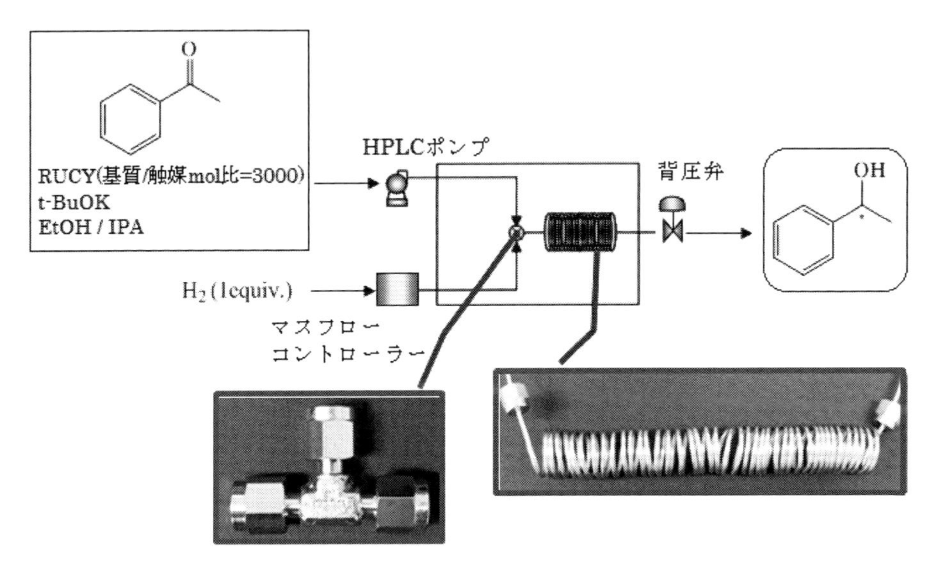

図２　検討に使用したマイクロリアクター概略図

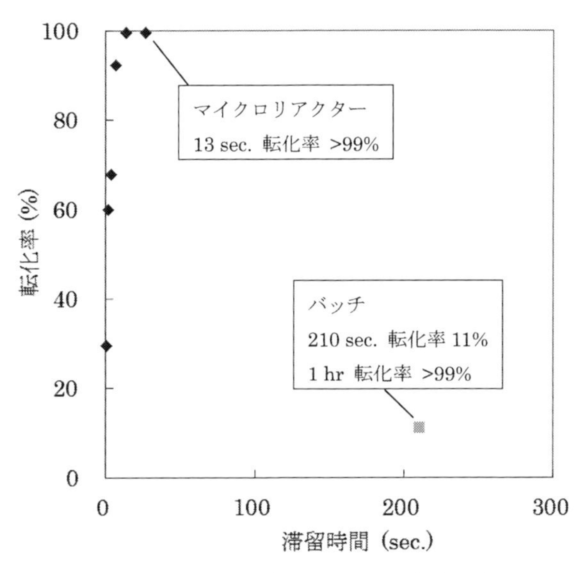

図３　アセトフェノンの不斉水素化反応における反応方式の違いによる反応速度差

合，基質に対して１等量の水素を用いるだけで，基質流量0.25 mL/min.，滞留時間13秒で反応が完結した（図３）。バッチ方式では物質移動速度が反応速度よりも遅く，溶液中の水素濃度が不足し物質移動律速条件であることに対し，マイクロリアクター内ではスラグ流効果により物質移動速度が向上し，反応律速条件であることから反応が高速に進行したものと推察している。さらに，過剰の水素を必要とせず，排出される水素ガスをほぼゼロにできるため，よりクリーンで安全性の高いプロセスを構築できる。温度コントロールについては，流量の大きな条件にて検討を行った3．6項にて考察する。

なお，生成物の光学純度はバッチ方式同様，マイクロリアクターでも99%e.e.以上と非常に高いエナンチオ選択性が維持された。この後の検討においても同等の結果を示したので，光学純度についてのコメントは以下省略する。

以上の結果から，本反応をモデルケースとして，マイクロリアクターによる不斉水素化反応のハイスループット化検討を開始した。

3．2　速度論解析による流路長最適化

ハイスループットを目指す準備段階として，反応の速度論解析を行った（図4）。

流路長と気液流量から計算した滞留時間と，転化率の自然対数をプロットしたところ，直線関係が成立したため，ここで得られた関係式を用いて解析ソフトで計算を行い，流路長（M）と生産量（kg/日），転化率（%）の関係をマッピングした（図5）。

マッピングによって，少ない実験データで生産効率が良い流路長を視覚的に把握できることが示唆された。

3．3　流路径の反応に対する影響

続いて，流路径の反応に及ぼす影響を確認した。これまで使用していた流路径1 mmのチューブでは大きな圧力損失がかかり，ハイスループットを狙った気液流量領域を流すことに限界がある。そこで，スラグ流効果が狙える流路径範囲を探索する目的で流路径2.17 mmのチューブにて反応を実施したところ，同じ流量では滞留時間が長いにもかかわらず，転化率は83.3%まで低下

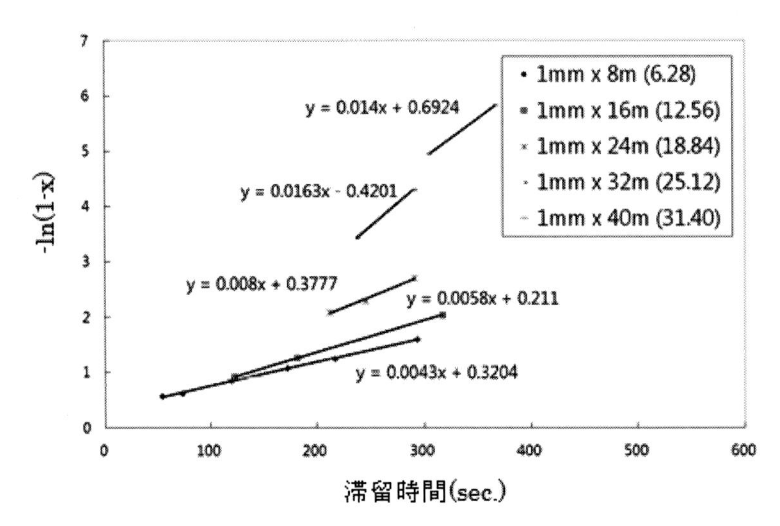

図4　流路長の違いによる滞留時間と転化率の関係

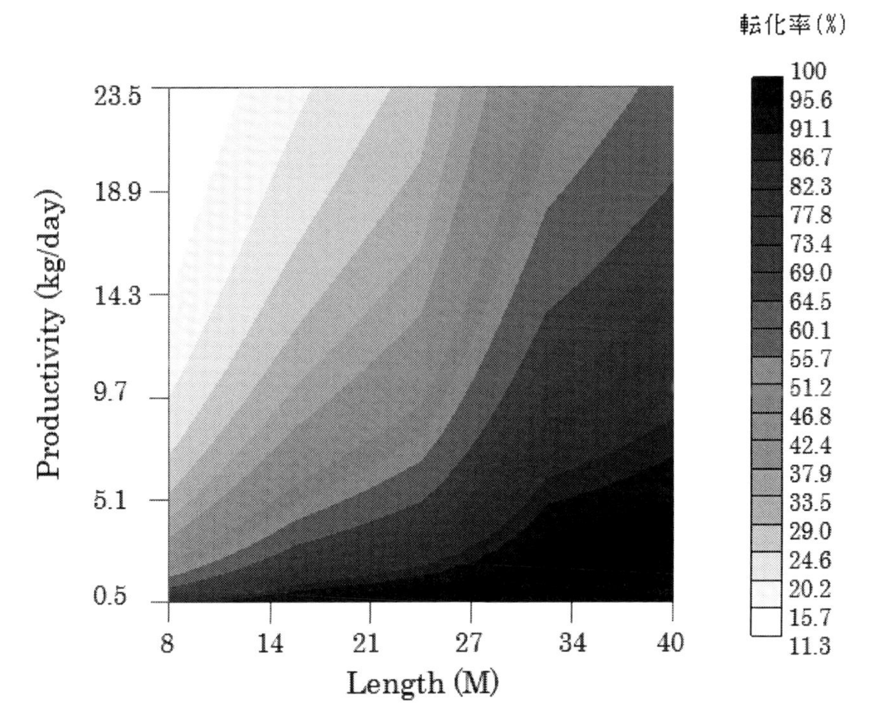

図５　アセトフェノンの不斉水素化反応における流路長−生産量マップ

表１　不斉水素化反応に対する流路径の影響

流路径 (mm)	触媒量 基質／触媒モル比	溶液全流量 (mL/min)	線速 (M/sec.)	滞留時間 (sec.)	転化率 (GC area%)	光学純度 (%e.e.)
1	6000	9	0.38	11	98.7	99.5
2.17	6000	9	0.08	62	83.3	99.3
	7700	36	0.34	15	99.8	99.4

バス温60℃，背圧3.5 MPa

した。線速の減少による物質移動速度低下が原因と考え，線速が合うように流量を上げたところ，転化率は99.8%まで向上した（表１）。この反応は流動状態の影響をかなり受け，流路径に応じて流量をコントロールすることが必須であり，マイクロな流路径にこだわる必要がないことが示唆された。

装置が複雑化し自由度が下がる外部ナンバリングアップ手法を回避できるため，流路径を太くすることによるハイスループット化は工業的に大いに有利である。

3．4　気液導入部の最適化

これまでの検討結果において，本反応に対する流動状態の影響が大きいことが分かり，スラグ流をコントロールする箇所である気液導入部について検討した（表２）。

その結果，T字ミキサーの径および気液の導入方向の違いによる転化率の差はほとんどなく，それらの反応への影響があまりないことが確認された。つまり，本反応における積極的なスラグ流コントロールは必要なく，シンプルなT字ミキサーによりハイスループット化は可能であると考える。

3．5　触媒溶液の安定性改善

本研究の開始時は基質と触媒，塩基を混ぜて溶媒に溶解し，１台のポンプで送液していた。しかし，調製してから２時間経過した触媒溶液を用いると転化率は47.8%へと低下した。基質および塩基存在下では保管時間の延長と共に触媒が失活し，転化率が低下したと推察される。そこで，基質溶液と触媒溶液を別々に送液し，T字ミキサーで混合した後，速やかに水素を導入したところ，触媒活性低下を防ぐことが可能となった（表３）。

表２　水素化反応に対する気液導入条件の影響

ミキサー径 (mm)	導入方向 L：溶液，G：水素	転化率 (GC area%)	光学純度 (%e.e.)
0.5	L（上から），G →（横から）→ ↓	99.8	99.7
1.3		97.9	99.7
0.5	G（上から），L →（横から）→ ↓	97.5	99.7
0.5	L → ← G → ↓	98.4	99.7

60℃，滞留時間 6 sec.，背圧3.5 MPa

表３　保管条件の違いによる触媒活性の経時変化

原料，触媒溶液 保管状態	 保管条件	触媒量 (基質／触媒mol比)	転化率 (GC area%)	光学純度 (%c.e.)
均一溶液	10 min.	3000	99.8	99.5
	2 hrs	3000	47.8	99.1
別溶液	20 hrs	3000	99.9	99.6
	24 hrs	13000	99.6	99.8

バス温60℃，滞留時間13秒，背圧5.2 MPa

触媒溶液を20時間保管した時点において転化率は低下することはなかった。また24時間保管した触媒溶液を用いても基質／触媒モル比＝3,000から13,000へと触媒量を削減したにもかかわらず，反応は完結した。フロー方式の特長を生かすことにより，触媒量を削減できたと言える。

3.6　温度コントロール

発熱反応である本反応をモデルケースとして，フロー方式による温度コントロール性能の確認を行った。

まずは，反応熱量計で反応熱を測定したところ，発熱量は170.77 kJ/kgであり，断熱条件で反応を行った場合に反応が進行すると55℃昇温する，と算出された。次に，フロー方式で反応を実施し，水素導入直後と反応液排出直前の流路内温度を測定し，その除熱性能を確認した。用いたリアクター形状は，流路径2.17 mm，流路長10 M，流路体積37 mLであり，反応条件は触媒量が基質／触媒モル比＝15,000，基質流量は100 kg/日の生産量に相当する130 mL/min.である。その結果，滞留時間6秒にて反応は完結し，バス温度30℃に対して水素導入直後の温度が28℃，反応液排出直前の温度が29℃と精密にコントロールできていることを確認した。大きな比表面積によるスムーズな除熱効果というマイクロリアクターの特徴を示す一例である。

3.7　React IRによる流動状態の評価

今回使用しているチューブは材質がSUSのため，流路内部の流動状態を視認できない。そこで，IR測定をインラインで行えるReact IRを使用して，反応溶液中の原料と生成物のモニタリングから，リアクター内の流動状態を評価した。なお，反応条件はバス温30℃，滞留時間19秒，背圧1.5 MPaである。

まず初めに，原料・生成物・溶媒のスペクトル測定を行い，原料と生成物を特定できる特徴的なピークを探索後，そのピーク強度の経時変化をモニタリングし，3Dスペクトルを得た。反応が安定した時点でサンプリングし，GC分析で得られた転化率を用いて3Dスペクトルを定量値へ変換し，トレンドグラフを作成した（図6）。水素導入後，原料ピークが減少し，生成物ピークが増加する時間や反応が安定する時間をオンタイムで把握することが可能であった。ここで得られた反応立ち上がり時のデータから流路内の気液の流動状態を評価した。

反応開始の立ち上がりのデータをカーブフィッティング法で処理し（図7），流路内の流体の混合状態を表すパラメーターD/μLを(1)式から算出した結果，D/μL＝0.055と算出された。

$$\mathrm{F}(\theta)=\int E(\theta)d\theta=\int\frac{C(\theta)}{C_0}d\theta=\int\frac{1}{\sqrt{4\pi(D/\mu L)}}e^{-(1-\theta)^2/(4D/\mu L)}d\theta \qquad (1)$$

$$\theta=\frac{t}{\tau}$$

このことから，今回測定した運転条件においては流路内部の流動状態はプラグフローと見なせ，後方拡散は起こっていないと言え，再現性良く安定生産が可能であることが示された。

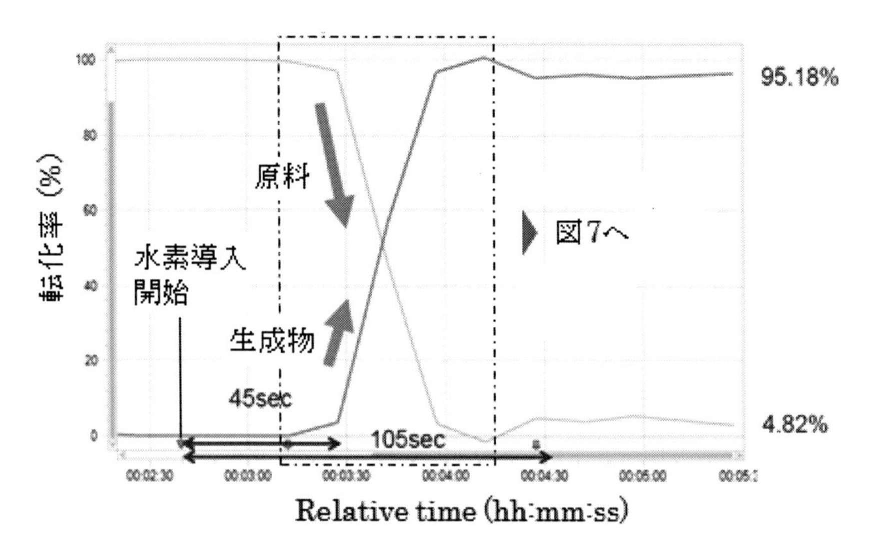

図6　React IRによる反応追跡結果

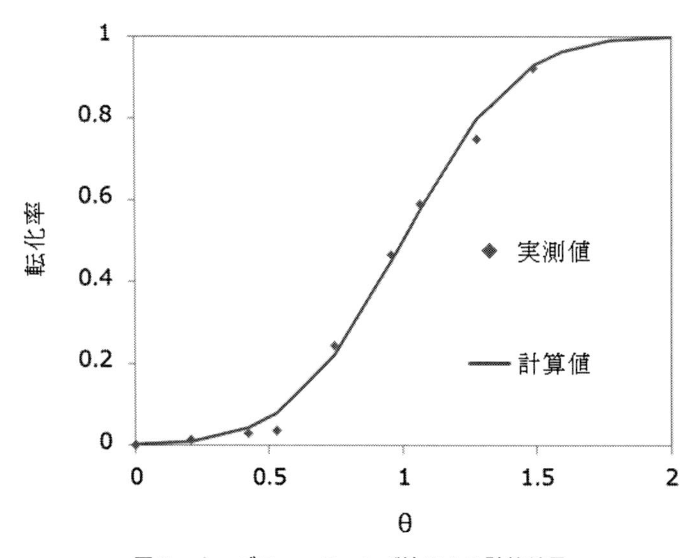

図7　カーブフィッティング法による計算結果

4　まとめ

高速不斉水素化触媒RUCY®を用いたアセトフェノンの不斉水素化反応をモデルケースとして，超高速で反応が進行する気液反応へのマイクロリアクターの適応事例を紹介した。マイクロ流路の特徴である高速物質移動や除熱効果により，高効率で安全な水素化反応技術を開発できた。さらに，ハイスループット化において，シンプルな流路体積37 mLのチューブリアクターを用い

100 kg/日程度の製造が実現できることを示した。本稿がマイクロ/フローリアクターの普及への一助となることを期待している。

文　献

1) A. Miyashita, A. Yasuda, H. Takaya, K. Toriumi, T. Ito, T. Souch, R. Noyori, *J. Am. Chem. Soc.*, **102**, 7932-7934 (1980); H. Shimizu, I. Nagasaki, K. Matsumura, N. Sayo, T. Saito, *Acc. Chem. Res.*, **40**, 1385-1393 (2007)

2) T. Saito, T. Yokozawa, T. Ishizaki, T. Moroi, N. Sayo, T. Miura, H. Kumobayashi, *Adv. Synth. Catal*, **343**, 267 (2001)

3) J. Yoshida, A. Nagaki, T. Yamada, *Chem. Eur. J.*, **14**, 7450-7459 (2008)

4) T. Yasukawa, W. Ninomiya, K. Ooyachi, N. Aoki, K. Mae, *Ind. Eng. Chem. Res.*, **50**, 3858-3863 (2011)

5) K. Matsumura, N. Arai, K. Hori, T. Saito, N. Sayo, T. Ohkuma, *J. Am. Chem. Soc.*, **133**, 10696-10699 (2011)

第6章　マイクロリアクターを用いた含フッ素ファインケミカル製品の合成

田口麻衣[*1]，中谷英樹[*2]

1　はじめに

当社は，2009年4月，年間1トン程度のマルチ生産対応量産製造プロセスとして，マイクロリアクタープロセスを導入したことを発表した[1)]。本稿では，フッ素化学製品の紹介，マイクロリアクター技術とフッ素化学との関連性，技術動向をまとめ，本技術の発展を期待し，今後の展望を述べたいと思う。

2　フッ素化合物とフッ素ファインケミカル製品

現在，先端科学技術の分野においてフッ素化合物は重要な役割を担っており，我々の日常生活にもフッ素を含む医薬品，衣料，精密機械が数多く存在している[2~8)]。フッ素原子はその大きさが水素原子よりも少し大きく，酸素原子と同程度であるため，有機化合物の水素を順次フッ素で置き換えることが可能であり，これがフッ素原子の他のハロゲン原子と決定的に異なる特徴と考えることができる。一般的に低フッ化合物は生理活性面で著しい特性を示し，この特徴が農医薬中間体への用途をもたらしている。一方，高フッ化合物は熱的，化学的安定性，絶縁性，界面活性を示すことが知られ，その用途としては，界面活性剤，撥水撥油剤，離型剤，フッ素オイル，洗浄剤，塗料，フッ素樹脂，フッ素ゴムなど，多岐に渡っており，これらはいわゆるバルク製品として世に出ている。

近年，フッ素系ファインケミカル製品の重要性はさらに高まり，例えば，市販医薬品の世界売上げの上位20医薬品（2001年度）のうち，7つの医薬品が含フッ素化合物であることや[6)]，1991年以降の合成化学的に興味深く，売上げも比較的高いと思われる医薬100選に多くのフッ素化合物が含まれることからもその重要性は理解できる[7)]。ここでのフッ素の役割とは薬物が生体内で生体膜と相互作用して生体内に入る際の透過力などに重要な役割を果たしている。すなわち，有機分子へのフッ素あるいはCF_3基の導入は分子の疎水性の変化に大きな影響をもたらし，生理活性物質におけるフッ素導入効果を考える上で重要な因子の一つである。

さらに，フッ素が導入されることでもたらされる特性として，液晶性の向上，耐候性，色の鮮やかさの向上，イオン伝導性の向上などがあり，そのため液晶材料，染料，電池材料などの用途

＊1　Mai Taguchi　ダイキン工業㈱　化学事業部　プロセス技術部

＊2　Hideki Nakaya　ダイキン工業㈱　化学事業部　プロセス技術部

への展開が盛んに行われ，ファインケミカル製品としての利用も大きく広がりを見せている状況である。

3　フッ素化合物の合成方法

ダイキン工業では1933年に日本で初めてフッ素化学に取り組んで以来，独自の技術で含フッ素ガス，フッ素樹脂，ゴム，撥剤など様々な素材や製品を開発している。図1にフッ素試薬中間体フロー図を示す。このようにホタル石と濃硫酸で得られるフッ化水素酸（HF）を起点に様々なファインケミカル製品を提供させて頂いている。

有機フッ素化合物の合成法については，高フッ化合物，低フッ化合物ともに出発原料は，ホタル石と濃硫酸で得られるフッ化水素酸を基本としており，それを起点に様々な化合物が合成される（図1）。ここで気づく点は，プロセス，原料，中間化合物の特徴として，発熱，不安定，腐食性，爆発性というキーワードのものが多く，最終生成物の安定性と対照的に原料，中間化合物の取扱いの難しさ，過酷な反応条件の取扱いなど，フッ素化合物の取扱いの難しさも同時に表している。

フッ素化合物の合成法には，フッ素原子を導入するフッ素化法と有機フッ素化合物をビルディングブロックとして利用する法の2つがある。ビルディングブロック法とは比較的取り扱いやすい低分子量の含フッ素有機化合物を出発原料として用い，種々の合成反応を経て，目的とする

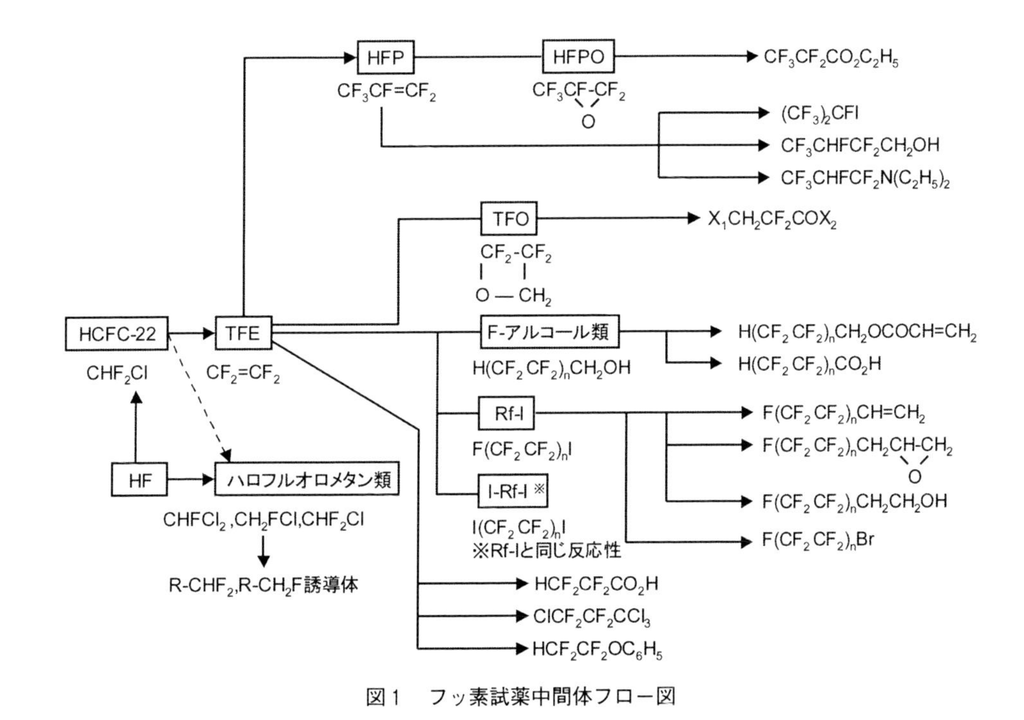

図1　フッ素試薬中間体フロー図

フッ素化合物を合成する方法であり，フッ素化法はフッ素ガス，フッ化水素，これから誘導したフッ素化剤を用い，有機化合物中へフッ素置換基を導入する方法である。現在，マイクロリアクターの展開は，フッ素ガスを用いた直接フッ素化反応，ビルディングブロック法それぞれの成果が報告されている。

4　フッ素系ケミカル製品のマイクロリアクターを用いた事例

ここではフッ素系ケミカル製品のマイクロリアクターを用いた事例について，フッ素化反応，ビルディングブロック法について事例を紹介し，フッ素ファインケミカル製品のマイクロリアクターへの適用事例の概要を説明する。ここで示す事例については掲載論文，公開特許，著書，新聞発表，講演会，学会発表などを通し，集めたものであるが，実際にはマイクロリアクターを用いた実用化例の公開情報は限られているように思われる。それは装置そのものの特許と異なり，製法特許についてはノウハウとして考えることも多く，特にマイクロリアクターを用いた製法特許については特許侵害を発見することが困難ということからも，特許として公開するか否かはメーカーとしての考え方によると思われる。一方，フッ素化合物のマイクロリアクターを用いた合成反応例については，網井らの総説に詳しい[9]。

4.1　マイクロリアクターを用いた直接フッ素化反応[10~17]

有機分子を安全に選択的かつ効率的に水素原子を直接フッ素で置換（直接フッ素化）する選択的フッ素化法は有機フッ素化学の根幹をなすものであり，今日でも最重要課題の一つである。しかしながら，フッ素ガスは毒性が強く，反応性が高すぎて反応の制御が一般に困難なため，フッ素化剤としての利用は制限される。そこで直接フッ素化反応においてマイクロリアクターを用いることは，従来の大きさのリアクターに比べて効率的な熱の散逸の制御プロセスを向上させる点で有利である。

マイクロリアクターを用いた直接フッ素化反応については，これまで，検討されてきたフッ素化マイクロリアクターは，大きく分けて，流下薄膜型マイクロリアクター（Falling Film Micro Reactor：FFMR，IMM製），マイクロバブルカラム（Micro Bubble Column：MBC，IMM製），単流路マイクロリアクター（Single Channel Micro Reactor）を用いた結果が報告されている。直接フッ素化反応では，気体であるF_2と，多くの液体である有機物層との気液接触反応を制御することが重要である。FFMR，MBCは共に，体積あたりの表面積は20000m^2/m^3という大きさを有している。Jähnischら[12]はFFMR，MBC，通常のバブルカラムを用い，トルエンの直接フッ素化反応を行うことによりこれらの反応器の評価を行っている。FFMR，MBCはともに通常の装置と比べ，物質移動，熱移動が効率的に行われるため，反応効率が向上したと考えられる。

Chambersら[11]はマイクロリアクターを用いて有機化合物の効率的な直接フッ素化を行った。その反応例を図2に示す。マイクロリアクター中でエチルアセトアセテートを窒素中の10%フッ素ガスと反応させると，β-ジカルボニル化合物のα位の水素原子がフッ素原子で置換されたエチル2-フルオロアセトアセテートが生成する（(1)式）。一方，(2)式は全フッ素化反応の例であり，2,5-ビス（2H-ヘキサフルオロプロピル）テトラヒドロフランと50%フッ素ガスをマイクロリアクター中180℃で反応させることで，パーフルオロ-2,5-ジプロピルテトラヒドロフランが生成する。これらの直接フッ素化反応はマイクロリアクターを用いると安全に，かつ収率よく行える。ニッケルまたは銅の基板上の幅および深さ約500 μmの溝の一方から基質となる有機化合物の溶液をシリンジポンプで流し，溝の途中から窒素ガスで希釈したフッ素ガスをマスフローコントローラで投入して反応させる。溝の中では円筒流（液が溝壁に沿って流れ，中央部を気体が流れる）ができ，反応が効率よく起こるものと考えられる。また，有機化合物のフッ素化の際に多量の熱が発生するが，基板の中に冷却用の流路を作り冷媒を流すことにより効率的に熱交換を行っている。

現在，直接フッ素化マイクロ反応器が工業化されたという報告例はないものと思われる。Jensenらのグループ[15]はマイクロフッ素化反応のナンバリングアップの検討を前述のトルエンのフッ素化反応をモデルに行っている。1チャネルが$W=484\ \mu m$，$d_H=250\ \mu m$，$L=20\ mm$のマイクロリアクター用いた結果，20チャネルで1日14 gのモノフルオロトルエンが生成できることを示している。この結果からも，今後，工業プロセスを確立するためには反応開発と平行して装置開発，プロセス開発が重要となってくるであろう。さらに，現在の報告例ではF_2ガスは窒素で10～50%に希釈して用いているのが現状であり，理想的には100%F_2ガスを用い，反応を制御するのが究極の目標といえる。

4.2　マイクロリアクターを用いたビルディングブロック法

次にマイクロリアクターの事例を記す。図1で記した反応フローの全てがマイクロリアクターの適用が適しているわけでなく，これは個々の反応がマイクロリアクターの特徴に合うかどうかがポイントとなる。

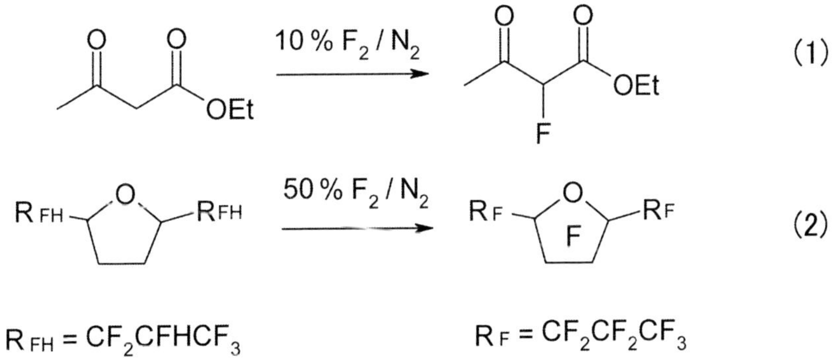

図2　直接フッ素化反応例

北爪らのグループ[18~20]は，含フッ素化合物の合成方法として，特に，F_2を直接使わない反応に焦点を当て，ホーナー・ワズワース・エモンス（Horner-Wadsworth-Emmons（HWE））反応，トリフルオロメチル化反応，ジフルオロメチル化反応，マイケル付加反応などによる含フッ素化合物の合成反応について報告している。深さ40 μm，幅100 μmの単流路マイクロリアクターを用いて行っている。例えば，DMF溶媒でTBAFを用いたジフルオロメチル化アルケンを立体選択的に合成することを本反応器で試み，フラスコスケールと比べ収率，立体選択性の大幅な向上を報告している。

4.3　マイクロリアクターを用いたエポキシ化反応[21, 22]

我々の取り組んだマイクロリアクターを用いたエポキシ化反応について記す。含フッ素エポキシ化合物は，光学材料や電子材料などの中間体となるもので，重要な含フッ素中間体の一つである。今回扱う合成法は図3に示す通り，含フッ素ヨウ化アルキル **1** と不飽和アルコールとをラジカル触媒の存在下で反応させて，ヨードアルコール **2** を得る第一反応を経て，このヨードアルコールを塩基性化合物と反応させて目的物質である含フッ素エポキシ化合物 **3** を得る第二反応から成る。第一反応はラジカル触媒であるAIBNの分解による急激な発熱を伴うため，槽型撹拌反応器を用いた従来の反応形式では，温度制御が困難なためラジカル触媒を分割で仕込む必要があり，反応を完結させるのに長時間かけざるを得なかった。一方，第二反応はヨードアルコールを含む有機化合物相と塩基性水溶液相との２相反応であるため，槽型撹拌反応器では均一に混合することは難しかった。

これに対してマイクロフロー系では，反応混合物単位体積あたりの伝熱面積がより大きいために，より厳密な温度制御を実現できるので，ラジカル触媒を分割で仕込む必要がなく，ごく短時間で反応を終了させることが可能である。また物質の拡散長が短く混合性が良く，２相反応にお

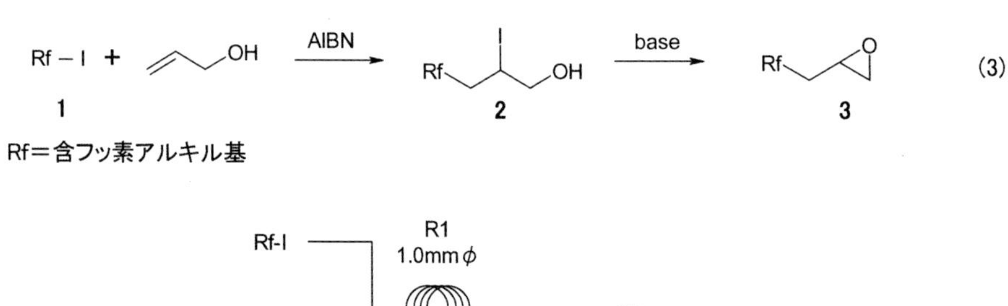

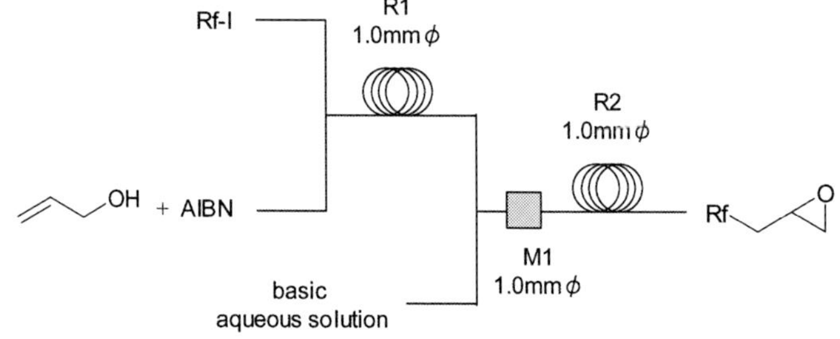

図3　含フッ素エポキシ化合物の合成スキーム

いては反応時間の短縮化や反応収率の向上が期待される。

このエポキシ化反応を図3に示すマイクロフローで実施した結果，表1に示すように通常8時間かけて行う第一反応を20分で行うことができた。一方，2相反応である第二反応においても，従来は2時間かかるところを17分で行うことができ，かつ槽型撹拌反応器では到達できない収率で含フッ素エポキシ化合物**3**を得ることができることが分かった。

4.4　マイクロリアクターを用いたハロゲン-リチウム交換反応

不安定活性種を含む反応は，従来の槽型撹拌反応器では活性種の分解を抑えるために低温で行われることが多く，冷凍設備を必要とするためエネルギー負荷が大きく，工業的利用にとっては障害となることが多々あった。そこで，これらの課題を解決するために，マイクロリアクターを用いた反応について多く事例が報告されている[23, 24]。

ここではフッ素化合物を含む反応について取り上げる。図4にハロゲン-リチウム交換反応を経由する含フッ素ホウ酸エステル**6**の合成スキームを示す。この反応は不安定活性種であるリチ

表1　エポキシ化反応の実験結果

反応方法	第一反応			第二反応		
	反応時間	1転化率	2選択率	反応時間	2転化率	3選択率
1.0 mmϕのチューブリアクタ	20 min	99%	97%	17 min	100%	97%
槽型撹拌反応器	8 h	99%	91%	2 h	99%	84%

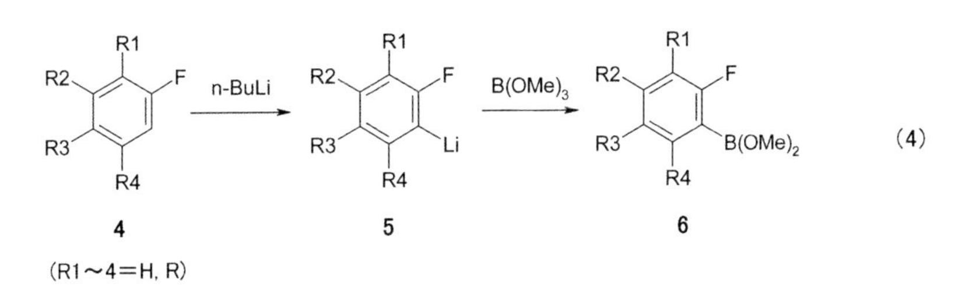

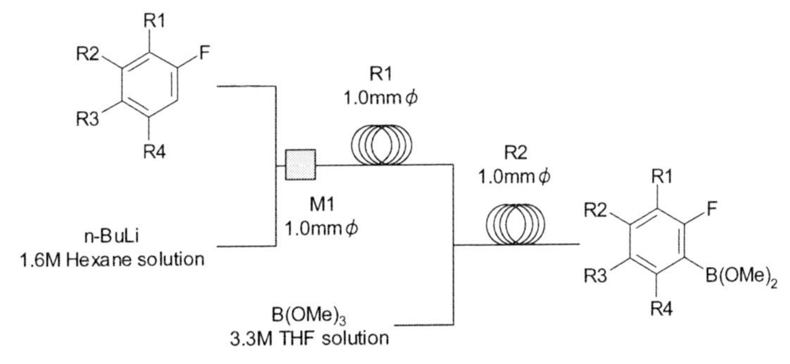

図4　含フッ素ホウ酸エステルの合成スキーム

表2　ハロゲン-リチウム交換反応の実験結果

反応方法	第一反応			第二反応		
	反応温度	反応時間	5 収率	反応温度	反応時間	6 収率
1.0 mm ϕ のチューブリアクタ	20℃	1.5 s	93%	20℃	31.6 s	99%
槽型攪拌反応器	−60℃	2 h	94%	−60〜20℃	1 h	99%

オ体**5**を経由するため，このリチオ体形成の1段目反応が鍵となる。

ここで，マイクロフロー系の特徴を活かして，高活性反応中間体が分解，副反応を起こさないような条件を検討した結果，表2に示すように，通常，槽型攪拌反応器において−60℃前後（ブライン冷却の温度）で行う第一反応を，20℃で行うことができた。この成績の差は，除熱能力の差による精密温度制御と滞留時間の精密制御によるものと考えられる。

4.5　マイクロリアクターの生産設備としての利用可能性

これまで，我々は個々の反応の最適化するための一つの手段としてマイクロリアクターに着目してきた。ラボ実験ではマイクロ反応を試みながらも，工業化する際には，いかに流路を大きくしてもマイクロの効果が得られるかに着目することが設備費を考える意味で重要であった。さらに，着目する製品の反応収率の向上による製造原価の削減が既存設備との置き換えを行う場合には重要であるが，削減できる費用は生産量と比例しているため，生産量が少ない場合は高価なファインケミカル製品が対象となり，生産量が大きい場合はより安価な汎用製品でも対象となり得る。例えば，含フッ素化合物の多くの反応でも，このような観点でマイクロ反応プロセスの対象となるか否かは絞られるであろう。

5　おわりに

今後のプロセス開発としてはサステイナブル技術の確立が必要不可欠であり，そのプロセスとして，固定化触媒，イオン液体，超臨界流体（特に二酸化炭素，水），バイオ反応，膜分離技術，などの技術と共にマイクロリアクター技術も重要な位置づけを担っている。特に，含フッ素化合物の合成については，これまで検討されてきたマイクロリアクターの数多くの合成例の中でも特徴のある反応であり，注目されるものである。今後も，ビルディングブロック法，直接フッ素化反応へのマイクロリアクターの研究が益々進み，製薬を始めとするライフサイエンス用途への展開が進むものと期待している。

文　　献

1）日経産業新聞，14面，2009/04/19；化学日報新聞，11面，2009/04/18
2）石川延男ほか，フッ素の化合物－その化学と応用，講談社（1979）
3）北爪智哉ほか，フッ素の化学，講談社サイエンティフィク（1993）
4）有機フッ素系中間体＆誘導品市場の徹底分析Ⅰ・Ⅱ，シーエムアイ（1986）
5）松尾仁，21世紀のフッ素系新素材・新技術，シーエムシー出版（2002）
6）長野哲雄ほか，創薬化学，東京化学同人，（2004）
7）北泰行ほか，創薬化学，東京化学同人（2004）
8）森澤義富，化学工学，**74**，490（2010）
9）H. Amii *et al.*, *Beilstein J. Org. Chem.*, **9**, 2793（2013）
10）特表2001-521816号公報
11）R. D. Chambers *et al.*, *Chem. Commun.*, 883（1999）
12）K. Jähnisch *et al.*, *J. Fluorine Chem.*, **105**, 117（2000）
13）Löb. P *et al.*, *J. Fluorine Chem.*, **125**, 1677（2004）
14）特開2006-1881号公報
15）N. Mas *et al.*, *Ind. Eng. Res.*, **48**, 1428（2009）
16）岡本秀穂ほか，住友化学（2001）
17）岡本秀穂，ファルマシア，**41**，664（2005）
18）Miyake. N *et al.*, *J. Fluorine Chem.*, **122**, 243（2003）
19）T. Kitazume *et al.*, *J. Fluorine Chem.*, **126**, 59（2005）
20）K. Kawai *et al.*, *J. Fluorine Chem.*, **126**, 956（2005）
21）特開2009-67687号公報
22）M. Taguchi *et al.*, *Proceedings of International Symposium on Micro Chemical Process and Synthesis*, 217（2008）
23）H. Wakami *et al.*, *J. Org. Process Res. Dev.*, **9**, 787（2005）
24）Y. Ushiogi *et al.*, *Proceedings of International Symposium on Micro Chemical Process and Synthesis*, 86（2008）

第7章　フローケミストリー技術を用いたスケールアップ

臼谷弘次*

1　はじめに

化学合成におけるフローケミストリー（Flow Chemistry）技術はアカデミアのみならず産業界からも非常に注目されている技術である[1,2]。近年この技術を利用した，医薬品または医薬品候補化合物などの原薬製造プロセスへの適用を目的とした取り組みが盛んに行われている[3~5]。

フローケミストリーは，バッチ型反応装置とは異なり「微細流路」の中で化学反応を行うため，滞留時間の精密制御が可能であるほか，バッチ型反応器に比べ比表面積が著しく増大するため，反応温度の精密制御も可能である[6,7]。本技術により従来のバッチ製造プロセスでは実現できなかった不安定活性種の生成や制御が実現でき，副反応を抑制できるようになる。また，バッチ製造において危険とされる試薬を安全に取り扱うことが可能となるほか，人体への暴露量を低減したい高生理活性化合物を封じ込めて取り扱うことができるなど，産業上の利用におけるメリットには枚挙にいとまがない[8,9]。しかしながら，フローケミストリー技術を実際の原薬製造プロセスへ適用した実例は未だ限定的である。

本章では，実験室レベルでの検討から生産スケールまでのスケールアップ検討を行った自社のプロセスケミストリー部門における取り組みの一例を紹介する。

2　医薬品製造におけるフローケミストリーの適用

合成化学におけるフローケミストリー技術の導入に関するメリットなどは既に多く報告されているが，医薬品製造におけるフローケミストリー技術の導入に関しては，下記の利点・特長などを挙げることできる[10]。

- バッチ操作に用いられる大型反応器などと比べて，狭い温度幅の中で反応温度を正確に制御でき，信頼性の高い製法を確立することができる。
- 高温や極低温での短時間反応など，バッチでは難しい反応条件に適応可能であり，化学反応の安全性上の懸念を最小化できる。
- 単離操作を省略した連続操作が可能となるため，不安定中間体を次の反応あるいは後処理まで導くことができ，不安定中間体の分解を最小化できる。

---

* Hirotsugu Usutani　武田薬品工業(株)　ファーマシューティカル・サイエンス
プロセスケミストリー　研究員

- 廃棄物量削減や反応選択性の向上に寄与することができる。
- 触媒を固定床化させることで触媒濃度を部分的に高濃度化させ，反応を迅速に完結させることができる。
- 高生理活性化合物などの封じ込めが実現でき，作業者への暴露量を低減し，安全性を向上させることができる。
- スケールアップファクターがバッチに比べて少ないため，スケールアップ検討に要する時間を短縮することができる。
- バッチに比べ装置をコンパクトに設計でき，オンデマンド製造に優れる。

このように種々のメリットが挙げられるが，冒頭で述べたように，現実的には実際の医薬品などの製造プロセスにフローケミストリー技術を適用した実例は未だ数少ないものとなっている。我々はこの技術をプロセスケミストリー研究に導入することで，原薬や中間体をタイムリー且つ高品質に提供し，コスト競争力のある製造プロセスを実現するため，技術開発に向けた取り組みを開始した。

3　不安定活性種の発生と応用

フローケミストリー技術を導入するにあたり，我々はまず，不安定活性種の反応性を制御した反応開発に着目した[11,12]。

不安定活性種の発生とそれを用いた反応は，化学プロセスを開発する上で極めて有用な手段の一つであるが，従来のバッチ型反応装置では極低温条件が必要とされるケースが一般的である。また，ひとたび発生させた不安定活性種は分解する前に（副反応が生じる前に），効率的に変換しなければならず，副反応を起因とする収率の低下や不純物の増加が，バッチ型反応装置を用いるプロセス開発において障壁の一つとなっている[13]。

中でも有機リチウム種の反応は一般的に不安定とされており，極低温条件下で有機リチウム種の発生に続く付加反応を実施しても，中間体の制御が難しい，あるいは制御そのものが不可能であるケースが存在する[14]。しかしながらフローケミストリー技術を用いた場合，高いミキシング能力により短寿命不安定活性種である有機リチウム種を効率的に発生させ，迅速な熱交換による精密温度制御が可能となることにより，バッチ型反応装置で行うよりも簡便な反応条件で収率良く所望の反応を実施できることが報告されている[15]。また，有機リチウム種を様々な求電子剤と反応させることで，バラエティに富んだ生成物のライブラリー合成が可能であることも報告されている[16,17]。

しかし，実製造に向けた課題も少なからず存在する。フロー反応を行う装置の内径は一般的に数10マイクロメートル～数ミリメートルであることが多く，細い流路の中でスラリーなどが発生すると直ちに閉塞し，そのまま装置の稼動が不可能になる場合がある。また，スケールアップを考える上では小スケールで得られた実験結果をいかに大スケールで再現させるかが肝要であり，一つの策としてリアクターのナンバリングアップ法（並列化）によるスケールアップが提唱されているが，それに応じた数のポンプが必要であるケースや，リアクター内部で並列化した流体が各々のリアクター内部で流量を精密制御できているか検証するのが困難であるなど，現実的にはスケールアップのニーズ全てにナンバリングアップ法で対応するのは難しいと考えられている。これらの技術的課題を解決するため，不安定中間体の発生とそれを用いた反応，特に有機リチウム種を用いた化学反応を選択し，フローケミストリー技術を用いたプロセス開発に着手した。

4　フローケミストリーを用いた有機リチウム反応のボロン酸合成への適用

有機リチウムを取り扱う反応は一般的に反応熱が大きく中間体が不安定なため，バッチ型反応装置を用いると，先述のように極低温条件が必要とされるケースが殆どである。しかしフローケミストリー技術を用いると，迅速な熱交換が可能なため，反応温度自体をバッチ型反応器での反応条件よりも上げることができ，極低温反応条件を回避することができる。また，不安定活性種の効率的な活用による収率の向上や不純物の低減が期待される。

フローケミストリー技術を用いた有機リチウム反応のターゲット化合物としては，ボロン酸やボロン酸エステルを選定した。その理由は，ボロン酸やボロン酸エステルは取り扱いが容易であり，医薬品製造プロセスにおいては，鈴木-宮浦カップリングにおける重要原料として多用されている一方，単純な化学構造であるにも関わらず，市場価格が高価なことが多く，安価に製造できる効率的な別途製造法の確立が望まれているためである。

医薬品候補化合物の重要中間体であるボロン酸Xは高価且つ入手困難な原料であることから，宮浦ホウ素化反応によって自社で合成していた[18]。しかし，宮浦ホウ素化反応で使用するパラジウムが生成物中に混入するため，パラジウム除去のためのスカベンジャー処理が必要になるなど，後処理工程が煩雑になっていた。

このボロン酸Xの合成を，バッチ型反応器を用いたリチオ化反応に付したところ－78℃で反応を実施しても33%でしか所望のボロン酸は得られず，不純物残渣を多量に含む実験結果となった。また，本反応を0℃で行ったところ，ボロン酸Xは生成せず，反応液は解析困難なほどに複雑な混合物となった（スキーム1）。

これらの結果を受けて次に，フローリアクターを用いた検討に着手した。まず，図1に示す条

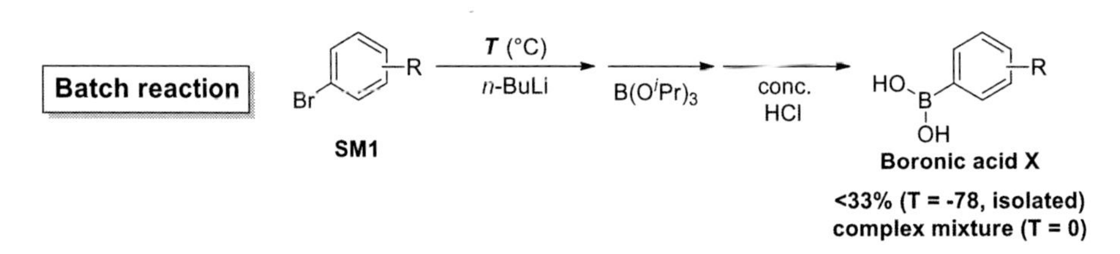

スキーム1　バッチ型反応器での実験結果

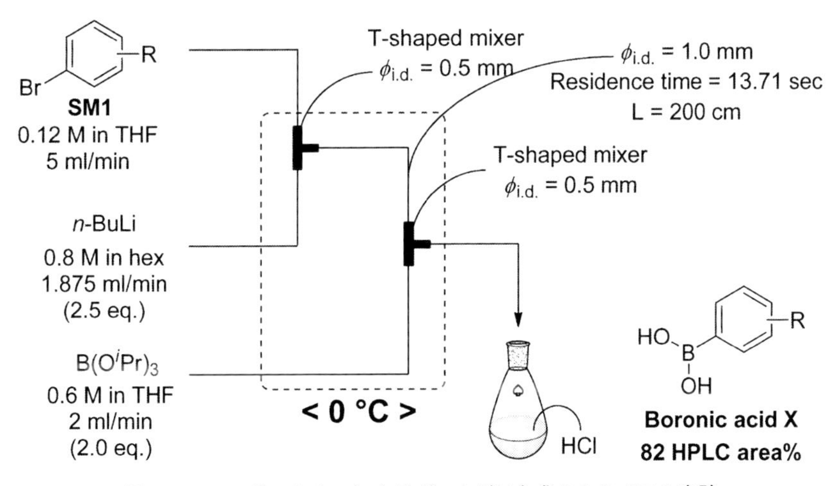

図1　フローリアクターによるボロン酸X合成のトライアル実験

件でトライアル実験を行った。

原料であるアリールハライド（SM1）を0.12 Mの濃度でテトラヒドロフラン（THF）溶液として調製し，0.8 Mに希釈したノルマルブチルリチウム（*n*-BuLi）ノルマルヘキサン（*n*-Hexane）溶液を2.5当量使用してT字型ミキサー（内径0.5 mm）で2液を混合し，13.71秒の滞留時間を経てアリールリチウム中間体を発生させた後，0.6 Mのトリイソプロポキシボラン（B(O^{i}Pr)$_3$，2.0当量）THF溶液を求電子剤に用いて捕捉するフローシステムを構築した。これにより得られた反応液を塩酸でクエンチし，ボロン酸の生成量を測定したところ，反応温度0℃でもHPLC面積百分率値で82%の生成率でボロン酸Xが生成していることが確認された。この結果は，バッチ型反応器では制御困難だった本反応が，フロー型反応装置では制御可能であることを示している。そこで，さらに詳細に反応条件を検討した。

5　フローケミストリーを用いたプロセス開発

先の条件では，原料のSM1を完全に消費できていたため，次に滞留時間の短縮を検討した。

流速変更による滞留時間の制御はT字型ミキサーにおける混合効率の変化を引き起こす影響もあると考え，図1と同じ流速に固定し，リチオ化を行う箇所のチューブリアクターを短縮する条件で滞留時間の影響を調査した。その結果，驚くべきことに滞留時間が約0.2秒程度の非常に短い反応時間でも原料SM1は完全に消失しており，滞留時間を短くするほどボロン酸Xの生成率が向上する結果となった（図2，表1）。

次に，生産能力向上を指向したスケールアップ検討を行った。フローケミストリー技術を用いたスケールアップでは，流速に加え溶液濃度も，生産能力を左右する主要なファクターとなる。しかし今回のスケールアップでは，原料溶液であるSM1のTHFに対する溶解度が低いため，飽

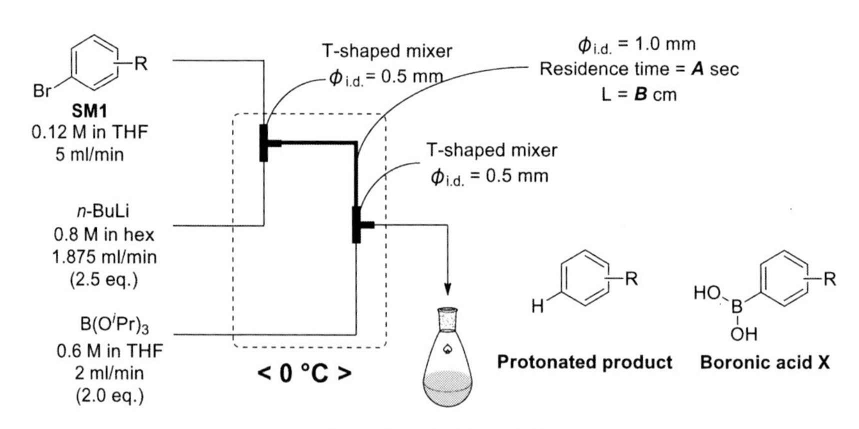

図２　滞留時間検討実験

表１　滞留時間検討の実験結果

Run	A sec（B cm）	HPLC area%		
		SM1	Protonated product	Boronic acid X
1	13.71 sec（200 cm）	0	6	82
2	0.86 sec（12.5 cm）	N.D.	8	84
3	0.21 sec（3.0 cm）	N.D.	6	87

和溶解度上限に近い0.12 Mに固定し，流速のみを上げる検討を実施した。先の実験では，SM1の原料溶液は毎分５ml/minの送液速度で実験を行ったが，滞留時間は0.21秒でも完全に原料であるSM1は消費されていた（表１，Run 3）。これより，ハロゲン-リチウム交換反応を完結させるためにリチオ化反応の滞留時間は0.21秒以上に設定した上で，流速とミキサーの内径を変更した際の影響を調査した（図３，表２）。

一般的に，流速を上げると流路内部での圧力損失が増大し，ポンプへの負担が大きくなる。この影響を小さくするため，流路は内径が大きい方が好ましい。そのためミキサーの内径を0.5 mmから1.0 mmに拡大したが，混合効率の低下からか，ボロン酸Xの生成率は低下する結果となった(Run 1 vs Run 2)。しかし，流速を２倍，４倍と上げていくと，生成率が向上する結果が得られた（Run 3 & Run 4)。この結果は，流路径を拡大しても，流速を上げることで混合効率の低下の影響を抑えることができ，生産能力の向上が可能であることを示唆している。

その後，n-BuLi及びB(O^{i}Pr)$_3$の当量の最適化を行ったところ，n-BuLiは2.2当量，B(O^{i}Pr)$_3$は1.8当量の条件において，高い生成率でボロン酸Xが得られることが明らかとなった（図４)。

以上のことから本反応は，フローリアクターを用い，図４の条件を適用すればボロン酸Xのスケールアップ合成が可能であると考えられる。しかし実際の製造では，操作性を考慮すると，不安定中間体がどの程度の反応条件内であれば効率的に制御できるかを把握しておく必要があり，

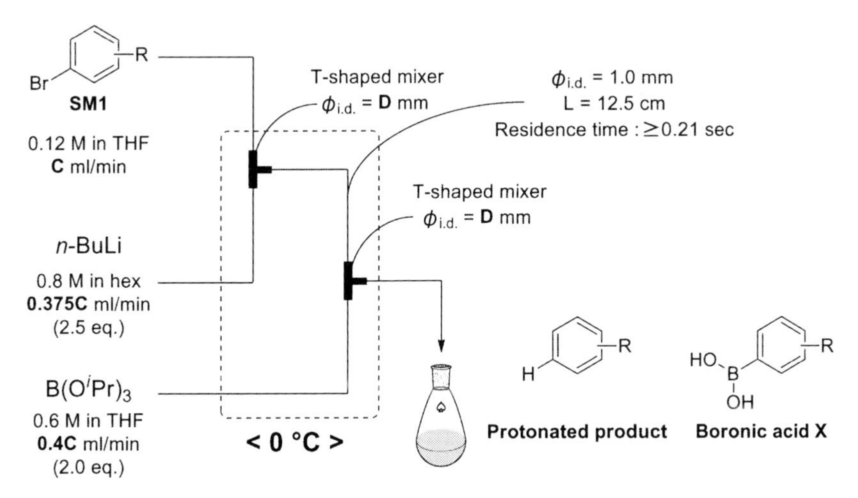

図3　生産性（流速）向上検討実験

表2　生産性（流速）とミキサー内径の影響検討結果

Run	*C* (ml/min)	*D* (mm)	Residence time (sec)	HPLC area%		
				SM1	Protonated product	Boronic acid X
1	5	0.5	0.86	N.D.	8	84
2	5	1.0	0.86	N.D.	11	78
3	10	1.0	0.43	N.D.	9	83
4	20	1.0	0.21	N.D.	5	89

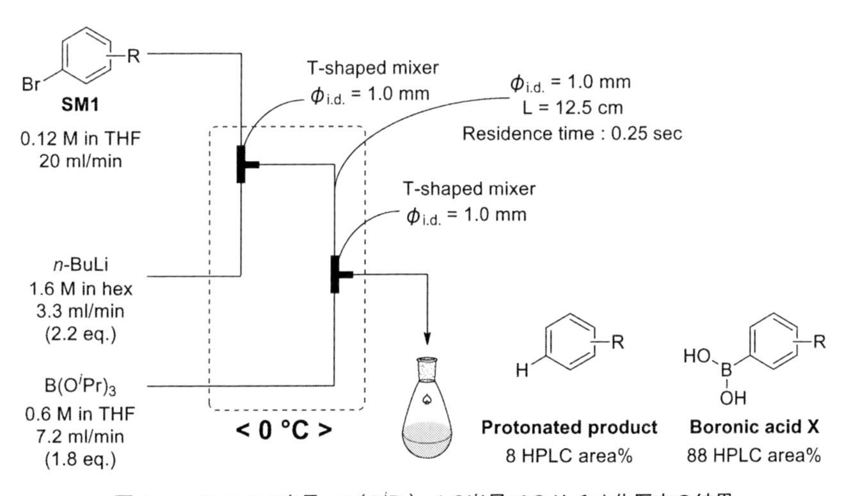

図4　*n*-BuLi 2.2当量，B(O^{i}Pr)$_3$ 1.8当量でのリチオ化反応の結果

滞留時間及び反応温度が収率に与える影響について精査することにした（図5）。

送液条件は図5に示すもので固定し，滞留時間及び反応温度がどのように収率に影響を与えるか検討した結果を図6に示す。図6内の各プロットが実際の滞留時間及び反応温度であり，各々の収率を等高線図として表記している。具体的に見ていくと，反応温度が－25℃では，滞留時間が0.2～1.0秒程度において収率は85%以上となり，0.25秒の際に88%の最高収率となった。一方，反応温度0℃では滞留時間が0.25秒程度の場合においてのみ，85%を超え（この場合87%），滞

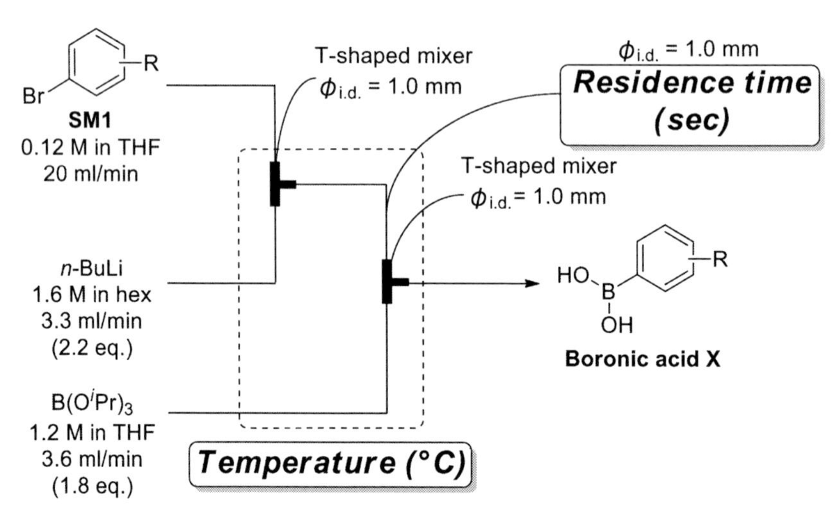

図5　滞留時間及び反応温度の影響調査実験

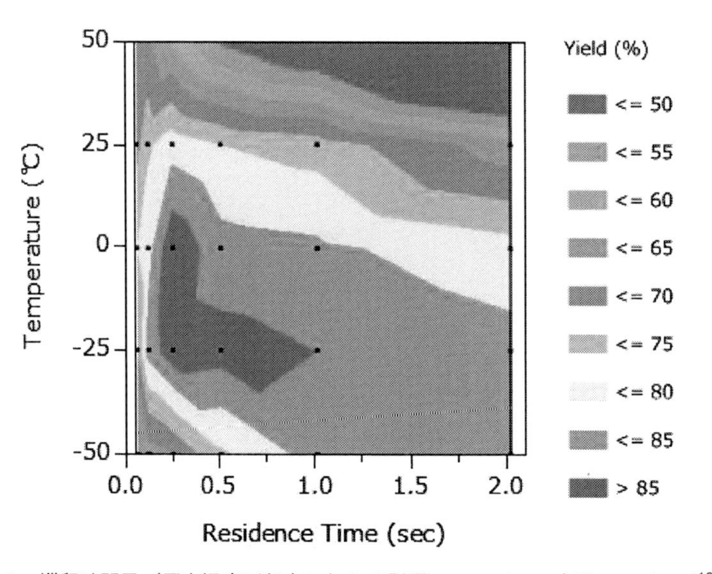

図6　滞留時間及び反応温度が収率に与える影響についての二次元マッピング[19]

留時間を延長していくと収率が低下する実験結果となった。

これらの結果を基に，実製造を想定したスケールアップ検討を行うことにした。

6　フローケミストリーを用いたスケールアップ検討

前節での実験結果より，製造条件としては中間体を－25℃，滞留時間を0.25秒程度で正確に制御すると，反応液中の生成収率は88%程度になることが判明した。そこで，この条件を用いて，実機での製造を想定した流速での最終的な確認実験を行った（図7，表3）。

これまでの検討では20 ml/minの流速で送液していたSM1の流速を基に，スケールアップのための条件を次のように変更した。まず，SM1の流速を88 ml/minに上げ，T字型ミキサーの内径を1.6 mm，ハロゲン-リチウム交換反応を行うチューブを内径1.0 mmで実施した。しかしこの場合，実験開始から初期の流出液は良好な反応結果を示したが，リチオ化区間において閉塞が生じ，最終的には送液できなくなるという結果に陥ってしまった（Run 1）。物理的に送液できな

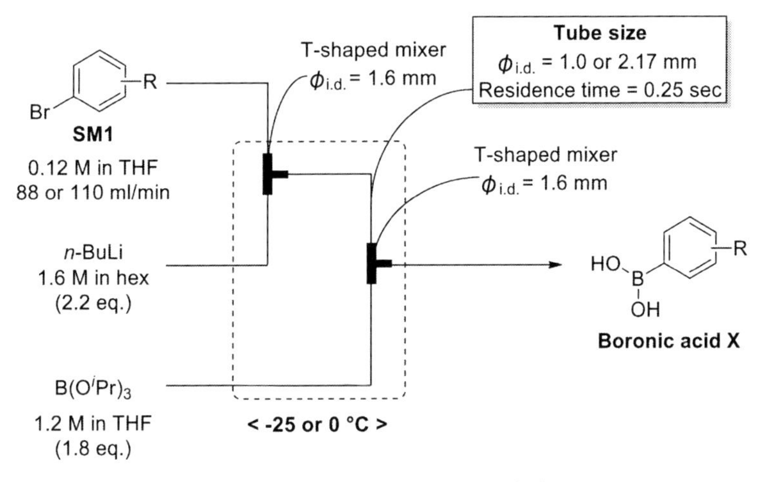

図7　実機での製造前トレース実験

表3　実機での製造前実験結果

Run	Tube size (mm($\phi_{i.d.}$)×mm)	HPLC area%			Inside Pressure (MPa)	Remarks
		SM1	Protonated product	Boronic acid X		
1 (－25℃)	1.0×550	0	7	92	0.20	Flow rate（SM）：88 ml/min Blockage occurred
2 (－25℃)	2.17×150	0	3	95	－	Flow rate（SM）：110 ml/min Blockage occurred
3 (0℃)	2.17×150	2	4	92	0.11	Flow rate（SM）：110 ml/min Reaction temperature：0℃ (no blockage)

くなってしまった原因は定かではないが，リチオ化区間でのTHFと*n*-Hexaneの混合溶液に対するSM1の濃度は－25℃での飽和溶解度以下であることを確認していることから，今回の実験においては，流速を上げたことにより混合効率が大幅に向上し，該当区間においてハロゲン-リチウム交換が早く完了（中間体のリチウム種がラボ実験よりも早く発生）し，これが析出の原因となり，閉塞を引き起こしたのではないかと考えている。

リチオ化区間で閉塞が生じてしまったため，次にこの区間を内径2.17 mmに拡大し，流速は110 ml/minに上げるが滞留時間を0.25秒に保って閉塞の回避を目指した実験を行った。しかし，この場合も初期の反応液は良好な実験結果を示したものの，運転途中で閉塞が生じ，送液不可能となってしまった（Run 2）。先述のとおり，閉塞原因は中間体の析出によるものであるとすれば，－25℃の条件では本質的に長時間運転が困難となる。ここで，先の図6に再注目し条件の再設定を検討した。－25℃，滞留時間0.25秒の条件では，反応液中の生成収率は88%で最高であったが，85%以上の収率を維持するという観点では，下記3条件も効率的な製造が可能であると考えられる（図6）。

① 0℃で滞留時間が0.25秒の条件

② －25℃で滞留時間が0.5秒の条件

③ －25℃で滞留時間が1.0秒の条件

しかし，－25℃，滞留時間が0.25秒の条件で析出が生じていることから，さらに滞留時間が延長された②や③の条件では，閉塞リスクが増大するものと考えられる。そこで，①の条件で実験を行ったところ，閉塞することなく運転することが可能であり，得られた反応液は92%HPLC面積百分率値でのボロン酸Xの生成を示した（Run 3）。このことから，①の条件を用いて長時間運転を実施し，ボロン酸Xの製造を行うことにした。

7　ボロン酸Xの製造

前節で実施したスケールアップ前の設定条件を基にkgスケールでの製造を行った。約10時間，閉塞することなく連続運転が可能であり，得られた反応液を後処理工程に付すことで，最終的にボロン酸Xを1.22 kg（単離収率70%）で取得することに成功した（図8）。

条件設定の段階で最高収率を示した反応条件（－25℃で滞留時間が0.25秒）からは反応温度を0℃に上げて製造を実施したが，滞留時間と反応温度の相関性を事前にマッピングして反応の傾向を把握していたことにより，大幅な収率の低下を来たすことなく，予定通りの製造を行うことができた。この際，当初のフローリアクターでのラボ実験条件から，ミキサー内径やチューブ内径も拡大しているが，精密に中間体の発生と反応を制御することにより，ラボスケールでの実験結果及び生成物の品質の再現が可能であった。

このように，製造前にデータを適切に取得しておくことは，プロセスケミストリー研究を行う上で非常に重要な作業であるが，フローケミストリー技術を用いたスケールアップを実現する上

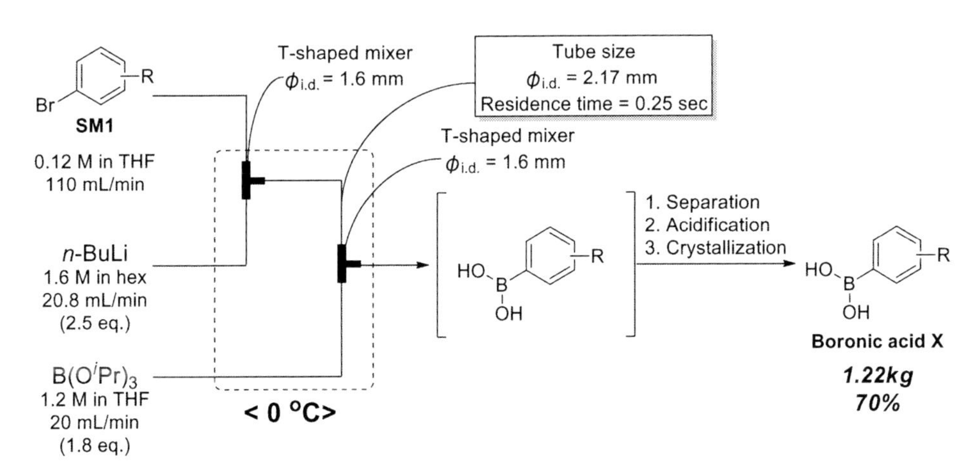

図8　ボロン酸X製造結果

でも同様に重要であり，とりわけ今回のような不安定中間体を経由する化学反応を取り扱う際には必要不可欠な情報であると考えられる。

8　最後に

今回，フローケミストリー技術を導入し，プロセス開発に適用するための検討を行った。今回紹介した事例は，バッチ型反応装置では制御困難であった有機リチウム反応にフローケミストリー技術を適用するものであり，不安定なリチウム試薬でも高度に制御可能であることを示している。また，gスケールでの反応最適化結果を元に，kgスケールまでのスムーズなスケールアップをナンバリングアップに頼らない手法で実現できることも示すことができた。

実際の医薬品製造にフローケミストリー技術を適用するには，GMP対応などの課題は有るが，技術的には十分に採用可能であると考えられる。バッチリアクターでの化学反応とフローリアクターでの化学反応では，いずれも得意・不得意とするものが存在するが，各々の長所を活かし，相乗効果が期待できるような化学プロセスの出現に期待したい。その参考に，本章がなれば幸いである。

文　　献

1)　有機合成化学協会誌，フローケミストリー特集号，**73**（2015）

2)　R. Porta, M. Benaglia, A. Puglisi, *Org. Process Res. Dev.*, **20**, 2（2016）

3) D. M. Roberge, L. Ducry, N. Bieler, P. Cretton, B. Zimmermann, *Chem. Eng. Technol.*, **28**, 318 (2005)
4) D. M. Roberge, B. Zimmermann, F. Rainone, M. Gottsponer, M. Eyholzer, N. Kockmann, *Org. Process Res. Dev.*, **12**, 905 (2008)
5) 前一廣，マイクロリアクター技術の最前線，シーエムシー出版 (2012)
6) 吉田潤一，マイクロリアクター -新時代の合成技術-，シーエムシー出版 (2003)
7) 吉田潤一，フロー・マイクロ合成　基礎から実際の合成・製造まで，化学同人 (2014)
8) S. V. Ley, D. E. Fitzpatrick, R. J. Ingham, R. M. Myers, *Angew. Chem. Int. Ed.*, **54**, 3 449 (2015)
9) T. Tsubogo, H. Oyamada, S. Kobayashi, *Nature.*, **520**, 329 (2015)
10) Neal G. Anderson, "Practical Process Research & Development", Elsevier Inc (2011)
11) H. Kim, K.-I. Min, K. Inoue, D. J. Im, D.-P. Kim, J. Yoshida, *Science*, **352**, 691 (2016)
12) J. Yoshida, "Flash Chemistry -Fast Organic Synthesis in Microsystems-", Wiley (2008)
13) T. Kawaguchi, H. Miyata, K. Ataka, K. Mae, J. Yoshida, *Angew. Chem. Int. Ed.*, **44**, 2413 (2005)
14) Jonathan Clayden, "Organolithiums: Selectivity for Synthesis", Elsevier Science (2002)
15) H. Usutani, Y. Tomida, A. Nagaki, H. Okamoto, T. Nokami J. Yoshida, *J. Am. Chem. Soc.*, **129**, 3046 (2007)
16) A. Nagaki, Y. Tomida, H. Usutani, H. Kim, N. Takabayashi, T. Nokami, H. Okamoto and J. Yoshida, *Chem.-Asian J.*, **2**, 1513 (2007)
17) A. Nagaki, H. Kim, H. Usutani, C. Matsuo, J. Yoshida, *J. Org. Biomol. Chem.*, **8**, 1212(2010)
18) T. Ishiyama, M. Murata, N. Miyaura, *J. Org. Chem.*, **60**, 7508 (1995)
19) 統計解析ソフトJMP10による作図

第８章　高速混合を利用した高効率微細乳化

松山一雄*

1　はじめに

液液混合は，反応，分離精製，液液分散，配合などの工程で利用される汎用的な単位操作である。これらのプロセスにおいて混ざり合わない２液を混合する場合には液液分散系となるが，２液間の物質移動を伴うのが大半である。具体的には，２つの液体そのものが相互に溶解しあう場合，同一の溶媒間で溶質分子が拡散する場合，異なる溶媒が相互に溶解しあう場合，混ざり合わない異相間で一部の物質が拡散する場合，などが考えられる。このような物質移動を伴う液液混合プロセスを設計するにあたり，まず始めに考慮すべきは，混合時定数すなわち混合が完了するまでに要する時間が品質に影響を及ぼすかどうかである。例えば並列逐次反応において目的反応の生成物が逐次的に原料と副反応を生じる場合，原料の混合の時定数が目的反応の時定数よりも小さいと反応選択率が低下することになる。また，相変化の速度や経路が濃度に依存する場合，例えば晶析や液晶生成などにおいて，溶液組成が等しくても混合速度が異なれば得られる結晶の粒子サイズや液晶の高次構造は変化する。従来技術においてはこれらの課題に対して，混合操作条件だけでなく組成や温度の条件を最適化して目的の品質を達成しているが，逆に言えば，混合操作のブレイクスルーにより，従来技術で実現できない組成や温度でのプロセス設計が可能となり，飛躍的な性能向上や低コスト化が期待できることになる。

本稿では，液液混合を対象に混合操作のブレイクスルーに期待して，それを具現化するための手段に着目する。以降ではまず，ミリ秒オーダーの混合時定数を得るための一般的な混合操作論に基づき，混合場の空間体積をマイクロスケールにすることの効果を述べる。次いで，その概念を具現化したマイクロミキサーの開発事例を紹介する。最後に，乳化操作に迅速混合を適用して得られた高効率微細乳化プロセスを紹介する。

2　空間のマイクロ化の効果

一般のマクロスケールのバッチ混合操作においては数秒から分オーダーの混合時定数となっており，ビーカーレベルのスケールでさえも速くてせいぜい１秒程度と見積もれる。先の目的に従い，混合速度を手段として考える上で，具体的には少なくともミリ秒オーダー，すなわち0.01［s］以下の混合時定数の実現が必要であろう。従来技術では特殊なケースでもせいぜい0.1［s］程度

＊　Kazuo Matsuyama　花王㈱　加工・プロセス開発研究所　主席研究員

が限界と考えられる。そこで，ミリ秒オーダーの混合時定数すなわちミリ秒混合達成の条件を得るために，改めて一般的な混合操作論に立ち戻って考える。まず基本として，混合される２種流体間の分子拡散混合が大きく進行せずその影響が全体に対して小さい時間のうちに，対流混合により各流体セグメントを十分に微小化することが必須である。具体的には，拡散係数Dの一般的な値として水中の自己拡散係数に相当する1×10^{-9}［m^2/s］を用いると，流体セグメントが十分に微小化された後の拡散混合の時定数t_dが10×10^{-3}［s］以下であるためには，フィックの法則(1)式より，対流混合場で到達する最小の流体セグメントサイズL_{s_end}は3×10^{-6}［m］程度以下すなわち数μm以下である必要がある。

$$t_d \propto {L_{s\_end}}^2/D \tag{1}$$

すなわち，混合される２種流体が混合器内で出会ってからミリ秒オーダー以内に，対流混合によって各流体セグメントを数μm以下に微小化できれば，実質的な混合である拡散混合がミリ秒オーダーで完結することになる。そこでフロー系においてミリ秒混合を実現するための対流混合の必要条件について，以下に，層流と乱流の２つに場合わけして述べる。次いで，空間のマイクロ化の効果についてまとめる。

２．１　層流におけるミリ秒混合の必要条件

層流を利用した対流混合場において数μmの流体セグメントサイズL_{s_end}を得るための操作としては，流体セグメントの分割数を大きくすることになる。さらに対流混合の過程において拡散混合の寄与を表面化させないためには拡散混合の時定数と同程度すなわちミリ秒オーダーで操作する必要がある。バッチ攪拌操作では攪拌１回転で折りたたみの数が２倍に増加すると考えると，仮に半径１cmの試験管では積算12回転程度の攪拌が必要であり，ミリ秒オーダーでこの攪拌を与えることは少なくとも70000［r/min］の回転数が必要で層流下では完全に不可能である。一方フロー系については，分割再結合エレメントの直結で構成される静止型混合器を用いた連続操作の場合は，１エレメント通過毎に流体は２分割されていくので，エレメント直列数nを大きくすればするほど流体セグメントは小さくなっていくと考えられる。例えば，管径dが１［cm］の場合はエレメントの直列数nが10であれば数μmの流体セグメントサイズL_{s_end}を得られる（(2)式)。

$$L_{s\_out}=\frac{d}{2^{n+1}} \tag{2}$$

このとき１エレメントの長さ÷径（L/d）が仮に２であるとすると全長が20［cm］となりミリ秒で通過するには線速度が少なくとも20［m/s］程度必要となり圧力損失や層流の維持を考慮すれば完全に不可能である。ところが，空間サイズ，すなわち管径dをマイクロオーダー，例えば100［μm］程度に小さくした場合は全く状況が変わる。管径が小さければ混合初期の流体セグメントサイズが小さく，最終到達までの分割回数が少なくて済むことになり，この場合，総分割

数が10～100程度でよいため３～６の分割再結合エレメントの直結でよいことになる。さらにエレメントの流路構造が相似形であれば，すなわちL/dが一定であれば，流路サイズdが小さいと必然的に全長nLも短くて済み，今の場合は計算上全長１～２［mm］程度でよいことになる。したがって１［m/s］程度の小さな線速度でも滞留時間は１～２［ms］となり，流路の加工さえ可能であれば十分ミリ秒混合を達成できる。ただし，マクロスケールで設計された複雑な形状の混合エレメントをスケールダウンする加工は容易ではない。しかし，空間が小さいためにReynolds数は小さくなり流れは層流域となるので，この性質を利用すれば必ずしも分割・再結合の流路構造だけでなく，層流下での衝突や縮流・急拡大などの強制対流による剪断を利用すれば，複雑なエレメントの加工なく，低圧損で，容易に数μmの流体セグメントを得ることが可能となる。設計法の詳細は２．３項で述べる。

２．２　乱流におけるミリ秒混合の必要条件

乱流場における拡散混合に相当する“micromixing”の過程においては剪断と拡散を考慮したモデル[1]が詳細に報告されている。詳細は省略するが，乱流渦による剪断が支配する際の拡散混合の時定数t_dとして次の(3)式を適用できる。

$$t_d = 12\left(\frac{\nu}{\varepsilon}\right)^{1/2} \tag{3}$$

ここでνは流体の動粘度［m^2/s］，εは乱流場のエネルギー散逸率［W/kg］である。攪拌槽の翼近傍における混合実験結果をこのシンプルモデルの時定数と比較した例[2]がある。このモデルでは混合時定数はスケールによらないが，正確には乱流場における局所的な間欠性の存在が“micromixing”に影響する。この間欠性とは対流混合過程における大きな渦のランダムな生成を意味しており，時間平均化して拡散混合過程の時定数を修正する必要がある。それは装置スケールが大きいほど影響が大きく時定数を増大させる。また一方，バッチ混合槽の乱流場のスケールアップの際には，流体投入部とそれ以外の部分といった，槽内の大規模な流体移動が関連する混合（macromixing）の考慮も必要となる。

このように，乱流場における局所においては，(3)式からエネルギー散逸率がある程度大きければミリ秒オーダーの拡散混合が十分に得られるとわかるが，実際の操作においてはフロー系であっても乱流の間欠性により混合時定数の時間・空間平均値は大きくなってしまう課題がある。また，大きな流体セグメントを乱流場に新規に投じたとき，それよりもずっと小さなサイズの渦で分散しようとすると，相当数の繰り返しが必要となる点も課題である。この２つの課題はいずれも装置スケールに依存する現象であり，このため一般の生産規模の混合操作においては乱流場を利用したところで混合時定数を十分に小さくすることは困難である。そこで，層流のときと同様に空間を数100μm程度までマイクロ化すれば，これらの課題を軽減できることになり，乱流場においてもマクロスケールで得られないミリ秒オーダーの混合の実現が想定される。しかしマイクロ空間で高いReynolds数を得ること自体に矛盾がある。実際にマイクロ空間における乱流

場を扱った研究例もほとんどない。

2．3　液液混合における空間のマイクロ化の効果

ここまで述べたように，液液混合の系でミリ秒オーダーの混合時定数を得るためには，

① 混合場における流体セグメントの最終到達サイズが数μmまで減少するように操作する。

② 混合場における流体セグメントサイズが最終到達サイズまで減少する時間をミリ秒オーダーとなるように操作する。

の2つの条件の両立が必要である。①を得るために分割・再結合もしくは強制対流による剪断を利用する操作が必要であり，②と両立するためには，①の出発点がマイクロスケール例えば数百μmかそれ以下の流体セグメントサイズであること，すなわち合流部の流路幅がマイクロスケールである必要があると述べた。これが空間のマイクロ化の第一の効果である。これに加え，対流混合により流体セグメントサイズが数μm程度まで微小化する時間をミリ秒オーダーで操作しなければならないが，空間のマイクロ化はこの観点からも有効であることを以下に述べる。

2．1項で述べたように，分割・再結合などの複雑な流路形状を用いずとも，管径が数百μmであればT字による衝突やオリフィスによる縮流・急拡大など，シンプルな流路構造による層流下での強制対流操作により，②の条件は達成できる。しかし設計法として扱うためには定量的な記述が必要である。そこで，強制対流場の剪断の強さをエネルギー散逸率で表すことが有効である。エネルギー散逸率ε［W/kg］は流体単位重量単位時間あたりのエネルギー消費と言い換えることができるので，次の(4)式に示すようにある区間の圧力損失ΔP［Pa］を用いて定義が可能である。

$$\varepsilon = \frac{\Delta P}{\rho \cdot \tau} \tag{4}$$

τはこの区間の滞留時間［s］であり，区間の空間体積V［m^3］を体積流量Q［m^3/s］で除した値である。ρは流体の密度［kg/m^3］である。この式からわかるように，対流混合場において強い剪断すなわち小さな渦を得るためには大きな圧力（エネルギー）を消費するのではなく時間に対する圧力の勾配を大きくすることが本質であることが自明である。よって空間をマイクロ化することにより滞留時間τが小さくなるので低い圧力でも大きなエネルギー散逸率を得ることが可能となり，強制対流の剪断を効率よく利用できることになる。言い換えると，マイクロ空間における対流混合の大きな特徴として，層流域でも高いエネルギー散逸率が得られる点が挙げられる。具体的には，粘性力支配の流れに対し流路の急激な変化を与えることで生成する二次流れの高剪断を利用することを意味する。すなわち乱流を生じさせるための複雑な流路や乱流を十分発達させるための距離を必要とせずに，流路の衝突や縮流・急拡大などを利用して十分高いエネルギー散逸率を得ることで，短い時間で流体エネルギーを効率よく消費し，高剪断を得ることができる。一般のマイクロミキサーの多くはこの性質を利用している。

以上述べた空間サイズとエネルギー散逸率やReynolds数の関係を表1にまとめた。空間サイ

ズの定義は長さ／幅（$=L/d$）を一定としdを変化した。また，空間での対流混合による圧力消費ΔP_c［Pa］は壁面との摩擦による圧力損失ΔP_f［Pa］と区別され，式(5)で定義できる。

$$\Delta P=\Delta P_c+\Delta P_f=\zeta\frac{1}{2}\rho U^2+4f\frac{1}{2}\rho U^2 L/d \tag{5}$$

ΔP［Pa］は測定される総圧力損失，Uは線速度［m/s］，fは流路壁面の摩擦係数［－］である。ζは定数であり，縮流，拡大，分岐，合流，曲がり，オリフィスなどの流路構造に依存する。例えばT字管の場合は一般に1.0～1.8程度である。表１では$L/d=5$，$\zeta=2$の仮想流路構造とし，エネルギー散逸率ε一定（10^4［W/kg］）で断面が円の流路幅dを変えたときの計算結果を示す。なおΔP_fは一般の円管の式を用いて計算した。この表から，ε一定条件では管径dが数百μm以下では層流となり，また総圧力損失ΔPが小さくなることがわかる。

表１　エネルギー散逸率一定条件下での管径と圧力損失の関係

ε	W/kg	10^4						
d		50 μm	100 μm	300 μm	600 μm	1 mm	1 cm	10 cm
Q	L/h	0.0096	0.062	0.80	4.03	13.26	2857	615591
U	m/s	1.4	1.7	2.5	3.1	3.7	7.9	17.1
τ	ms	0.18	0.29	0.61	0.97	1.36	6.30	29.2
Re		68	171	740	1864	3684	79370	1709976
f		0.236	0.094	0.022	0.009	0.010	0.0047	0.0022
ΔP_c	kPa	1.8	2.9	6.1	9.7	13.6	63.0	292.4
ΔP_f	kPa	4.3	2.7	1.3	0.8	1.4	3.0	6.4
ΔP	kPa	6.2	5.7	7.4	10.5	15.0	66.0	298.8

3　マイクロミキサー開発事例

トイレタリー各商品の年間生産量は１ton未満のものから数百 ton，数千 tonと幅広く，多品種を汎用の同設備で生産するためにバッチプロセスが主体である。これに対し，はじめに述べた混合操作のブレイクスルーによる飛躍的な性能向上や低コスト化の目標を，最小のリスクと短い開発期間で商業化を数多く実現するためには，既存のプラントの一部にマイクロデバイスを組み込みマクロの中でマイクロを生かす“micro in macro”の考え方を選択する必要がある。乳化プロセスの一例を図１に示す。しかしトイレタリーの既存設備に“micro in macro”の考え方を当てはめる際，バッチプロセスのサイクルタイムは維持すべきである。したがって，年間生産量の大小は無関係に，マイクロミキサーを用いた混合プロセスの時間あたりの処理量は十分に大きくなければならない。送液系や計装の設備投資の観点からNumbering upには上限があり，マイクロミキサー１基の処理量をどこまで大きくできるかが，“micro in macro”の実現には不可欠な設計要素となる。さらに，汎用の既存プラントに組み込むことを考慮すると，マイクロミキサーに

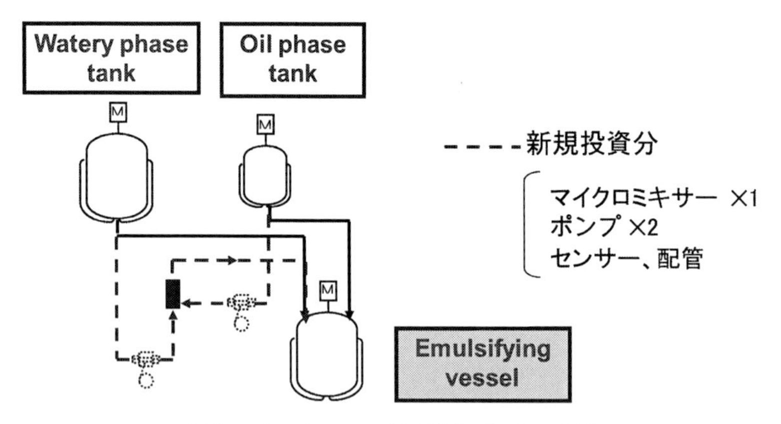

図1　micro in macro型の乳化プロセスの例

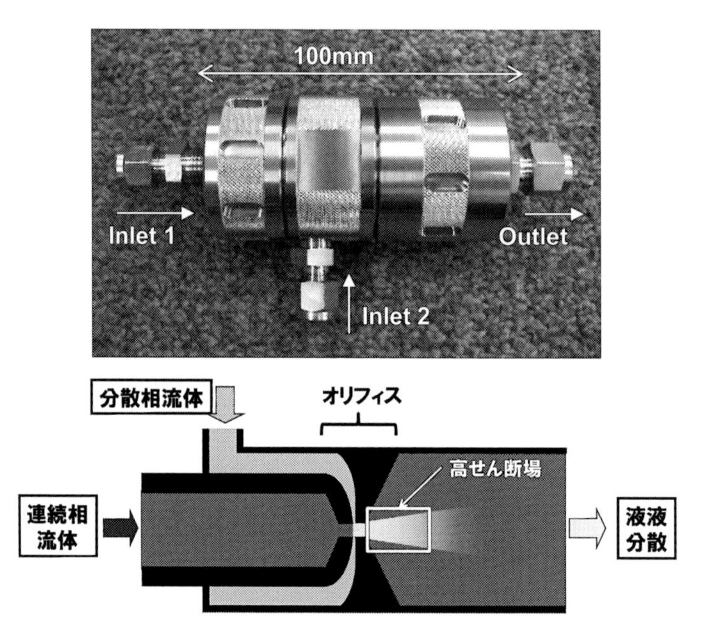

図2　オリフィス型マイクロミキサーの外観と内部構造

はメンテナンスの容易さとパーツ交換による処理量の可変性が要求される。

以上の着目点を踏まえ，実用に向けたオリフィス型マイクロミキサーを開発した。外観の写真と内部構造の模式図を図2に示す。全体の構造は軸対象となっており，2つの流体を導く二重管構造，オリフィス，オリフィス後方の急拡大部を備えた出口管から構成されている。オリフィス前後はそれぞれパーツで構成され，分解・組み立てが容易である。二重管部と出口管はミリ径オーダー以上であり，既存の配管に適合する。オリフィス孔径dは数百μmオーダーで任意に設定でき，オリフィスの交換によって容易に変更可能である。

このオリフィス型マイクロミキサーは，急拡大部で生成する数百μm径の噴流“micro-jet”における強制対流場の液液剪断によって高速混合が実現される点が最大の特徴である[3)]。“micro-jet”の高剪断部は文字通りマイクロ空間の体積を有しており，オリフィスで加速されて流体に与えられた運動エネルギーはミリ秒オーダーで散逸する。これにより瞬間的な対流混合が流体に作用するが，この剪断場は壁面に囲まれていないために運動エネルギー，すなわち与えられた圧力損失ΔPはほぼすべて二次流れによる対流渦生成に消費される。この結果，管径をこの瞬間的な対流渦の強さの指標として，前節で述べたように，噴流のエネルギー散逸率ε_{jet}［W/kg］を次の(6)式で定義可能である。

$$\varepsilon_{jet}=\frac{\Delta P}{\rho\cdot\tau}=\frac{Q\cdot\Delta P}{\rho\cdot V_{jet}} \tag{6}$$

この式では微小な対流渦が生成する“micro-jet”のマイクロ空間に着目し，ΔPはその空間における二次流れによる流体運動エネルギーの損失［MPa］であり，これはオリフィス前後の圧力損失とほぼ等しい。見かけの噴流体積V_{jet}は一般の噴流理論を用いて定量的に見積もることが可能である[3)]。この式から，空間のマイクロ化によりV_{jet}が非常に小さくなることで，低い圧力消費でも大きなエネルギー散逸率を得られることが予測できる。

このオリフィス型マイクロミキサーの混合性能を実際に評価するために，並列競争反応（Villermaux/Dushman反応[2)]）を用いて混合速度を推定した結果を図３に示す。縦軸の混合速度は文献[4)]を元に算出した。図３よりミリ秒オーダーの混合時間が達成可能と示唆される。さらにエネルギー散逸率ε_{jet}［W/kg］を指標とすれば孔径によらず同等の性能となることから，この例でいえば数10［L/h］の生産規模に対し１［L/h］の実験結果を元にスケールアップ可能である

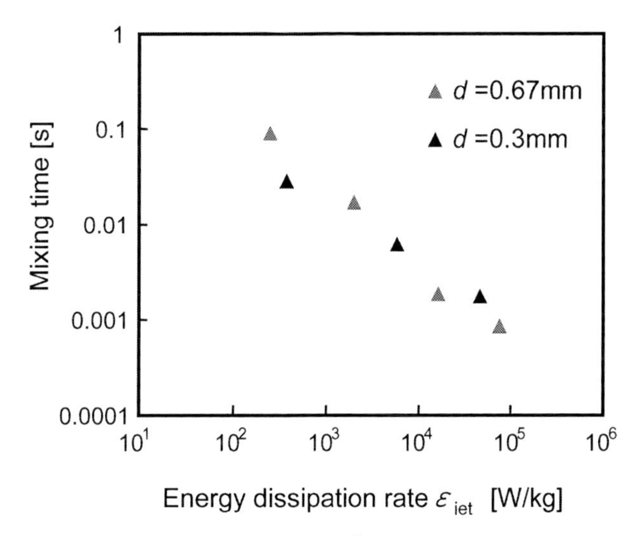

図３　Villermaux/Dushman反応[5)]を用いた混合速度の推定
流量：孔径0.3 mm使用時0.6～3.0 L/h，孔径0.67 mm使用時３～20 L/h

ことを示している。この結果から，“micro in macro”の実現に向けて開発した当マイクロミキサーは，流体運動エネルギーが瞬間的に散逸する原理に基づき，数10［L/h］の高処理量でミリ秒オーダーの混合性能を有することが示された。

4　高効率微細乳化プロセスの提案

従来のトイレタリー分野の液体製剤設計に関しては，消費者価値の実現のために，機能性原料として何をどれだけ配合するかの観点だけでなく，乳化や液晶などの相状態やそれらのドメインサイズ（分散相のサイズ）などを商品のコンセプトや保存安定性を満足するように適切に制御するのが必須である。相状態やドメインサイズの制御の多くは界面化学的アプローチが支配的であるが，乳化物を始めとする不均一系製剤の調製に関しては，乳化・配合プロセスにおける動的アプローチ，すなわち混合時定数や温度変化，剪断履歴の制御が品質に大きく影響するケースが多くある。そこで，混合操作に着目してトイレタリー分野の乳化プロセス強化を実現することを目的とした検討事例に関して以下に紹介する。

4．1　微細乳化の課題と着目点

乳化粒径がサブミクロン級となるような微細乳化物の製剤は，機能性や保存安定性の点でトイレタリー分野では多く用いられる。それらを調製する従来の乳化操作は，高圧や超音波といった大過剰の機械エネルギーや，特定の乳化剤を用い組成を工夫した転相乳化などの界面化学的アプローチにて実施されている。しかし，微細乳化製剤が生み出す価値をより汎用的に展開していくためには，設備面や処方面での制約は多くの場合，課題となる。

そこで，本検討では，エネルギーや処方に頼るのではなく，油水の混合時間を操作することで微細乳化の達成を試みた。界面活性剤はその名の通り，界面に吸着して初めて作用する分子である。乳化の過程では，分散液滴が微小化して界面積が増大する現象と並行して，溶解状態にあった界面活性剤が新たに生成した界面へ吸着する現象が進行する。さらに詳しく考えると，分散液滴が分裂する際は，まず周囲の流体からの剪断を受けると界面張力に打ち勝って液滴が変形し引き伸ばされ，次いで界面のゆらぎに起因して界面張力によって分裂する，と考えてよい。したがって，与えられた剪断力と界面張力（さらには分散相の粘性）によって，生成する分散液滴のサイズは平均的に決定されるはずである。実際，分散液滴径をWeber数で表した相関式（粘度項を含むものもある）が数多く報告されている。しかし，実測可能な界面張力は静的な値であり，剪断場における液滴の分裂過程のような極短時間においては界面活性剤の吸着が律速となりうると考えられる。そこで，マイクロミキサーを利用した油水の迅速混合によって界面活性剤の移動現象を制御するという手段に着目し，高効率微細乳化プロセスの可能性を検討した。

4.2　実験と結果

図４に，乳化実験の概要を示す。バッチ式のホモミキサーとフロー式のマイクロミキサーの乳化性能を，水とエステル油と高HLBの非イオン性界面活性剤を用いたO/W型のエマルジョンを調製することで比較した。ホモミキサーではRoter-Stater型の高剪断場に槽内の流体を循環させるため，今回の条件では100パス以上の剪断を流体に付与することになる。マイクロミキサーは前節で紹介したオリフィス型を用い１パスのフロー操作で行った。総投入エネルギーは今回の条件ではホモミキサーの方が10倍以上大きい。操作の手順としては，(a)ホモミキサー使用時は全原料を一括して槽内に投入し予混合したのちに高速回転を付与する操作を行った。(b)マイクロミキサー使用時は界面活性剤を（b-1）油相に溶解，または（b-2）水相に溶解したのちに，水相と油相のそれぞれをポンプで所定の圧力で供給した。

界面活性剤濃度を同一として各操作で得られた乳化物の粒径分布測定結果を図５に示す。これより，（b-1）の条件，すなわち油相に界面活性剤を溶解後にマイクロミキサーで油水を混合した場合は粒径サブミクロンで分布のシャープな微細乳化物が得られることがわかる。一方，水相に界面活性剤を溶解後にマイクロミキサーで混合した（b-2）の条件とホモミキサーで混合した(a)の条件ではミクロンオーダーの粒径分布となっている。このことから，マイクロミキサー使用時は界面活性剤の物質移動の方向を制御下に置ける可能性が示唆され，それを利用して低エネルギーで容易な微細乳化の達成に期待できる。

次に，界面活性剤の量を変化させたときの平均乳化粒径の結果を図６に示す。今回用いた組成では，界面活性剤の量を増大させるとホモミキサー使用時においてもサブミクロンオーダーの微細乳化物が得られることがわかる。しかし油相に界面活性剤を溶解した場合のマイクロミキサー

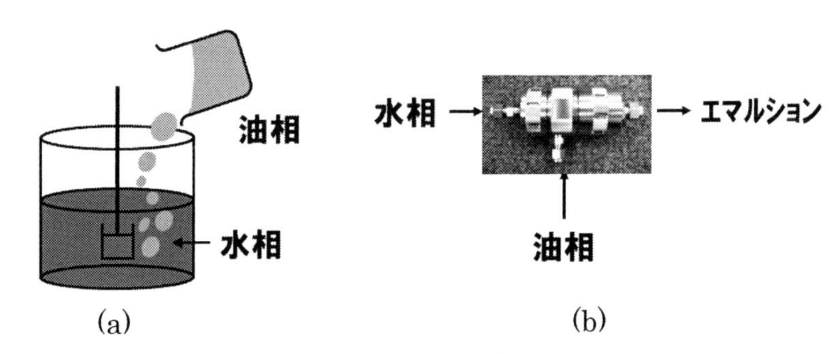

図４　乳化実験

組成　水相（連続相，95 wt%）：イオン交換水，油相（分散相，5 wt%）：エステル油
　　　界面活性剤：非イオン性，HLB14（親水性）
温度　室温
操作　(a) ホモミキサー（Roter-Stater型・バッチ）
　　　　2L，8,000r/m，3 min（積算投入エネルギー：3.8×10^6 J/m^3）
　　　(b) マイクロミキサー（オリフィス型・フロー）
　　　　d=0.4 mm，0.3 MPa，1 pass（積算投入エネルギー：0.3×10^6 J/m^3）

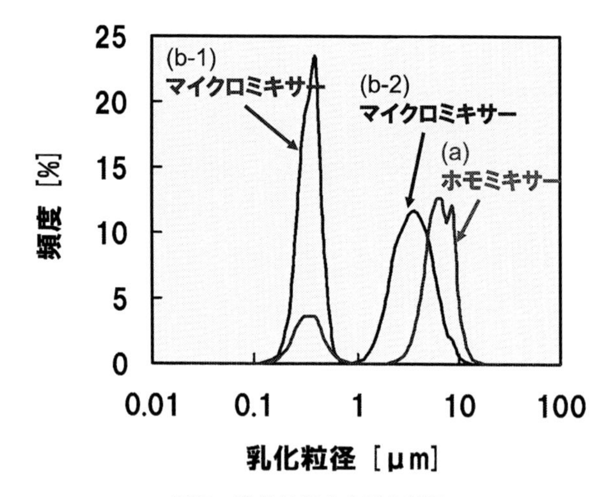

図5　乳化粒径分布測定結果
測定条件：レーザー回折・散乱法，体積基準
界面活性剤の溶解条件
(a) ホモミキサー：全組成一括予混合後に乳化
(b-1) マイクロミキサー：油相溶解後に乳化
(b-2) マイクロミキサー：水相溶解後に乳化

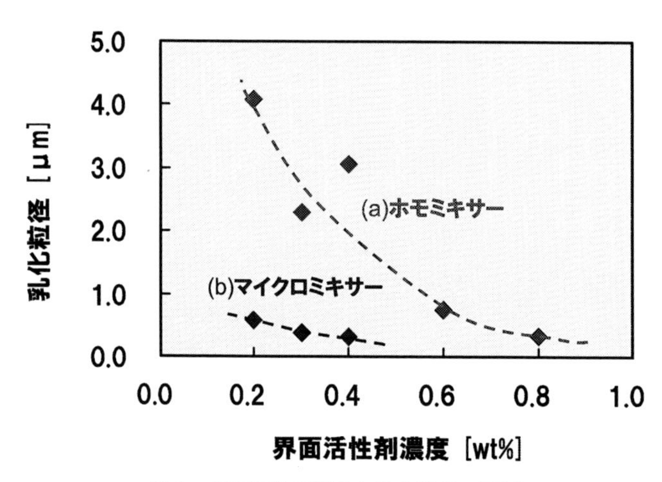

図6　界面活性剤濃度と乳化粒径の関係
乳化粒径：図5の実験と同様の方法で測定した体積基準のメジアン径
(a) ホモミキサー：全組成一括予混合後に乳化
(b) マイクロミキサー：界面活性剤を油相溶解後に乳化

使用時は，ホモミキサーと同等の平均乳化粒径を得るために必要な界面活性剤量は1/2程度で済むことが図から読み取れる。通常，乳化物製造に必要な界面活性剤の使用量としては，全界面吸着に必要な量と溶媒中での臨界ミセル濃度相当の量の和よりも多い量が配合されている。過剰な

配合分はミセルなどの状態で系中に存在している。すなわち，マイクロミキサーを利用すれば過剰な界面活性剤の配合を抑制できる可能性が示唆され，従来操作と比較して高効率な界面活性剤の利用が期待できる。

5　おわりに

本稿では，液液混合操作を含む化学プロセスにおける飛躍的な性能向上や低コスト化を目指し，ミリ秒オーダーの混合時定数を実現するマイクロ空間の利用に着目した。今回敢えて，本稿前半で混合操作論の概説を行ったが，それは，混合操作におけるマイクロ空間の効果を一般の解説書とは少し異なる視点で記したかったからである。ご参考にしていただければ幸いである。一方，今回紹介した微細乳化への応用事例では，高効率な微細乳化の実現には界面活性剤の物質移動制御が必要であると仮説を立て，油水のミリ秒オーダーの迅速混合の効果を実験的に示したが，仮説の検証としては未だ不十分だと言わざるを得ない。そのためには，溶解状態にある界面活性剤が油水界面の生成時にどのような動的な挙動を経て最終的な吸着平衡に至るのか，詳細な議論を加える必要がある。しかしながら，その動的な挙動が非常に短時間の現象であり解析が相当に困難である。今回敢えて検証不十分な事例を採り上げたのは，マイクロ／フロー化学と界面化学との境界領域の研究者が少ないと感じているからであり，本稿を通じての今後の発展に少しでも助力できたならば幸いである。

文　　献

1）J. Baldyga *et al., Chem. Eng. J.*, **58**, 1833（1995）
2）P. Guichardon *et al., Chem. Eng. Sci.*, **55**, 4233（2000）
3）K. Matsuyama *et al., Chem. Eng. Sci.*, **65**, 5912（2010）
4）L. Falk *et al., Chem. Eng. Sci.*, **65**, 405（2010）

第9章　フローマイクロリアクターシステムによる製造プロセス

浅野由花子*

1　はじめに

マイクロリアクターは，数十μmから数百μmの微細流路を有する手のひらサイズの微小な反応器である（図1）。スケールが数十cmから数百cmの従来バッチ方式による反応容器に比べると，反応空間が桁違いで小さいため，マイクロリアクターでは，迅速混合，精密温度制御，反応の表面積の増大などのいわゆる「マイクロ化効果」が発現する。そのため，反応収率の向上や生成物の品質向上，反応時間の短縮などのプロセス改善や，廃棄物低減や省エネルギーなどの環境負荷低減の有望技術として注目されている[1]。

しかし，ある化学プロセスに対してのみマイクロリアクターを用いても，前後のバッチ方式のプロセスの条件制御が不完全であるため，マイクロリアクターによる効果は限定的となる。一方で，前後のプロセスもフローで（連続的に）処理し，「フローマイクロリアクターシステム」とすることにより（図2），各プロセスの条件を精密に制御することができ，マイクロリアクターによる効果が効率よく得られる。また，生産プラント化の際には，マイクロリアクターもしくはマイクロリアクターシステムをナンバリングアップ（N

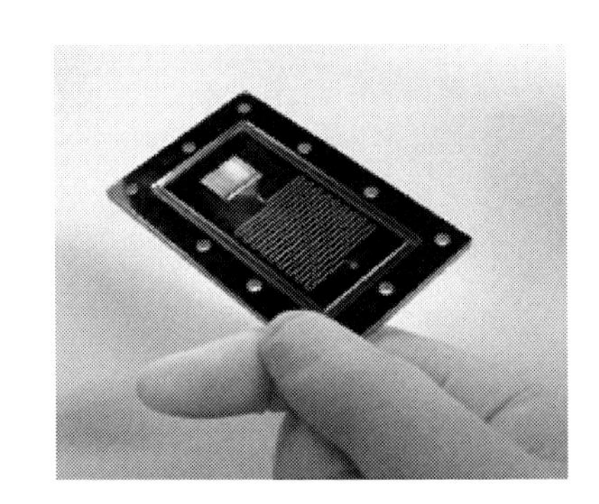

図1　マイクロリアクターの一例

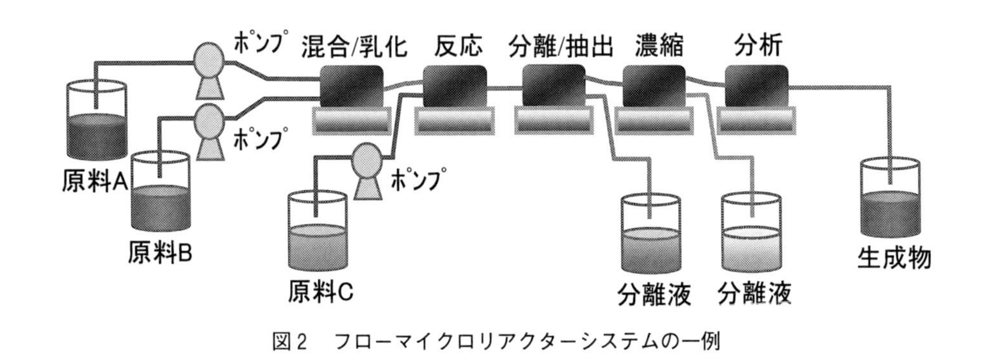

図2　フローマイクロリアクターシステムの一例

* Yukako Asano　㈱日立製作所　研究開発グループ　機械イノベーションセンタ　主任研究員

倍化）することにより，生産量を容易に増加させることができる[2)]。

2　マイクロリアクターの導入プロセス

マイクロリアクターを適用するプロセスの選定からプラント化に至るまでの流れを図3に示す[3)]。マイクロリアクターを適用したいプロセスに対して，各種マイクロリアクターとラボ・少量生産用マイクロリアクターシステム（図4）[4)]を用いて実験評価を行い，流体・反応などのシミュレーションを組み合わせてプロセス解析を行うことにより，マイクロリアクターによる効果を確認する（プロセス評価）。その後，必要に応じてマイクロリアクターの材質や流路形状，生

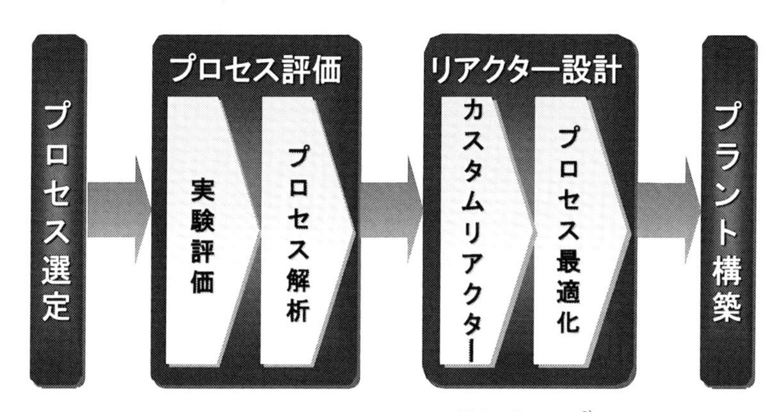

図3　マイクロリアクターの導入プロセス[3)]

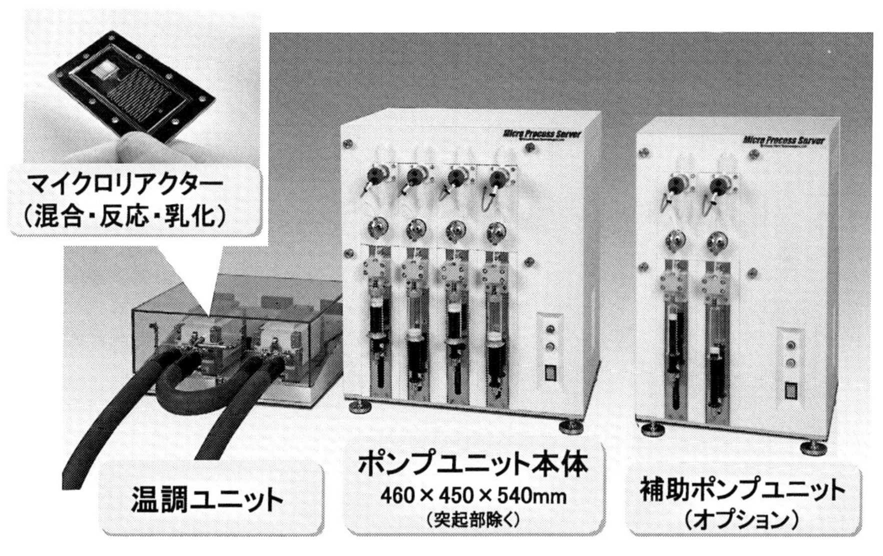

図4　ラボ・少量生産用マイクロリアクターシステム（MPS-α200）[4)]

産量などのカスタマイズを行い，プロセスが最適化されたことを確認して（リアクター設計），マイクロリアクターのナンバリングアップによりプラント構築を行う[3]。

3　マイクロリアクターの適用事例

マイクロリアクターの適用事例は各種論文や学会発表で多数報告されているが，我々も，前処理プロセスに対しては，単純混合や均一乳化[5, 6]，反応プロセスに対しては，各種逐次反応[2, 3]，不安定な反応中間体を経由する多段反応[7]，光反応[8]，重合反応[9]，ナノ粒子合成[10] など，後処理プロセスに対しては，平衡反応における水の分離[11]，抽出[12]，濃縮[13] などに適用できることを確認している（図５）。上記以外にも，顧客と秘密保持契約を締結して様々なプロセスへの適用検討を行っている。

フローマイクロリアクターシステムを検討する際に，水の分離，抽出，濃縮などの後処理プロセスへのマイクロリアクターの適用の要望は多い。しかし，反応プロセスの生産速度に比べ，各種後処理プロセスの処理速度が小さく，後処理プロセスをフローマイクロリアクターシステムに組み込むことは容易ではなかった。そこで，フローマイクロリアクターシステムに組み込むことを念頭におき，平衡反応における水の分離[11]，抽出[12]，濃縮[13] に対して，従来に比べて処理速度の大きい各種マイクロリアクターを開発した。

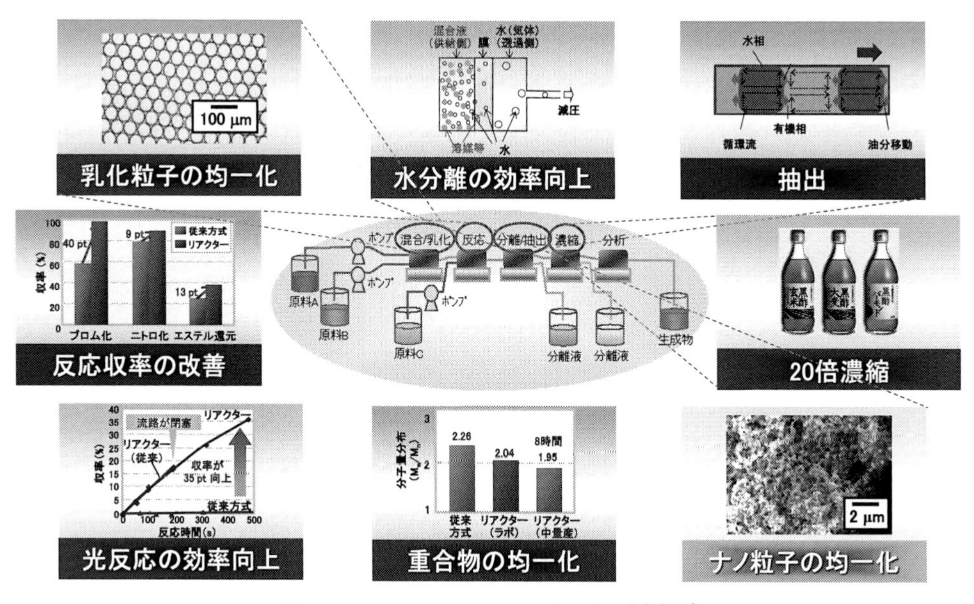

図５　マイクロリアクターの適用事例[2, 3, 5~13]

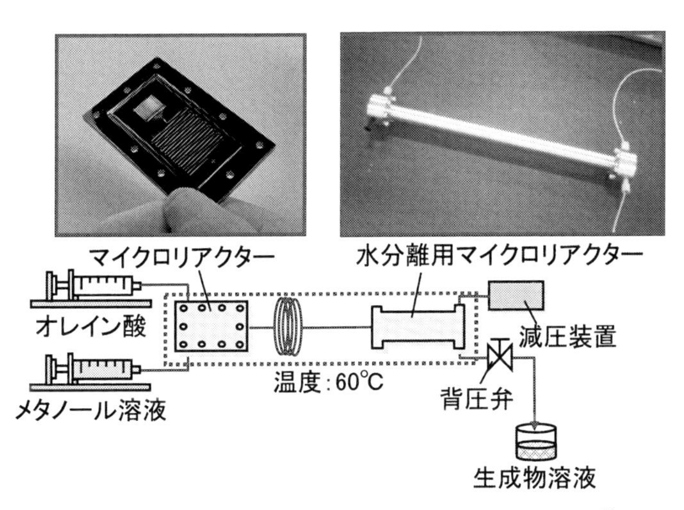

図6　実験で用いた水分離用マイクロリアクターシステム[11)]

3.1　水分離用マイクロリアクター

平衡反応で副生した水を逐次に除去することを目的として，分離膜にT型ゼオライト膜を用い，浸透気化法により水を分離するSUS316製水分離用マイクロリアクターを開発した（図6）。水分離用マイクロリアクターでは，膜の片側（供給側）に混合液を置き，反対側（透過側）を減圧に保つことにより，水を選択的に膜に透過させ，処理液として生成物溶液を得る[11)]。

バイオディーゼル燃料（BDF）の1つであるオレイン酸メチルを生成する，オレイン酸のメタノールによるエステル化反応を対象とし，ハステロイC-276製マイクロリアクターと水分離用マイクロリアクターを直列で用いたフローマイクロリアクターシステムを構築し，送液流量1.023 mL/minでエステル化反応プロセスと水分離プロセスをフローで進行させた（図6）。バッチ方式（水分離あり）では，反応開始後180分を経過しても，収率は平衡点（反応温度60℃での収率：52%）から3ポイントしか向上しなかった。一方，マイクロリアクター方式では，反応開始後31分後から水の分離を開始したところ，反応時間が85分においても，収率が平衡点から10ポイント向上した。また，経過時間の全領域において，バッチ方式（水分離あり）よりも収率が高くなることを確認した（図7）[11)]。

3.2　抽出用マイクロリアクター

試料水溶液中の油分を抽出することを目的として，試料水溶液と抽出溶媒によるスラグ流を用いて効率よく油分を抽出する抽出用マイクロリアクターを開発した。抽出用マイクロリアクターでは，スラグ流生成部で試料と抽出溶媒によるスラグ流を生成させ，その後の油分抽出部において試料中の油分を抽出溶媒に抽出する。さらに水相／抽出溶媒相分離部において，静置することによりスラグ流を水相と抽出溶媒相に分離し，上層側の抽出溶媒相を，抽出溶媒相排出部を経由

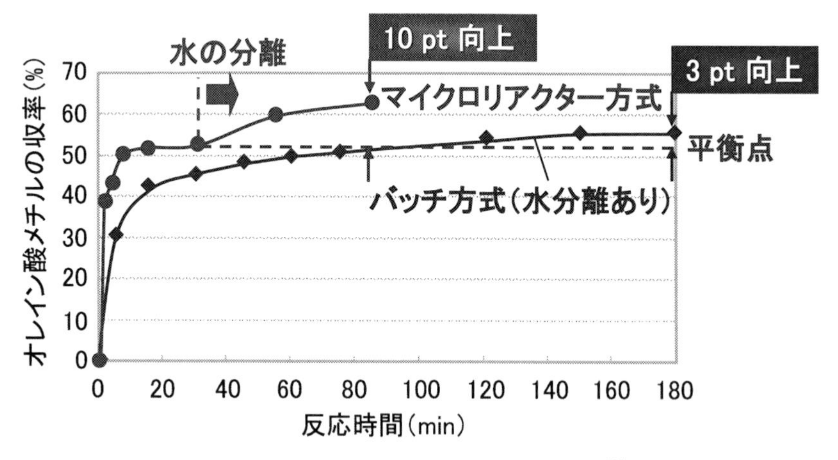

図7　オレイン酸メチルの収率の時間変化[11]

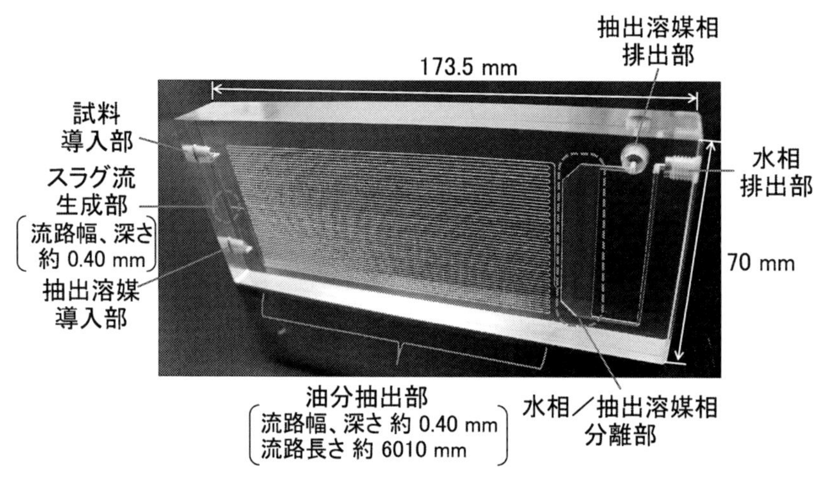

図8　抽出用マイクロリアクター[12]

して採取する（図８）[12]。

水中のヒマワリ油をヘキサンに抽出するプロセスを対象とし，試料水溶液とヘキサンの２液を１：２の体積比で送液して，ヘキサン相中にヒマワリ油を抽出した。安定なスラグ流が生成する，油分抽出部における滞留時間が192sのときに抽出効率は87.3%となり，従来のバッチ方式（抽出時間：10 min以上）に比べて短時間で，ほぼ理論効率（90%）で抽出できることを確認した。また，そのときの送液流量は0.3 mL/minであり，従来論文で報告されている抽出用マイクロリアクターに比べて，送液流量は一桁以上大きくなった（図９）[12]。

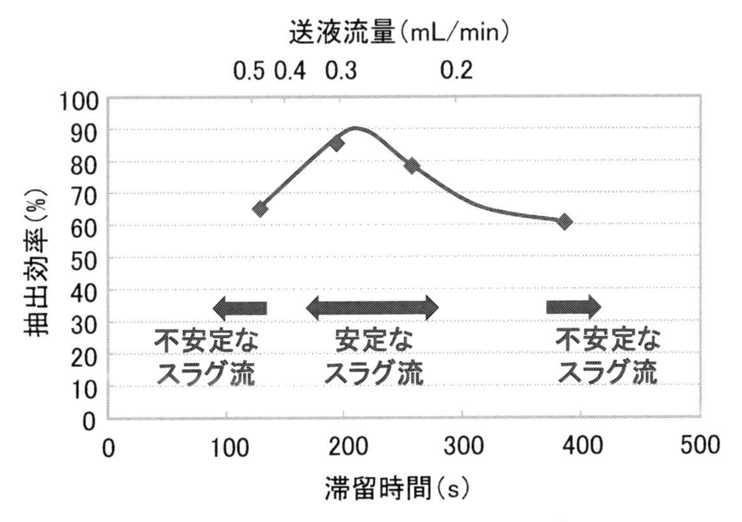

図9　ヒマワリ油の抽出効率の時間変化[12)]

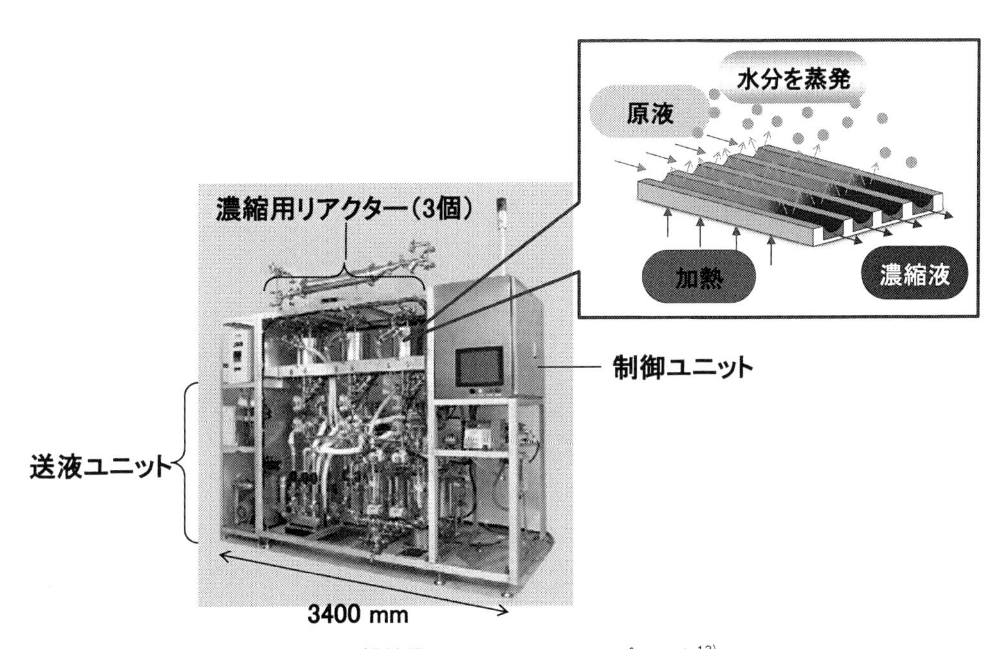

図10　濃縮用マイクロリアクタープラント[13)]

3.3　濃縮用マイクロリアクター

試料水溶液中の成分を効率よく濃縮することを目的として，薄膜蒸発法の原理を活用した濃縮用マイクロリアクターを開発した。濃縮用マイクロリアクターでは，回転機構を用いずに，微細流路によりμmオーダーの厚さの均一な液膜を作製する（図10）。試料水溶液の薄膜化と微細構造により，単位面積あたりの伝熱面積が大幅に向上するとともに伝熱効率が向上し，バッチ方式より低温の加熱源でも効率よく濃縮させることが可能となる[13]。

熱劣化しやすいアミノ酸を含む食用酢の濃縮を対象とし，濃縮用マイクロリアクターを3個搭載した濃縮用マイクロリアクタープラントを構築した（図10）。本プラントは，送液ポンプおよび真空ポンプを含む送液ユニット，濃縮用マイクロリアクターを内部ナンバリングアップした3個のSUS316製濃縮用マイクロリアクター，および制御ユニットから構成されている。濃縮用マイクロリアクターを3個用いた場合の処理量は600 mL/minで，温度調節用の温水を供給するためのボイラーは別に設置されている。本プラントは，食品への適用を想定したサニタリー仕様となっており，酸性環境下でも使用可能な構造となっている。また，本プラントには圧力センサおよび温度センサを搭載している[13]。

60℃の温水を用いて食用酢を濃縮したところ，アミノ酸は熱劣化することなく，再現性よく10倍以上に濃縮できた。また，試料水溶液の送液流量を100～300 mL/minの範囲で変化させて濃縮用マイクロリアクター内の滞留時間を変化させたところ，再現性よく濃縮率が変化することも確認した（図11）[13]。

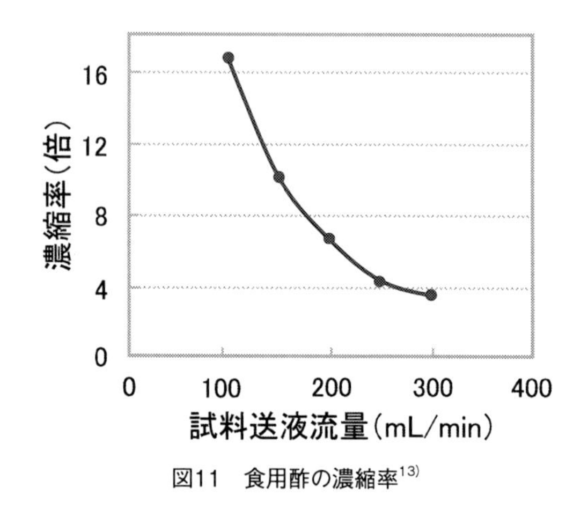

図11　食用酢の濃縮率[13]

4　マイクロリアクターシステムの開発事例

マイクロリアクターを用いた製造を行うにあたり，防爆などの危険物エリアへの対応や，各種溶液に耐腐食性のある材質への対応，周辺設備への接続対応やプロセス監視・制御などが必要である。特に医薬品製造に関しては，GMP（Good Manufacturing Practice：医薬品及び医薬部外品の製造管理及び品質管理の基準）やバリデーションへの対応も必須となるが，従来の化学・医薬プラント構築の経験を生かすことにより，顧客の要望に応じたシステム構築が可能である。そこで，マイクロプロセスサーバー（MPS：Micro Process Server）シリーズとして，年間数t程度（送液流量：数十 mL/min相当）の製造も可能なラボ・少量生産用マイクロリアクターシステム，年間100 t程度（送液流量：数百 mL/min相当）の製造を想定した中量産用マイクロリアクターシステム，および年間1000 t程度（送液流量：数 L/min相当）の製造を想定した量産用マイクロリアクターシステムを開発した[2~4, 9]。

4.1　ラボ・少量生産用マイクロリアクターシステム（MPS-α200）

ラボ・少量生産用マイクロリアクターシステム（図4）は，高圧（～500 kPa）で最小流量変動±0.1%の精密送液が可能なシリンジポンプを4本搭載したポンプユニット本体，マイクロリアクター，循環恒温槽からの循環液により－20～120℃の範囲でマイクロリアクターを温度調節可能な温調ユニット，および制御用PCから構成されている。複数のマイクロリアクターを用いることによる多段反応への対応や，ダブルシリンジによる連続送液，補助ポンプユニットによる機能拡張ができ，GUI（Graphical User Interface）ベースで簡単に操作可能である[3, 4]。

本システムには圧力センサおよび温度センサを搭載している。また，接液部はすべてシステム前面に配置され，検討するプロセスに応じてマイクロリアクターの種類やチューブなどを容易に交換できる。シリンジ1本あたり100 mL/minまでの送液流量の設定が可能であり，ラボにおけるマイクロリアクターの検討だけでなく，年間数t程度（送液流量：数十 mL/min相当）のサンプル出荷にも対応可能である[3, 4]。

4．2　反応・乳化用マイクロリアクタープラント

4．2．1　中量産用マイクロリアクタープラント

年間100 t程度（送液流量：数百 mL/min相当）の連続生産を想定した中量産用マイクロリアクタープラントの一例を図12に示す。本プラントは，最大吐出圧9.8 MPaの2台の無脈動連続送液ポンプ，ハステロイC-276製マイクロリアクター，－50～200℃で温度制御可能な恒温槽，および制御機器から構成されている。本プラントには流量センサ，圧力センサ，温度センサを搭載している[9]。

本プラントを用いて純水による1週間の連続送液試験を行い，流動変動±2.2%以内の低脈動送液が実現できることを確認した。また，メタクリル酸メチルの重合反応を対象に8時間の連続運

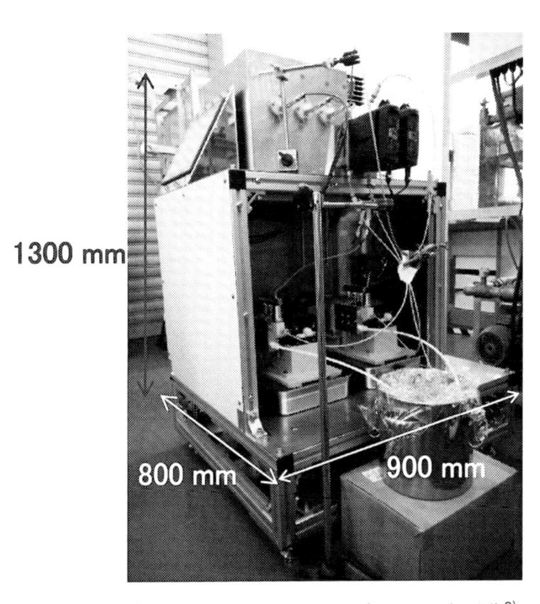

図12　中量産用マイクロリアクタープラント（一例）[9]

転を実施したところ，従来バッチ方式に比べて分子量分布（M_w/M_n）が1に近づき，より均一な重合物が得られるとともに，ラボ・少量生産用マイクロリアクターシステムによる結果との差は4.8ポイント以内となり，反応の同等性を確認した（図5）[9]。

4.2.2　量産用マイクロリアクタープラント

ナンバリングアップ検証用プロトタイプマイクロリアクタープラントを図13に示す。本プロトタイププラントは，最大吐出圧3MPaの2台の低脈動プランジャーポンプを含む送液ユニット，20個の石英ガラス製マイクロリアクター，－15～80℃で温度制御可能な温調ユニット，および制御ユニットから構成されている。20個のマイクロリアクターは恒温槽内にブレード状に設置されている。本プロトタイププラントには流量センサ，圧力センサ，および温度センサを搭載している[2]。

本プロトタイププラントを用いてフェノールのニトロ化反応を実施したところ，従来バッチ方式に比べて収率が9ポイント向上するとともに（図5），マイクロリアクターを1個用いた場合とほぼ同じ収率となり，生産量増大の方法としてナンバリングアップの妥当性を確認した[2]。

年間1000t程度（送液流量：数L/min相当）の連続生産を想定した量産用マイクロリアクタープラントの一例を図14に示す。図14のプラントは，2段反応への対応を想定し，最大吐出圧1MPaの3台の低脈動ダイヤフラムポンプ，10個のマイクロリアクター，5～80℃で温度制御可能な2台の恒温槽からなる本体と，制御盤から構成されている。防爆仕様となっている本体は防爆エリアに設置し，操作盤は防爆エリア外に設置することを想定している。10個のマイクロリアクターは1段目用と2段目用に5個ずつに分けられている。本プラントには流量センサ，圧力センサ，温度センサを搭載している[3,4]。

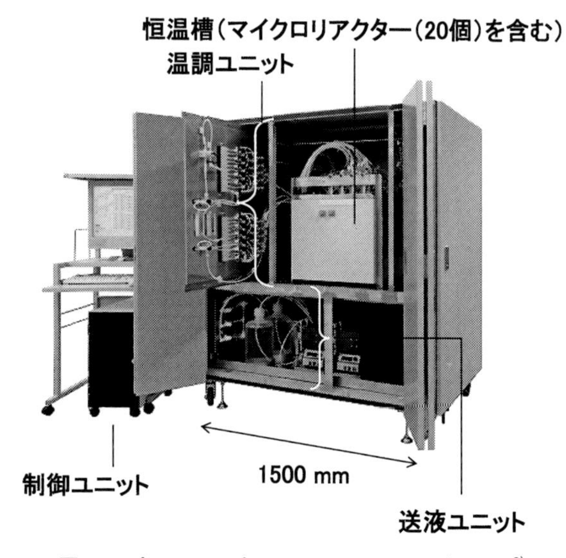

図13　プロトタイプマイクロリアクタープラント[2]

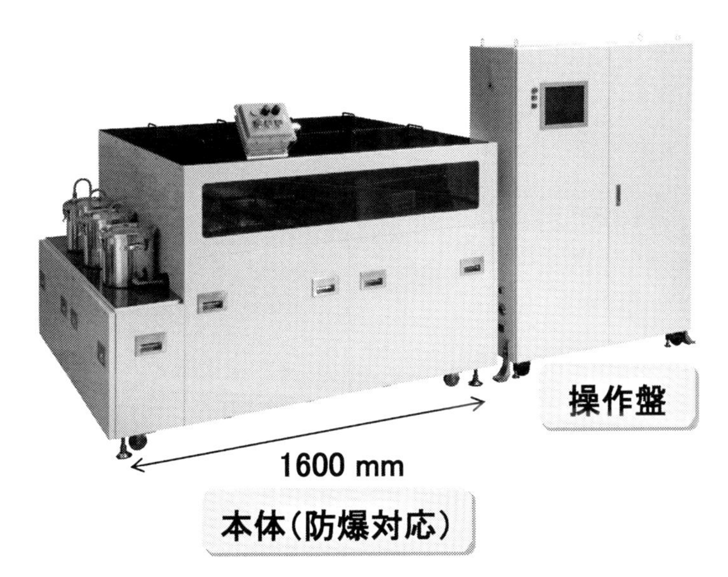

図14　量産用マイクロリアクタープラント（一例）[4]

また，プラントの出口側にインライン計測装置を設置することにより，生成物をリアルタイムで監視するとともに，医薬品の製造で求められているPAT（Process Analysis Technology）への対応も可能である[14]。

5　おわりに

以上，フローマイクロリアクターシステムによる製造プロセスとして，後処理プロセスに用いられる水の分離，抽出，濃縮へのマイクロリアクターの適用例と，マイクロリアクターを用いた製造システムとして，ラボ・少量生産用マイクロリアクターシステム，および中量産・量産用マイクロリアクタープラントの一例を紹介した。後処理プロセスもフローで（連続的に）処理し，「フローマイクロリアクターシステム」とすることにより，製造の各プロセスの条件を精密に制御することができるため，マイクロリアクターによる効果を生かした製造プロセスの革新が期待される。

世の中のグローバル化の動きに伴い，海外へのマイクロリアクタープラントの設置を検討する顧客が増加している。パッケージ化したコンテナサイズのフローマイクロリアクタープラントを，国内工場にて組み立て，現地に輸送することにより，現地作業の省力化による早期立ち上げを図ることができる。また，コンテナサイズのため既存のロジスティクスを利用でき，プラントナンバリングアップにより生産量拡大も容易となると考える。今後も，従来の化学・医薬プラント構築の経験を生かし，顧客の要望に応じたシステム構築を実現していく。各製造プロセスへに応じたフローマイクロリアクターシステムの構築を通して，マイクロリアクター分野の発展につながれば光栄である。

文　献

1) 岡本秀穂，マイクロリアクタテクノロジー ― 限りない可能性と課題 ―，エヌ・ティー・エス（2005）
2) S. Togashi *et al., J. Chem. Eng. Japan*, **42**(7), 512（2009）
3) Y. Asano *et al., Pharm. Eng.*, **30**(1), 32（2010）
4) 日立マイクロリアクタシステム マイクロプロセスサーバー，http://www.hitachi.co.jp/products/infrastructure/product_solution/industry/advanced_science/mps/pdf/mpscatalog.pdf
5) 宮本哲郎ほか，化学工学会第74年会，B318（2009）
6) 片山絵里香ほか，日本機械学会論文集（B編），**75**(760)，48（2009）
7) Y. Asano *et al., J. Chem. Eng. Japan*, **47**(3), 287（2014）
8) Y. Asano *et al., J. Chem. Eng. Japan*, **46**(4), 307（2013）
9) Y. Asano *et al., J. Chem. Eng. Japan*, **47**(5), 429（2014）
10) E. Katayama *et al., J. Chem. Eng. Japan*, **43**(12), 1023（2010）
11) Y. Asano *et al., J. Chem. Eng. Japan*, **46**(4), 313（2013）
12) Y. Asano *et al., J. Chem. Eng. Japan*, **48**(11), 915（2015）
13) 津留英一ほか，化学とマイクロ・ナノシステム，**8**(2)，8（2009）
14) Y. Asano *et al., J. Chem. Eng. Japan*, **46**(11), 770（2013）

第10章　大量物質生産を目指したマイクロリアクターシステム

佐藤忠久*

1　はじめに

我が国において，物質大量生産にマイクロリアクターシステム（MRS）を用いるための本格的な研究は，2002年に始まるNEDOプロジェクト「マイクロ分析・生産システム」において開始された[1]。このプロジェクトによってMRS技術の特長がかなり明確になり，そしてその後の検討で従来のフラスコ反応（バッチ反応）に比べ，フローで行う本技術の優位性はほぼ疑いのないものになってきている。前記プロジェクトのロードマップでは2025年頃に本技術の一般化を目標としたが，それを実現するためには工業化に利用する研究を促進し，具体的に製造に用いた工業化例を増やすことが重要である。著者はNEDOのプロジェクトに企業の立場で参加し[2]，プロジェクト終了後も本技術の物質生産技術としての可能性を明らかにする研究，およびその工業化に取り組んできた。そして数年前には数十トン／年の医薬品中間体製造に本技術を導入することに成功した。そして現在，更にその技術の展開に取り組んでいる。本章ではその経験を基に本技術を用いて工業化する上での留意点，および今後重点化すべきと考える技術について述べる。

2　マイクロ化学プラント

MRS技術を用いて工業的に物質生産を行うように設計された装置は一般に「マイクロ化学プラント」と呼ばれる。このプラントはMRS技術の下記特長を利用した，長期連続運転可能で大量生産に対応できる化学プラントである。

＜MRS技術の主な特長＞

①　体積比表面積が大きいことに基づく精密温度制御

②　層流の接触界面を介した分子拡散による精密混合制御

③　フロー反応に基づく反応流路内滞留時間制御による精密反応時間制御

④　フロー反応に基づく逐次反応剤混合による精密反応剤混合比制御

マイクロ化学プラントにおいては，これらの特長の中でも②についての正しい理解が重要と考えるので，以下に説明する。

例えば互いに反応する基質を含んだ二種類の水溶液がマイクロサイズのY字流路中でフロー接触した場合，レイノルズ数が小さいので液の流れは安定層流となりその安定接触界面での分子拡

＊　Tadahisa Sato　㈱ナノイノベーション研究所　専務取締役

散により基質は混合・反応し，最終的に一つの均一な反応水溶液の流れになる。この分子拡散による精密混合はマイクロ流路（等価直径1ミリ以下）内ではかなり速く進行するが，それでもMRS技術を用いて大量に物質生産を行う場合には必ずしも十分な速さではない。すなわちコストに影響する「生産性」（単位時間に製造できる量）を考えた場合，フロー反応では迅速に反応を進行させることが極めて重要になるが，単なるマイクロ流路内の層流混合では混合速度が不十分で生産性の低下を招く。後述するが反応が遅い反応で高い生産性を維持する場合はかなり装置的負担が大きくなる。そこで，できるだけ反応を速く進行させるため，マイクロ化学プラントでは単なる安定層流間の混合ではない「分割再結合」や「対流渦」を利用した強制接触による高速混合を利用する場合が多い[3,4]。特に後者はマイクロ空間では起こりにくい対流を強制的に発生させるものであり，流体衝突などの運動エネルギーを利用して行う場合が多い。対流渦による混合は，層流と乱流の間の過渡状態（レイノルズ数が2300～3000）から乱流領域での混合であると思われる。マイクロ化学プラントでは層流による精密混合はいつも有利とは言えず，むしろマイクロ空間という層流支配が有利な空間で乱流に近い状態を作る研究が重要である。

2.1　マイクロ化学プラントのサイズについて

マイクロ化学プラントというと，全てがマイクロ化され，今までの工場での生産が机の上で可能になるような表現がなされることがあるが，それはあくまでイメージ的表現であり，大量生産に対応できる化学プラントである限り実際にそのようになることはない。反応はマイクロ流路中で行われるので「反応槽」（マイクロリアクター）は小さくて済む。しかしながら反応剤を貯蔵する槽と反応生成物を貯蔵する槽は当たり前のことだがマイクロ化はできない。よって貯蔵層を含めた化学プラント全体としてはあまり小さくならない[5,6]。

2.2　マイクロ化学プラントのフレキシブル性

マイクロ化学プラントの特長として，反応をマイクロリアクター部分で行うことによる装置的フレキシブル性がある。従来の化学プラントとマイクロ化学プラントのフレキシブル性を比較した場合，貯蔵槽は基本的に反応の種類に関係なく使用できるようにしておき，小型なので容易に移動可能なマイクロリアクター部分（反応槽）を交換することにより，あらゆる反応に対応可能なプラントとすることができるというマイクロ化学プラントの装置的フレキシブル性は魅力的である。その展開としてマイクロリアクター部分を小型トラックなどに搭載して工場間を移動させて製造する「オンサイト製造」も不可能ではない。

2.3　マイクロ化学プラントによる工業化検討対象について

MRS技術の特長を生かせば，従来は危険でできなかった反応や，不安定で生産できなかったような物質の生産が可能になることがわかっており，この特長は研究面でも期待されている。しかし，このような対象にのみMRS技術の適用を考えると工業化の実現は簡単ではない。そこで工業化の対象には，既に生産されているがMRS技術を適用すれば，大幅なコスト削減が達成できるような物質生産も含めるべきである。

そのような工業化対象の例としては，従来は液体窒素を使う超低温（－70℃以下）で行っていた反応を，MRS技術を用いて工業的に容易に使用できる温度（－20℃以上）で製造できるようになる物質生産プロセスがある[7)]。超低温の反応は既に工業化されており，設備投資にお金をかけることができるならば市販の装置を買ってきて製造できる。しかし，設備投資額はかなり高額になるので，これから装置を導入して超低温反応をやろうとする企業にとってはMRS技術により設備投資額を大幅に抑制することが可能になる。

3　工業化する上での重要な留意点

MRS技術による工業化を検討する際に重要な留意点は，「生産性を考慮したマイクロ化学プラント設計」と，「適切な反応速度の反応選択」である。これらの留意点はあまりコストをかけずに工業化を実現したい場合に重要である。

3．1　生産性を考慮したマイクロ化学プラント設計

大量生産をMRS技術で行おうとする場合，特に問題になるのは「生産性（製造量／時間）」である。マイクロ流路中での反応は，反応温度，反応時間（流路滞留時間）を精密に制御でき，またバッチ反応の欠点の一つである反応生成物と反応剤が無用に混在する点を逐次反応法によって回避できるなどの特長により，高い反応収率を実現できる。しかし，生産性が反応釜によるバッチ法に比べて必ずしも高いとは言えない場合が多い。そこで生産性アップの工夫がなされなければならない。例えば二つの反応剤の反応を完結させるのに必要な時間（一緒に流路内に滞留する時間）がａ秒の場合に，生産性を上げる方法としては，以下の三つが考えられる[6)]。

①　流速と流路長をアップして反応時間ａ秒を維持して生産性（流量）をアップする。

②　流路径をアップし，流路長は余り長くしないで反応時間ａ秒を維持して生産性（流量）をアップする。

③　反応時間ａ秒を維持できる実験室レベルの短い流路を並列化（ナンバリングアップ）して生産性（流量）をアップする。

これまで著者は，MSR技術による大量生産はマイクロ空間のスケーリング効果[8)]によるメリットを失わないようにマイクロ流路の並列化（ナンバリングアップ）により行うべきと考えてきた。すなわち上記③を推奨してきたのであるが，これはMSR技術に携わる多くの研究者の考えでもあった。そしてナンバリングアップという手法こそ，スケールアップに費やしていた時間を格段に減らし，研究から生産への移行を迅速化するという主要なMSR技術の特長であるとしてきた。この点は決して間違っていない。しかし，実際に工業化に携わった経験では，現状の技術レベルを考慮するとこの点を強調することは工業化をかえって難しくする。ナンバリングアッ

プ，特に外部ナンバリングアップ（後述）により生産性を上げる場合，マイクロ流路だけでなくポンプやセンサーなどの関連装置もナンバリングアップするのではかなり高価なプラントになってしまう。少ないポンプとセンサーでナンバリングアップを実現するためには，高度の送液均等分配技術と反応監視・制御技術が必要になる。しかし，著者の知る限りそれらを安価に実現可能にする信頼できる技術はまだない。現時点で工業化を目指す場合は，ナンバリングアップしなくても生産性を確保できる反応を検討した方が工業化を容易にする。すなわち，現時点では①と②を組み合わせて，反応システムを組み立てることが安価な工業化を可能にする。

ただし，②の流路径アップはマイクロ流路のスケーリング効果によるメリットを失わない範囲で行う必要がある点が重要である。スケーリング効果のメリットを失わずにマイクロ流路径を拡大する方法について，著者らが検討した結果，ある種の反応では流路径を拡大しても線速度などのパラメーターを維持するようにすればスケーリング効果のメリットを維持できることを見出した。著者はこの技術を「疑似イコーリングアップ」技術と呼んでいる。流路閉塞を回避しかつ生産性向上を実現できる技術として提案されている「イコーリングアップ」技術（後述）は，流路の等価直径を変えないでスケーリング効果を維持する技術であるので，それと区別するため「疑似」という言葉を冠して用いている。とりわけ収率だけが問題になるような物質生産では，②の手法，すなわち疑似イコーリングアップ技術は，生産性だけでなく流路閉塞の問題を解決するのにも有効である。

3.2　工業化を検討する反応の反応速度について

遅い反応にMRS技術を利用する場合，生産性を考えるとナンバリングアップ技術の利用が好ましいが，装置コストの負荷が大きくなるので実用化は簡単ではない。一方，速い反応にMRS技術を利用する場合，ナンバリングアップ技術を用いなくても生産性確保が可能なので装置コストの負荷が小さく，比較的容易に工業化が可能になる場合が多い。工業化を検討するターゲットとしては，生産性確保の容易さと低い装置コストの観点から，反応が終了するのに必要な流路滞留時間がミリ秒オーダーである反応を選択した場合に工業化に成功する可能性が高い。この程度の反応速度の反応を選べばかなり流速を上げることが可能であり，そして混合効率を十分に確保できる装置設計さえ行えば，流路径をアップしても収率に影響しにくいことが多い。そのため生産性と収率の兼ね合いで流路径および流路長を自由に設計できる。その結果，安価な装置での工業化が実現できる。

4　工業化において重要な技術

MRS技術の工業化を容易にするためには，新たに開発，または改良しなければならないシステム化技術が多々ある。その中の重要な技術として，送液制御技術とマイクロ流路閉塞防止技術の二つを取り上げて考えてみる。

4．1　送液制御技術

MRS技術において，反応はフロー条件下反応液同士がマイクロ流路内で接触することにより行われる。そのため，送液を精密制御できないと反応液同士の接触比率が変わってしまうし，流路内の反応液滞留時間（反応時間）も変わってしまうので，マイクロ化学プラントの特長である反応の精密制御が実現できないことになってしまう。そのため，送液制御技術はマイクロ化学プラントにおいて非常に重要な技術である。

4．1．1　無脈動もしくは低脈動送液技術

MRS技術の送液技術は，電気浸透流を用いる方法と圧力駆動流を利用する方法に大別されるが，大量送液が必要なマイクロ化学プラントで重要なのは圧力駆動流を用いる方法である。定量性と連続性を保証できる，無脈動もしくは低脈動の圧力駆動送液技術がMRS技術を工業化するためには非常に重要である。

実験室では一般にシリンジポンプが用いられるため，無脈動送液が実現できる。しかしながら，マイクロ化学プラントでは大流量の送液（連続送液）が必要であり，シリンジポンプはもはや有効ではない。

大流量の送液が可能で定量性のある送液ポンプとしてプランジャーポンプとダイヤフラムポンプがあり，これらがマイクロ化学プラントの送液ポンプとして使用される場合が多い。プランジャーポンプは，ピストン（プランジャー）の吸入と吐出の往復運動で送液するのでピストン１個では脈動の流れになってしまうが，２個，３個とピストン数を増やして連結した２連，３連ポンプでは脈動は大きく軽減される。ダイヤフラムポンプはプランジャーの代わりにダイヤフラム（膜）の往復運動で送液する点とシールレスである点が異なるが，基本的原理はプランジャーポンプと変わらない。ただし，高圧送液は苦手である。最近50 MPa程度の高圧でも使用可能なダイヤフラムポンプが開発されているが[9]，プランジャーポンプに比べれば高圧送液性に劣る。

プランジャーおよびダイヤフラムポンプにおいて，２連，３連とピストンやダイヤフラム数を増やせば増やすほど高価なポンプになる。そのため無脈動もしくは低脈動送液ポンプを導入するとプラントコストのかなりの部分を占めてしまうという問題がある。ピストン数をあまり増やさずとも脈動を軽減できる方法がいろいろ提案されているが，それらの技術により安価な送液ポンプが開発できれば，プラントが安価になり，その普及にも役立つ。そのようなポンプの開発を期待したい。

しかし，現時点で工業化をしようと考える場合，多少脈動があるが工業的に安価に入手可能なポンプを利用することを検討すべきである。反応速度が速い反応の工業化を検討した著者の経験では，対流渦利用などの高効率な混合方法を採用すれば脈動はあまり収率には影響せず，安価に入手可能なポンプでも無脈動のポンプを使用した場合に比べて遜色のない結果が得られることを確認している。５％程度の脈動に抑えられれば問題なかった。速い反応を用いた物質生産では，容易に入手可能な比較的安価なポンプの使用で工業化が可能になった。

4.1.2　送液流量の均等分配技術

一つ一つのマイクロ流路装置に送液ポンプを接続して並列化するナンバリングアップ技術はコスト的に大きな問題があることは先にも述べた。反応が速い場合は，前述のようにナンバリングアップせずに生産性を確保することが可能であるが，遅い反応で生産性を十分確保するには１台のポンプでできるだけ多くのナンバリングアップしたマイクロ流路装置に均等送液できる流体工学的送液技術とセンシング技術が必要になってくる。後者の技術に頼って均等送液を行う装置の開発は，今のエレクトロニクス技術を駆使すれば十分可能であると思われるが，この技術に頼るとかなり高価なプラントになってしまう。よって前者の技術，すなわち流体工学的送液技術の進歩があればMRS技術による物質生産の工業化は大きく進展すると思われる。

流体工学的送液技術に基づく研究の一環として，CFD（Computational Fluid Dynamics）シミュレーション技術を用いて，ナンバリングアップしたマイクロ流路への均等送液を実現する装置の最適構造設計を目指した研究がある[10)]。このような研究が実を結ぶと流体の入り口と出口をある形状の構造にすれば多数のマイクロ流路へ均等分配送液が可能になり，その結果として多数のマイクロ流路をまとめた構造体（内部ナンバリングアップした構造体）をあたかも一本のマイクロ流路のごときに扱うことが可能になる。この構造体（基本モジュール）全てにポンプやセンサーを結合して一つのマイクロ化学プラントとし，後はそれを必要な生産量に応じて必要個数を単に並列化するのは簡単であるが，それでは高価な装置になってしまう。もしこの基本モジュールをいくつかまとめ，それに液流の分配ユニットを結合して一つのポンプで各モジュールに均等分配送液するという高次のナンバリングアップ（外部ナンバリングアップ）ができれば装置コストの相当なダウンが実現できる[11)]。工業化推進のためには，高次のナンバリングアップ技術の実現も目標にしなければならない。

もし，高次のナンバリングアップ技術が実現すれば，前述の疑似イコーリングアップ技術で工業化が可能な高速反応にもこの技術が適用されるようになると思われる。なぜなら，疑似イコーリングアップ技術で製造検討する場合，実験室での結果を，パイロットプラントを経由せずに工業化するというメリットはまず出せない。やはりこれまでのバッチ反応類似のスケールアップの手順を踏むことになり，そのために要するコストは少なくない。高い信頼性の高次ナンバリングアップ技術が実現できれば，MRS技術の「実験室から製造へ」という理想が初めて現実味を帯びたものになる。

4.2　マイクロ流路閉塞防止技術

マイクロ流路のような狭い空間で反応させたらすぐ閉塞してしまって連続運転は無理だろうと多くの人は考える。実際この点がMRS技術での物質生産を工業化する上での大きな問題であり，工業化に不安を抱かせ，躊躇させる原因の一つである。特に結晶や粒子が生成するような反応ではそのような不安が強い。この問題を解決できれば安心して工業化に取り組めることは明らかであり，工業化は促進される。以下にマイクロ流路閉塞防止技術について報告されている方法，および著者の経験から考えられる方法について述べる。

4.2.1　マイクロ流路構造による閉塞防止（「イコーリングアップ」技術）

マイクロ流路中での反応は層流の接触安定界面を介した分子拡散により開始される。よく用いられるY字型のマイクロ流路リアクターの場合，流路の断面をみると界面の上下端は流路壁に接触している。結晶や粒子を生成する反応ではそのような接触部分にそれらが付着し，それから徐々に結晶および粒子成長が起こり流路閉塞することが観測される。そこで，層流の接触界面が流路壁に接触しないような流路構造が提案されている。その提案は，流路を円筒状にし，層流を同心円状に配置することによりその接触界面を流路壁に接触させないようにする方法である[2,6,12]。そのように層流を配置することは閉塞を防止すると同時に界面の面積増加の効果もあるので，拡散混合による反応が促進されるというメリットもある。また，流量もアップできるので生産性も向上するというメリットもある。この技術は基本的に流路の等価直径を変えないで行うので，マイクロ空間のスケーリング効果のメリットを失わない内部ナンバリングアップ技術に対応した技術として「イコーリングアップ」技術と呼ばれている[13,14]。この構造のリアクターでは，Y字型リアクターではすぐに閉塞してしまう硝酸銀と塩化ナトリウムの反応による塩化銀合成を流路の閉塞なしに行うことができたと報告されている[12]。

4.2.2　マイクロ流路径拡大による閉塞抑制（「疑似イコーリングアップ」技術）

Merck社は，ある種のグリニャール反応をマイクロ流路中で行うとフラスコ中での場合に必要な超低温冷却が必要ないことを見出し，それを医薬品中間体合成に実用化することを検討した。しかし，最終的には閉塞の問題を心配して収率の低下を若干伴うが流路を拡大したミリサイズの流路の化学プラントを実用化したと報告している[15]。この技術は先に述べた「疑似イコーリングアップ」技術に近い考え方である。しかし，疑似イコーリングアップ技術はマイクロ流路のスケーリング効果を失わない範囲での生産性向上の対応であり，閉塞の問題を危惧しての対応ではない点が異なる。だが，閉塞の問題が小さくなるという点では同じである。実際，マイクロ流路のスケーリング効果の維持と閉塞抑制の流路拡大は矛盾なく実現できる領域がある。閉塞が心配だからという理由でなんとなく流路径を拡大するのではなく，疑似イコーリングアップの検討結果として流路径を拡大し，その結果として閉塞抑制も図るという検討は効果的である。ただしそれが実現できる流路径の範囲は反応によりまちまちであり，実験により確認するしかないが，著者が検討した速い反応では疑似イコーリングアップ技術が適用される流路径の範囲にはかなり自由度があった。

4.2.3　自動化技術による閉塞防止

MRS技術の工業化を検討する上で欠かせない技術として，反応装置の自動化がある。研究室での研究段階から自動化できる技術がないとMRS技術の工業化は難しい。図1に著者が実験に用いている自動化をとりいれたプラントの構成模式図を示す。バルブを用いて送液を制御し，反応中常に流路が反応液などで満たされ，かつ反応液流れが反応終了後の流路洗浄が終わるまで止まることがないように設計してある。バルブの切り替えはプログラマブルロジックコントローラ

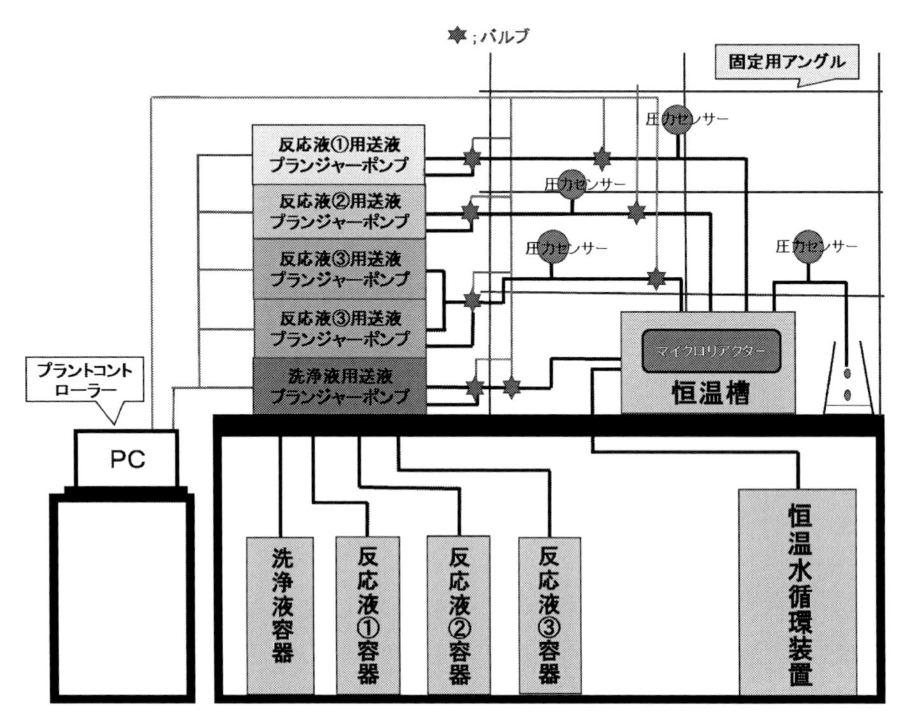

図1　実験用マイクロ化学プラントの構成模式図（3液反応用）

(PLC) により行う。PLCはシーケンサとも呼ばれるが，それを動かすのに使用されるソフトウェアはラダー論理と呼ばれるものである。ラダー論理はリレー回路を記号化したものでラダー図（ラダー回路）という梯子のような図形で表す。実験条件にあわせてパソコンでラダー回路を書き換えてプラントを稼働する。図2に実際に組み立てた実験用プラントの写真を示す。送液に用いるプランジャーポンプは高速液体クロマトグラフィー（HPLC）用の汎用品である。このプラントは実験用であるが実際の生産にも用いることができ，現在取り組んでいる材料の場合，十数トン／年の生産が可能である。

自動化により閉塞防止ができる理由は，反応条件をいつも一定にできることにある。一般に閉塞は反応開始時と終了時に起こりやすい。反応を自動化し，反応の開始時と終了時の条件を一定にしてやると驚くほど流路閉塞がなくなる。

4.2.4　反応媒体流の急激な圧力変化による閉塞防止

マイクロ流路構造に関係なく閉塞防止ができる方法として，マイクロ流路中の反応媒体流に急激な圧力変化を与える方法が提案されている[16)]。この提案は，急激な圧力変化はマイクロ流路の閉塞による圧力上昇を解除する（閉塞を取り除く）働きがあるという事実に基づいたものであり，この働きを積極的にマイクロ化学プラントのシステムに導入して閉塞を防止し，連続運転を保証しようという考えである[5,6)]。

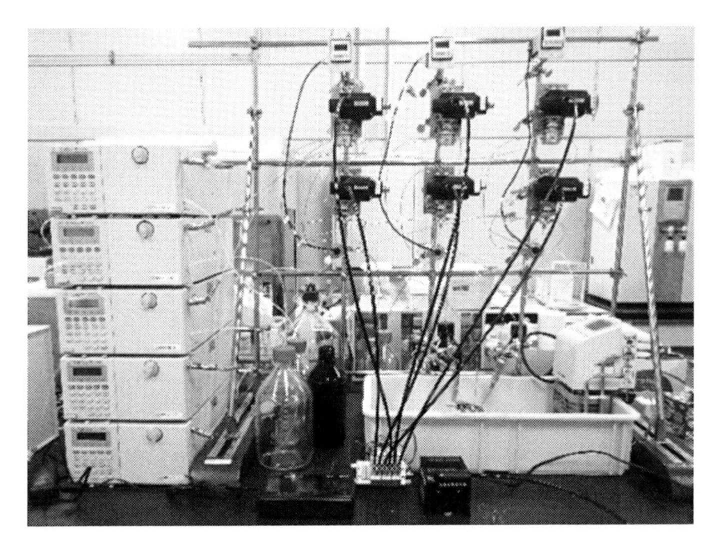

図2　実験用マイクロ化学プラント（3液反応用）

5　工業化検討の現状と将来展望

MRS技術の工業化例はどのくらいあるのかという質問が企業の方からよく出る。そのような質問をする方には，本技術を懐疑的にみている方もいれば，本技術に取り組みたいが社内説得のために工業化例があれば助かるという方もいる。著者としては，後者の方々に対してはできるだけ多くの工業化例を示したいという思いに駆られる。しかしながら，一般に生産技術は企業においては非常に機密性の高い技術であり，工業化後すぐにそれを積極的に公表する例は非常に少ない。最初に著者は数十トン／年の医薬品中間体製造に本技術を導入することに成功したと述べたが，その詳細を述べることはまだできない。MRS技術を今後検討してみたいと考える方々に強い推進力を提供できないので大変残念である。

しかしながらMRS技術による工業化は，静かにではあるが確実に進んでいる。MRS技術が物質生産を工業化する際の選択肢の一つとして企業の中で一般化する時期を，最初に述べたNEDOプロジェクトのロードマップでは2025年頃になると予想したが，中小規模生産（数十トン／年レベル）においては，その実現は十分可能である。大規模生産（数百トン／年レベル）においては実現にはもう少し時間がかかるかもしれない。その理由は，現在製造している大規模製品にMRS技術を導入した方が確実に安価に生産できる製品があったとしても，新しく構築するマイクロ化学プラントの製作費を入れると製品の初期コストは高くなってしまう場合が多いためである。よってその製品の製造にMRS技術が導入可能になるのは大部分が現生産プラントの老朽更新時期が来た時である。老朽更新時にはマイクロ化学プラントはコスト的に明らかに有利になる。そのタイミングを待つ必要があるので残念ながら時間がかかってしまう。

MRS技術が企業の強みとなるかどうかは，それを工業化しようという強い思いの現場の技術者・研究者が社内にいることが大前提であるが，更に老朽更新時期を見越してMRS技術に取り組むことの重要性を理解し，推進する経営幹部がいるかどうかが非常に重要である。そのような技術者・研究者および経営幹部がいる企業が増え，大規模生産においてもMRS技術が早く一般化されることを期待したい。その可能性は十分にある。

文　　献

1) 独立行政法人（現国立研究開発法人）新エネルギー・産業技術総合開発機構（NEDO）「マイクロ分析・生産システムプロジェクト」（事後評価）分科会（2006），http://www.nedo.go.jp/introducing/iinkai/kenkyuu_bunkakai_18h_jigo_15_1_index.html
2) 佐藤忠久，富士フイルム研究報告，pp.21-26（2008），http://dl.ndl.go.jp/view/download/digidepo_3049511_po_ff_rd053_all.pdf?contentNo=1（国立国会図書館デジタルコレクション）
3) 長澤英治，京都大学博士論文，pp83-98（2007），http://hdl.handle.net/2433/136255
4) 福田貴史，京都大学博士論文，pp9-16（2014），http://dx.doi.org/10.14989/doctor.k18308
5) 佐藤忠久，「マイクロリアクタテクノロジー～限りない可能性と課題～」，pp389-397，NTS（2005）
6) 佐藤忠久，フロー・マイクロ合成（吉田潤一編），pp259-270，化学同人（2014）
7) J. Yoshida, "Flash Chemistry. Fast Organic Synthesis in Microsystems", Wiley-Blacwell（2008）
8) 前一廣，「マイクロリアクター－新時代の合成技術－」（吉田潤一監修），pp137-156，シーエムシー出版（2003）
9) http://www.tacmina.co.jp/library/feature/255/
10) O. Tonomura, S. Tanaka, M. Noda, M. Kano, S. Hasebe, I. Hashimoto, *Chem. Eng. J.*, **101**, 397（2004）
11) R. Schenk, V. Hessel, C. Hofmann, J. Kiss, H. Löwe, A. Ziogas, *idem*, **101**, 421（2004），本論文中で内部ナンバリングアップ（Internal numbering-up）および外部ナンバリングアップ（External numbering-up）という用語を定義している。
12) H. Nagasawa, K. Mae, *Ind. Eng. Chem. Res.*, **45**, 2179（2006）
13) 前一廣，SCEJ 41st Autumn Meeting（講演番号B201，要旨集p247 Higashi-Hiroshima（2009））
14) V. Hessel *et el.*, "Micro Process Engineering: A Comprehensive Handbook", pp387-389, Wiley-VCH（2009）
15) H. Krummdradt, U. Koop, J. Stold, *GIT Labor-Fachz.*, **43**, 590（1999）
16) H. Gabski, R. Winter, C. Wille, WO 03/020414（特表2005-501696号）

【第Ⅲ編　産業界の動向】

第1章　フローマイクロリアクターの製薬業界の動向

高山正己*

1　はじめに

2006年のNature誌に，米国ハーバード大学のGeorge M. Whitesides教授が「The origins and the future of microfluidics」という総説を寄稿している[1]。その冒頭，教授は次のように述べている。「10マイクロメートル足らずの流路での流体の制御技術は今までとは違ったまったく新しい分野を開拓した。マイクロフルイディクスは，化学合成や生物学的な分析から光情報処理技術まで現在注目されている分野において可能性を秘めている。しかし，この分野はいまだに未成熟な分野である。基礎科学的な技術事例を積み上げげたとしても，その技術を商用化までの技術に仕上げるのは難しい。この点を解決するには，想像力と工夫が必要になるであろう。」ここで言う基礎科学的な技術事例は，近年多く積みあがってきている。一方，商業的成功事例となると製薬業界に関して言うとまだない状況である。本章では，今後の製薬業界での実用化を見据えたフロー・マイクロ合成技術の活用事例を紹介して展望を述べたいと思う。

2　製薬業界での使いどころと利点

製薬業界でのフロー・マイクロ合成技術の使いどころは，医薬品の製造段階と研究段階で大きくふたつに分かれる。製造段階は，精密化学合成の工業化の分野と同じであり，［第Ⅱ編　企業の実例］において多く述べられているため，本章では詳しくは触れないでおく。一方，研究段階に関しては，フロー・マイクロ合成の特徴が最大限に発揮できる部分と考えている。医薬品研究の効率化という観点では，フロー・マイクロ合成技術は十分に実用化できるレベルに成熟していて，医薬品研究のどの部分に適用するかの段階になっている。図1に示したのは，医薬品の研究段階の合成化合物数と合成量である。

初期探索ステージ（Hit to Lead）ステージにおいては，多様な構造を持つ化合物を少量合成して（10 mg程度），生物活性を調べて，薬の素になるリード化合物を見つける段階である。このステージでは如何に多種類の化合物を効率的に合成するかが重要になる。フロー・マイクロ合成技術は流体を精密に制御できる技術であるので，概して反応の自動化はバッチ反応に比べて比較的に得意である。少量多種類の化合物群（化合物ライブラリー）を効率的に合成しなければな

＊　Masami Takayama　塩野義製薬㈱　医薬研究本部　グローバルイノベーションオフィス
主幹研究員

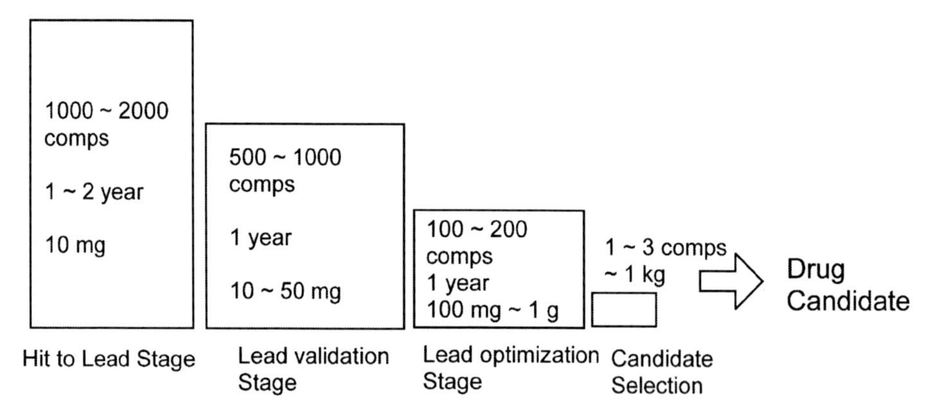

図1　医薬品研究における各ステージ別の合成化合物数と合成量

らないこのステージでは化合物ライブラリーの自動合成は非常に有用なツールになりうると考えている。次に薬の素であるリード化合物を薬に仕上げるステージ（Lead validation やLead optimization）になると，ある程度まとまった量の化合物を合成しなければならなくなる。また他社の特許を回避するために独自の特徴ある化学構造の化合物をデザインして合成する必要がある。この段階での使いどころは，フッ素化反応やニトロ化反応などのバッチでは危険な反応のスケールアップ合成や，光反応，電極反応，フラッシュケミストリーを用いたバッチではできない構造を合成できる反応への適用である。危険反応のスケールアップ合成に関しては，フロー・マイクロ合成は微細空間で反応させるため，反応液自体は非常に微量な状態で反応している。そのため大きな発熱があってもバッチ反応ほど危険ではない。そのため，この技術は実験室でのフッ素化反応やニトロ化反応のスケールアップ合成（10 gから100 g程度）に適していると考えられる。

光反応は［2＋2］付加環化反応といった熱反応ではできない反応による特徴ある構造の化合物を合成することができる。電解反応に関しても，一電子酸化反応を，酸化剤を用いることなく反応できるため有用な反応である。ただし実際に実験室で使うには特殊な反応装置が必要であるため敬遠されがちな反応である。フロー・マイクロ合成反応装置は，ポンプ，リアクター，インジェクターなど機能ごとにモジュール化してあり，リアクターモジュールの部分を光反応モジュールや電解反応モジュールに変更するだけで，研究員が容易に光反応や電極反応を行うことができる（図2）。この簡便さによりこのような特殊反応への心理的な抵抗感を低減することができる。

フロー・マイクロ合成の利点の一つは，混合効率が極めてよいということであるため，早い反応であれば反応液が混合した瞬間に反応を完結させることができる。このため非常に不安定な中間体も発生させた直後に反応剤を加えることによりバッチ反応では合成することができない化合物を合成することが可能になる。京都大学の吉田潤一教授が事例を数多く発表しているフラッシュケミストリーも医薬品の研究にとって有用な技術である[2)]。候補化合物の選択（Candidate

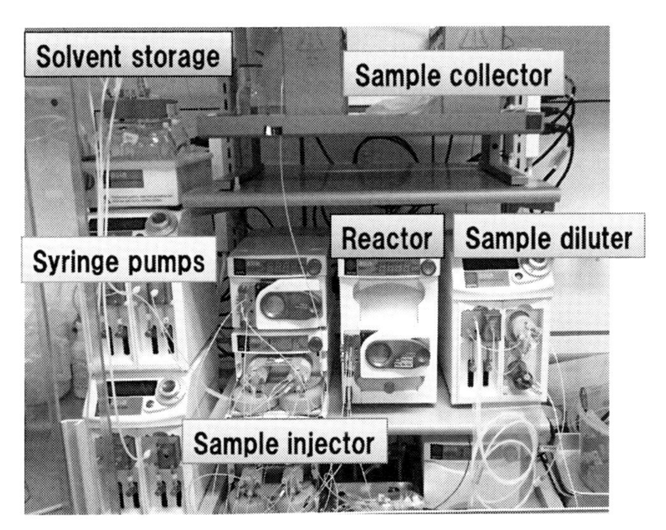

図2　自動合成を指向したフロー・マイクロ反応装置

selection）のステージでは，動物を使った薬効試験や安全性試験のために数キログラムの化合物を合成する必要が出てくる。このステージの使いどころは，スケールアップの条件検討の自動化や，最適化された条件をナンバーリングアップ（同じ装置を並列に繋いで量上げをすること）してキロレベルの化合物の迅速な合成への適用である。最近ではフロー系で生物活性を測定するLab-on-A chipの技術の目覚ましい進展がみられる[3]。また，フロー・マイクロ合成技術を活用した自動合成とこのLab-on-A chipの技術を組み合わせて創薬の全プロセスを自動化して，医薬品の開発研究を加速させようという試みも始まっている。以下，実際にどのようにこれらの反応が医薬品研究に活用されているかを次に述べる。

3　医薬品研究での実例

サンフォード・バーナム医薬研究所のNicholas Cosfordらは精力的に医薬品研究の分野でフロー・マイクロ合成技術を活用している研究者である。彼らは実際に医薬品候補化合物の特許も幾つか出願していて，その特許にはフロー・マイクロ合成技術を利用して化合物ライブラリーを合成し，薬理活性の強い化合物を見出すといった内容の記載もされている[4]。彼らはフロー系での多段階反応のライブラリー合成の事例を多く発表している。多段階反応での化合物ライブラリー合成はケミカルダイバーシティー（構造的な多様性）が高く，ファーマコフォアの検索を目的とする初期段階の創薬には大変有益である。スキーム1で示すように，チアゾール合成，脱ケタール化反応，ビギネリマルチコンポーネント合成により，高度に置換基を持つ5-(チアゾール-2-イル)-3,4-ジヒドロピリミジン-2-オン誘導体のライブラリー合成を行っている[5]。フロー・マイクロ合成技術により，彼らは100化合物を一週間以内での合成も可能ということを述べている。

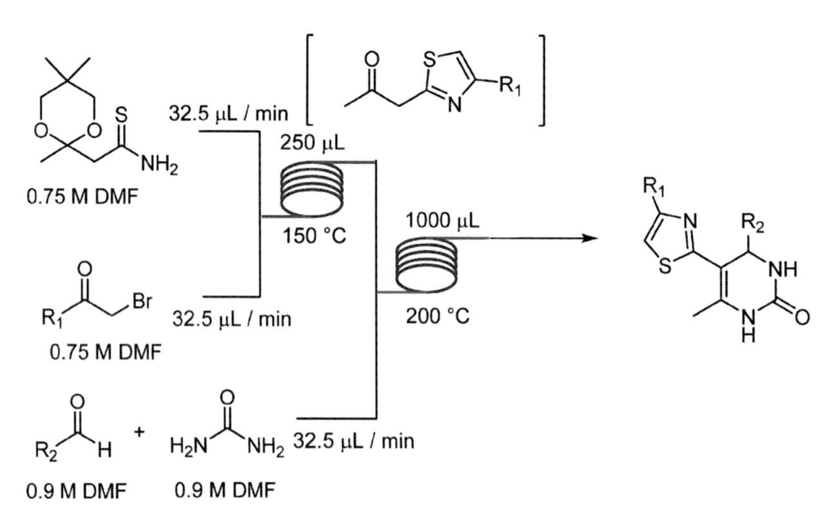

スキーム1　Synthesis of 5-(thiazol-2-yl)-3,4-dihydropyrimidin-2-one library

いずれの反応も高温が必要な反応であるが，バックプレッシャーレギュレーターをかけることで，高温反応を可能にしている。メディシナルケミストリーの分野でよく使われるマイクロウエーブでの複素環合成は自動化しにくい部分であるが，フロー・マイクロ合成の技術を使うことにより自動化が可能になる。これらフロー・マイクロ合成技術による化合物ライブラリーの合成は，メディシナルケミストリーの分野で，ラボオートメーションによる自動化という観点で非常に有力なツールであることを示す事例である。

スクリプス研究所のA. R. Bogdan，ファイザー社のNeal W. Sachらは銅製のフローリアクターを用いてフロー系でクリック反応を行っている。置換アルキンと二級アルコール，アジ化ナトリウムをDMF-水系の溶媒で銅製のリアクター中，高温で反応させて，高度に置換されているトリアゾールを合成している[6]（スキーム2）。

この反応を用いて，A. R. Bogdanらは中・大員環化合物合成を効率的に行っている[7]。表1に示すように，A. R. Bogdanらは収率，環化反応とダイマー化の選択性とも，フロー系の反応が優れていることを示している。反応濃度も16.7 mMでの結果であり，従来低濃度での反応が必要な歪んだ環化反応合成にフロー系のクリック反応は合成効率的にも有益である。

実際にA. R. Bogdanらは図3のような，11員環から22員環までの中・大員環化合物を高収率で合成している例を示している[8]。

近年，医薬品研究の分野ではマクロサイクル誘導体が注目されている。マクロサイクル誘導体は，多点でタンパク質と相互作用することが可能であり，低分子化合物で狙うことが難しいと言われているプロテイン-プロテイン相互作用（PPI）を狙うことができる分子として期待されている。マクロサイクル誘導体の化合物ライブラリーはこのような，PPIに対する阻害剤を指向したライブラリーとして有効であると考えられている[9]。一方，従来のアミド結合での合成では低

スキーム2　Flow click reaction

表1　Flow vs non-flow macrocyclization reaction

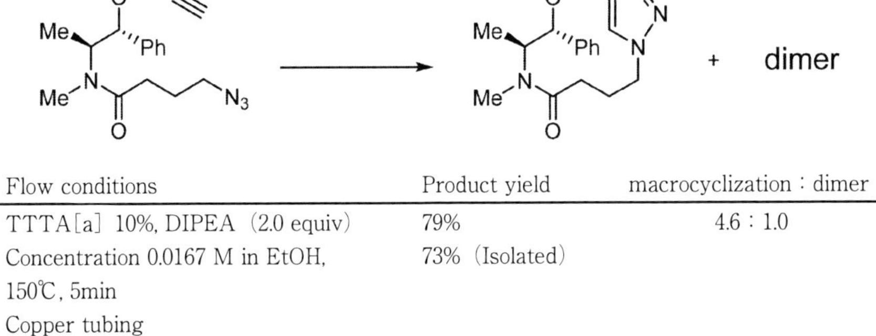

Flow conditions	Product yield	macrocyclization：dimer
TTTA[a] 10%, DIPEA（2.0 equiv） Concentration 0.0167 M in EtOH, 150℃, 5min Copper tubing	79% 73%（Isolated）	4.6：1.0

Non-flow conditions	Product yield	macrocyclization：dimer
TTTA[a] 10%, DIPEA（2.0 equiv） Concentration 0.0167 M in EtOH, 150℃, 5min in a sealed tube CuI（1.0 equiv）	52%	1.5：1.0

TTTA：tris-((1-tert-butyl-1H-1,2,3-triazol)methyl)amine

濃度での反応が必要であり，収率もきわめて低く，このクリック反応をフロー系で行う技術により，医薬品研究として有効なマクロサイクル誘導体に容易にアクセスできることは意義深い。

光反応はフロー・マイクロ合成の技術を活用することで見直されている反応である。光反応は古くからラボレベルでは使われている反応で，熱反応ではできないようなユニークな分子を合成できる可能性があり，構造のユニークさという観点からメディシナルケミストリーの分野にとっ

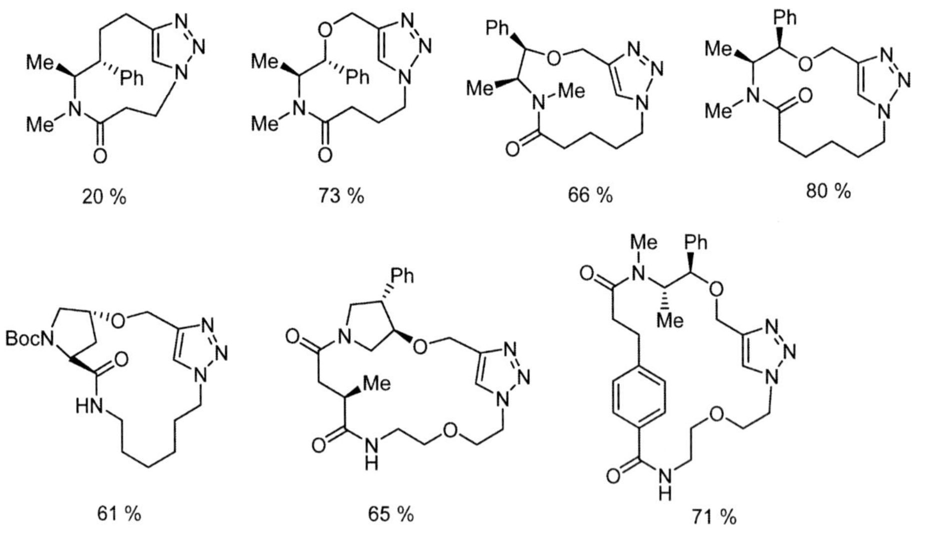

図 3　Macrocycles prepared by flow system

ても興味深い反応である。ただ，光のエネルギーは距離に逆比例して弱くなることから，反応釜など大きなスケールで行うことを考えると，強力な光源が必要となり，そのためのエネルギーも多く必要となり，経済的に工業化できる反応ではなかったため敬遠されていた反応であった。フロー・マイクロ反応系では，微小空間で近距離から光を照射できるため，エネルギー効率の向上が見込まれる。このため，実際にLEDやブラックライトなどの光源でも光反応が進行し，また太陽光でも反応が進行する事例もあり，近年，クリーンな省エネ反応として注目されている（図4）。

ジェームスクック大学のMichael OlegemöllerらはUVC（254 nm）の光源を使って，【2＋2】光環化反応を報告している[10]。図5(a)に示される【2＋2】光環化反応はシクロプロパン環骨格を持つライブラリー合成に有用であり，また医薬品としての構造のユニークさからメディシナルケミストリーの分野で注目される骨格の一つである。UVCを光源に用いるという難点はあるが，彼らは装置の工夫で安全性を確保しており，創薬現場でも使える有用な反応である。また，彼らはフロー系の光反応のパラレル合成を実施して，ライブラリー合成も実施している[11]。図5(b)で示される光学活性な$\alpha\beta$-不飽和γ-ブチロラクトンにアルコールを付加させる反応で，βとγ位に不斉点を持ったγ-ブチロラクトンのライブラリーを作成している。構造のユニークさから，この反応もメディシナルケミストにとって，面白い反応である。また，RWTHアーヘン大学のErli Sugionoらは図5(c)に示されるようなエナンチオ選択的なテトラヒドロキノリンの合成をフロー系の光反応で行っている[12]。彼らは水素ドナーとしてのHantzsch dihydropyridine（2.4 mol%）と光学活性なBrønsted酸（1.0 mol%）を触媒に2-Aminochalcone誘導体の光環化反応，引き続き還元を行い，90%ee前後という高い光学収率でテトラヒドロキノリン誘導体のライ

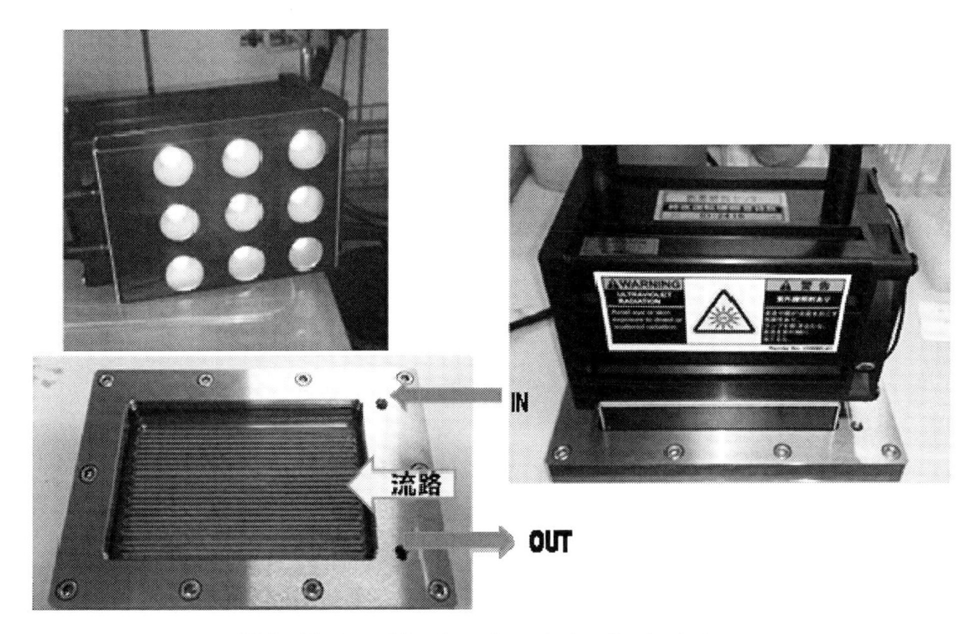

図4　Photos of the flowmicro photsynthesis devices

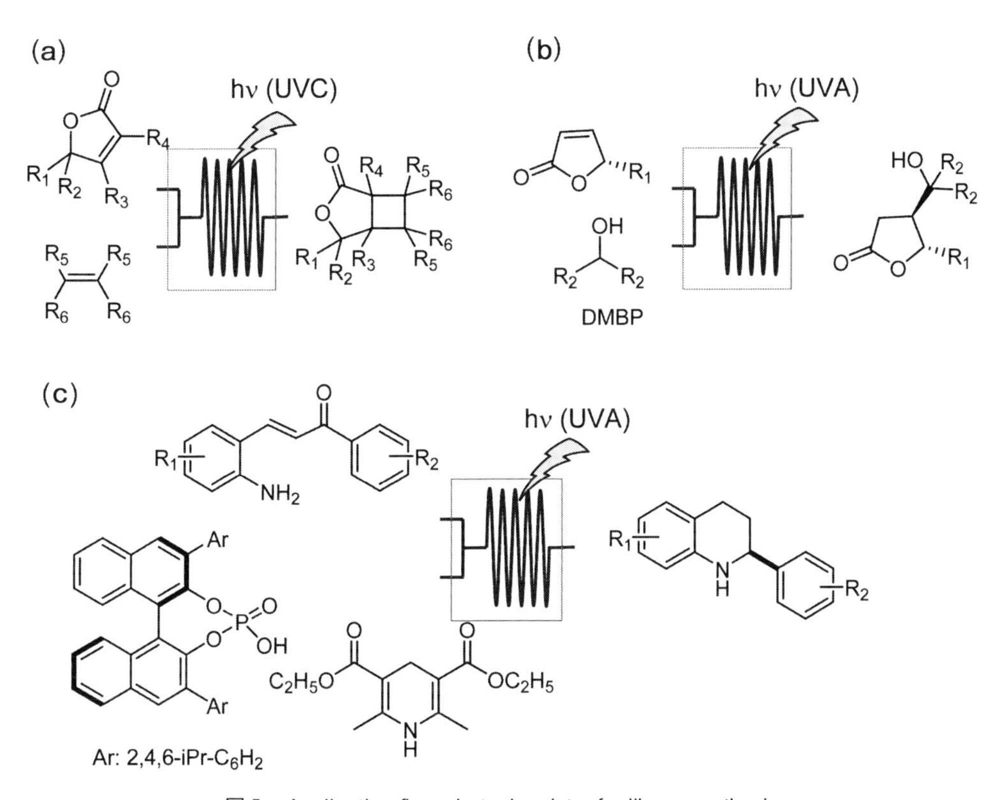

図5　Application flow photochemistry for library synthesis

ブラリーを作成している。このように，今までアクセスしにくかった光反応を効率的に活用して，熱反応ではできない反応を行い，ユニークな構造のライブラリーを作れる点は，フロー・マイクロ合成技術の活用の大きなメリットである。

電極反応もメディシナルケミストとしてはアクセスしにくい反応の一つであった。2014年にSyrris社からフロー電極反応のユニットが発売され，医薬品研究の分野では，一躍注目されている反応となっている。フロー電解反応の活用事例としては，電解反応を利用した薬の代謝物の合成の例が挙げられる。代謝物の標品の合成は，医薬品として化合物を申請する際に必要になる場合が多い。たとえば医薬品の開発のレギュレーションには，ヒトで生成する代謝物を特定しなければならないということがあり，その方法としては，推定される代謝物の候補化合物を合成して，LC-MSMSなどで比べる必要がある。従来の方法は，酵素反応などの生体触媒反応を利用して数多く生成した化合物を分離精製して，代謝物の候補を単離してくるといった方法がとられているが，生体触媒で取れる量は微量で，大変効率の悪い作業になっていた。代謝物の多くは，生体内で一部が酸化された水酸基が足掛かりとなり，水に溶けやすい体内の化合物と結合して，尿などから排泄されるといった過程をとるため，一段階目の水酸化反応を効率的に進めることができるならば，代謝物の標品合成に有用な技術となりうると考えられる。電解反応は流す電流量を調整することにより，酸化の程度も調整できるため，代謝物合成にきわめて有効なツールとなりうると考えられている。サンフォード・バーナム医薬研究所のRomain Stalderらは，フロー電解反応装置を用いて代謝物の合成を試みている[13]。いくつかの医薬品に対して，酸化反応を行い水酸化された化合物の合成に成功している（スキーム3）。

フロー・マイクロ合成技術の化合物ライブラリーの自動合成の適応事例を示したが，次に生物アッセイまで自動化して合成から生物アッセイまで自動化した事例を示す。近年Lab-on-A chipという概念で，フロー系，ドロップレット中で生物アッセイする技術が発展してきている[3]。微量の化合物で，なおかつハイスループットで生物活性をスクリーニングできるため，近年，注目されている技術である。フロー・マイクロ合成の技術とLab-on-A chipのオンラインアッセイの技術を組み合わせることにより，効率的，省人力かつ経済的に医薬品研究を進めることが可能になりつつある。サイクロフロディック社のBimbisar Desaiらは，フロー・マイクロ合成技術とオンラインアッセイの技術を組み合わせて，構造活性相関研究の効率化に関する手法を報告している。この報文では，オンラインアッセイとCADD（Computer Assisted Drug Design）技術による活性予測を組み合わせて，次に合成する化合物をデザインして，それらの化合物をフロー系で合成するといった一連の流れをシステム化した事例を示している[14]。サイクロフロディック社は創薬ベンチャーであり，多くの製薬企業から受託研究を受けていて，本当の研究成果を公表することはないが，本技術の活用例としてAblキナーゼ阻害剤の迅速な発明を文献に投稿している例を示している。彼らの方法論を図6に示す。ライブラリーのデザインをCADDによる活性予測を用いて行い，試薬を選定してフロー合成により自動合成，自動精製を行いオンラインで生物活性を測定する。その結果をCADDによる活性予測にフィードバックして精度を高めた活性予測か

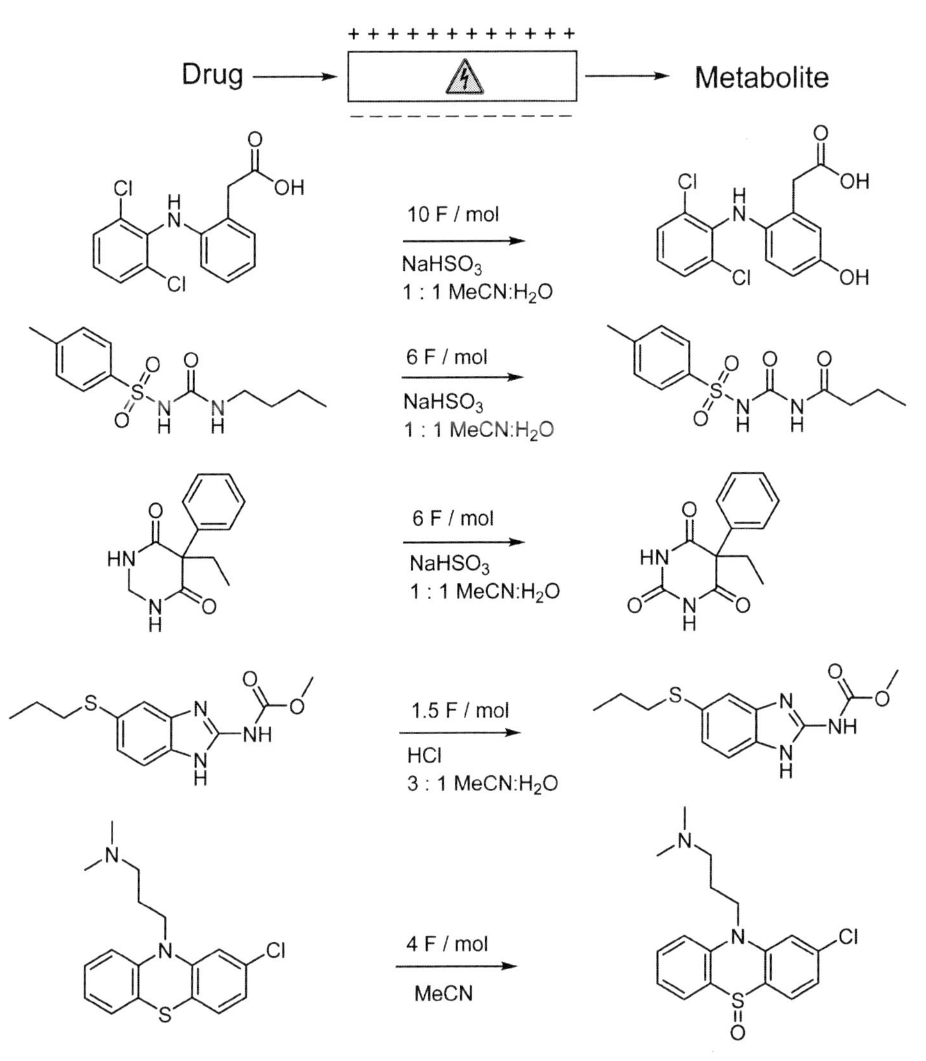

スキーム3　Oxidation product of the electro microfluidic reaction of drugs

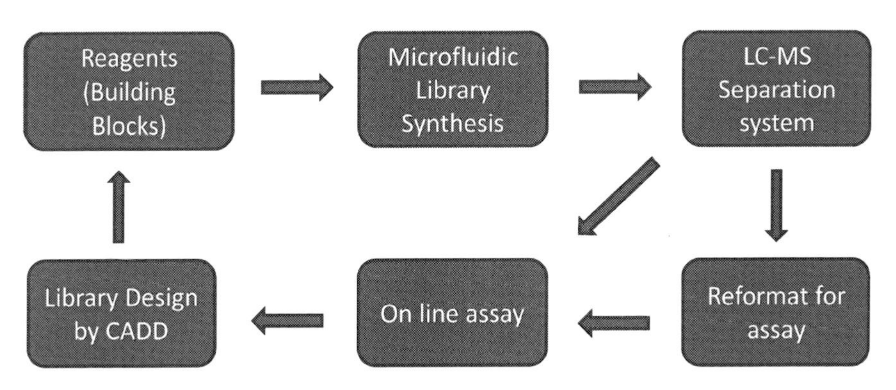

図6　Integrated design, synthesis, and screening platform illustration

ら，さらに試薬を選定して，次のサイクルを廻す。それを繰り返し，高活性な化合物を得るというストラテジーで構造活性相関研究を効率的に行う方法論を提唱している。

彼らは，第三世代のAblキナーゼ阻害剤であるポナチニブを鋳型に母核として，図7に示されるポナチニブテンプレート，逆アミドテンプレート，ピラゾールウレアテンプレートの3種類をデザインし，R置換基としては，4種類の誘導体の部分構造をデザイン，合成して，そのうち合成可能であった10種類のビルディングブロックをライブラリー試薬として選定している（図7）。一方，同時に27種類の市販の芳香族アルキン誘導体をHinge binding motifとして準備している。

この10種類のテンプレートと27種類のHinge binding motifを掛け合わし，270化合物のバーチャルライブラリー（仮想化合物群）の中から，活性既知化合物群より，立てた活性予測に従い，6種類のテンプレートとアルキン誘導体の組み合わせを選んで，フロー系で合成し，オンラインで生物活性を測定している。そのようにして得られた活性データを加えて活性予測式の精度を上げた予測式を用いて，さらにこのバーチャルライブラリーから，次に合成すべき高活性と予測される29個の化合物を選定している。このバーチャルライブラリーから試薬の選出，フロー

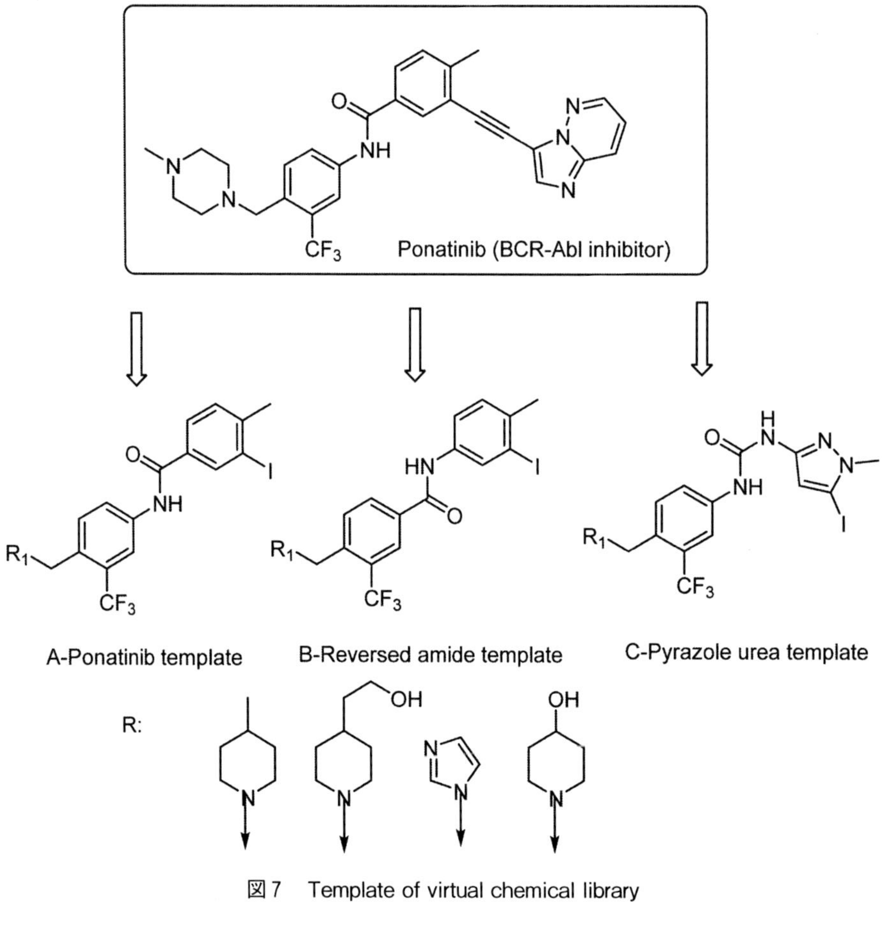

図7　Template of virtual chemical library

合成，オンラインアッセイ，アッセイ結果からの活性予測，試薬の選出というサイクルを繰り返し，最終的に270種類のバーチャルライブラリーから合計90化合物を合成するだけで，スキーム4に示すように，IC50の値が2nMといった非常に高活性の化合物を得ていることを，この論文で報告している。

この論文はこの手法のデモンストレーションとしての意味が強いが，270種類のバーチャルライブラリーから1/3の90化合物を合成するだけで，高活性化合物を見出している。実際の医薬品研究の現場で考えると，現実には1プロジェクトあたり3000～1万化合物を合成して，その中から1化合物を選ぶ作業効率であり，この技術を用いて，1/3程度の1000から3000化合物程度の合成で，高活性化合物を得られれば非常に有用なツールになると考えている。また，試薬の選抜の部分を人工知能により機械学習しながら選抜の精度を上げていけば，今後飛躍的に医薬品研究のスピードが向上すると考えている。この手法は，医薬品研究の研究期間とコストに対して大きなインパクトのある技術と考えている。

4　医薬品業界におけるフロー・マイクロ合成技術の展望

医薬品研究に関しては事例を示したように，フロー・マイクロ合成の使いどころは明確になっ

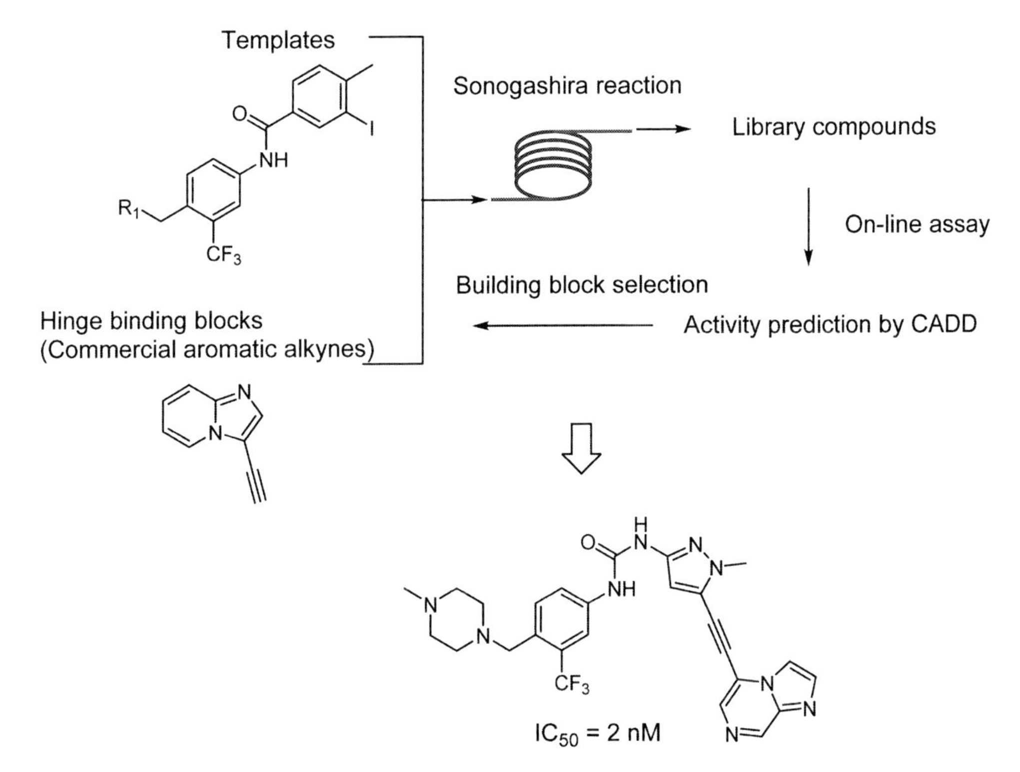

スキーム4　Creation of highly active compound by flow library synthesis and on-line assay

てきている。またそれぞれの技術は成熟しつつある。一方，化合物の自動合成から後処理，自動精製，自動薬効評価などの生物アッセイまで一連の操作を全自動で行える技術が次の10年間に確立されるべき技術と考えている。それぞれの単位操作の自動化技術は既に確立されているので，それらをインテグレート（統合）するシステム化こそが重要になる。それぞれの単位操作をインテグレートさせるのは，コンピュータ制御技術でありソフトウエアの開発が期待される。最終的には機械学習などの人工知能を組み合わせることによって飛躍的に医薬品研究の生産性が向上すると考えている。一方，それらの技術が進歩してもフロー・マイクロ合成技術で最後に残る問題は，生成物によるラインの閉塞の問題である。医薬品の特性でもあるが経口薬であれば，分子量が400程度で概して難溶性な化合物が多い。そして医薬品研究では薬効を発現させるために必須の構造（ファーマコフォア）を見つけて，枝葉の部分で活性や物性などを調整し，毒性の軽減を図るといった手法がとられている。これは溶けにくいものをさらに溶けにくい方向に構造変換しているため，フロー・マイクロ合成のプロセスにはうまく適合しない場合が多い。この手法とは違う新しい構造変換の手法が必要となり，創薬研究のパラダイムシフトが必要となる。サイクロフロディック社の事例のような，ある程度溶解度が高い部分構造を最終的につなげて最終物を合成するといったような化合物の合成法の転換が必要になる。

医薬品製造に関しては，危険反応，水添反応，ハザーダス反応のスケールアップ合成へのフロー・マイクロ合成技術の適用は進んできている。次の段階として，光反応や電極反応で合成された医薬品が研究段階から製造段階に進んだ場合，それに対応して光反応や電極反応のフロー・マイクロ合成技術によるスケールアップが次の10年間に進むと考えている。最終的には多段階反応の連続合成がフロー・マイクロ合成技術の目標になると考えている。昨年東京大学の小林修教授らによって，抗炎症剤の医薬品成分であるロリプラムを不均一触媒カラムによる連続フロー反応系で合成に成功している[15]。きわめて画期的な手法であり今後の医薬品製造のフロー合成技術の目指すべき姿を示した論文と考えられる。今後はどのような反応にも適応できるような固定触媒の開発がポイントとなる。この技術開発のために昨年，産総研触媒化学融合研究センター内に「フロー精密合成コンソーシアム（Flow Science & Technology consortium：略称FlowST）」が設立された。多くの製薬会社も参加していて，今後の進展が期待できる。

文　献

1) George M. Whitesides *et al.*, *Nature*, **442**, 368 (2006)
2) Jun-ichi Yoshida *et al.*, *Chem. Eur. J.*, **14**, 7450 (2008)
3) Mira T. *et al.*, *Lab Chip*, **12**, 2146 (2012)
4) PCT Int. Appl. WO2013033003A1 (2013)

5) Nicholas D. P. Cosford *et al.*, *J. Flow Chem.*, **1**, 28 (2011)
6) Andrew R. Neal W. Sach, *Adv. Synth. Catal.*, **351**, 849 (2009)
7) Andrew R. Bogdan, *et al.*, *Chem. Eur. J.* **16**, 14506 (2010)
8) Andrew R. Bogdan, *et al.*, *J. Am. Chem. Soc.*, **134**, 2127 (2012)
9) Eric Marsault, *et al.*, *J. Med. Chem.*, **54**, 1961 (2011)
10) Michael Oelgemöller, *et al.*, *Beilstein J. Org. Chem.*, **9**, 2015 (2013)
11) Michael Oelgemöller, *et al.*, *Org. Lett.*, **14**, 4342 (2012)
12) Erli Sugiono, *et al.*, *Beilstein J. Org. Chem.*, **9**, 2457 (2013)
13) Romain Stalder, *et al.*, *ACS Med. Chem. Lett.*, **4**, 1119 (2013)
14) Bimbiser Desai, *et al.*, *J. Med. Chem.*, **56**, 3033 (2013)
15) S. Kobayashi, *et al.*, *Nature*, **520**, 329 (2015)

第2章　フローマイクロリアクターの化学業界の動向

金　熙珍*1，永木愛一郎*2，吉田潤一*3

1　はじめに

フローマイクロリアクターに関する論文発表件数は年々増加しており，日米欧だけでなく，最近ではアジアからの投稿も増えている。「マイクロリアクター（microreactor）」をキーワードとしてSCOPASでの検索による1980年から2015年までの論文数を図1に示す[1)]。1990年代までは年間100報以下にとどまった学術論文の数が2000年に入ってから急激に増加し，2015年には年間400報を超えている。また企業からの論文数も多くなってきた。この推移から考えるとまだまだ論文数は増える傾向にあり，フローマイクロリアクターに対するアカデミアや産業界の関心が高まってきているといえる。

学会活動も世界各国で非常に盛んに行われている。中でも，マイクロリアクター分野の国際会議として著名なIMRET（The International Conferences on Microreaction Technology）は，1997年にドイツで第1回が開催され，2016年には第14回の会議が北京で開かれた。大学の研究者や学生だけでなく多数の企業からの研究者が参加するなど，産業界の関心の高さが伺える。ま

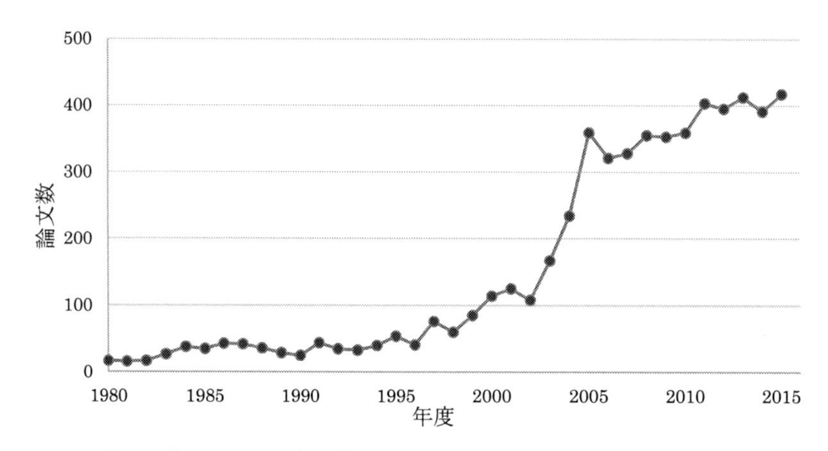

図1　「microreactor」で検索しヒットした発行年ごとの学術論文数

---

*1　Heejin Kim　京都大学　大学院工学研究科　合成・生物化学専攻　特定助教
*2　Aiichiro Nagaki　京都大学　大学院工学研究科　合成・生物化学専攻　講師
*3　Jun-ichi Yoshida　京都大学　大学院工学研究科　合成・生物化学専攻　教授

た，マイクロリアクターを基盤とするフローケミストリーが提唱され大きく発展してきたのに伴い，フローケミストリー学会が創設され，またその学会誌であるJournal of Flow Chemistryが刊行されている。そして，フローケミストリーを中心としたシンポジウムも数多く開催されるようになってきた。

産学連携の研究開発も活発に行われてきた。欧州では，マインツ・マイクロ工学研究所（Institute of Microtechnology, Mainz（IMM），現Fraunhofer ICT-IMM）[2]や，政府や州から基金を受けるドイツ最大規模の研究センターであるカールスルーエ中央研究所（Karlsruhe Central Research Center，現Karlsruhe Institute of Technology）[3]などが中心となり，1995年頃から先駆的な研究を開始し，これまでに種々の大学や企業との共同研究が活発に行われてきた。イギリスでも，1999年から分析および合成用マイクロリアクターを実現する技術開発のためのコンソーシアムができ，この分野の発展を促す取り組みを行った。また，インペリアル・カレッジ・ロンドン（Imperial College London）が中心となり，2006年にPharmacat Consortium[4]が設立され，触媒化学などの研究・開発も推進されている。フランスでは，ナンシー大学を中心にヨーロッパでIMPULSE（Integrated Multiscale Process Units with Locally Structured Elements）[5]という，ヨーロッパの企業や研究所・大学が共同でマイクロテクノロジーの研究・開発を行う大型プロジェクトが実施された。

米国では，MITやHarvard大学，Chicago大学，Stevens大学，NIST（National Institute of Standards and Technology）などで，マイクロ化学の研究が活発に推進されている。Stevens大学では，NJCMCS（The New Jersey Center for Microchemical Systems）[6]が設立され，医薬製造などをめざした研究も進められている。また，2007年からは，医薬品の多段階合成や精製・製剤を一貫して行うためのノバルティス-マサチューセッツ工科大学の大型共同プロジェクト[7]も10年計画で行われ，世界中から大きな注目を集めた。

日本でも，近畿化学協会合成部会ロボット・マイクロ合成研究会（現，フロー・マイクロ合成研究会）[8]，化学とマイクロ・ナノシステム学会[9]，化学工学会マイクロ化学プロセス分科会[10]などが創立されるなど，この分野に対する関心は非常に高い。2002年よりNEDOのプロジェクトとして高効率マイクロ化学プロセス技術プロジェクト[11]，2006年度から革新的マイクロ反応場[12]の継続プロジェクトが実施された。その他にも，2010年より京都大学マイクロ化学生産研究コンソーシアム[13]が，日本のマイクロ化学の研究・開発を加速させ，実用化への一層の飛躍を図る拠点となることを目指し設立され，活発な活動を行っている。さらに，2015年より産業技術総合研究所，触媒化学融合研究センターを中心にしてフロー精密合成コンソーシアム（Flow Science & Technology consortium）[14]が設立され，触媒反応を用いたフロープロセスによる精密合成に関連する科学技術の向上，普及を促進することを目指した活動が始まった。

フローマイクロリアクター関連装置の普及も様々な分野で進んでいる。産業界で最も関心が高いのは製薬企業であり，特に，2016年の初めに，API生産のための完全に連続的なプロセスの試運転が成功したことは，人と技術に対しての投資の結果であるといえる[15]。現在，多くの大手製薬会社では，フローケミストリーを利用した連続生産プロセスの開発を行っている[16)]。化学業界においてもフローマイクロ合成の利用が始まっている。

以下，海外の化学企業での実用化の例をいくつか紹介する。

2　実用化の例１：DSM社でのアクリルアミドの生産[17)]

DSM社はフローマイクロリアクターによって改善できる合成プロセスのターゲット反応としてリッター反応（Ritter Reaction）を検討した。リッター反応によるアクリルアミドの生産プロセスは従来バッチ型反応器を用いていたが，2002年にフローマイクロリアクターを用いることにより収率・選択性の改善を行った。

一般的に，リッター反応はニトリル化合物とイソブチレン（あるいは３級アルコール）からアミドを調製する反応であり，濃硫酸のような強酸を用いる発熱反応である（図２）。この反応では，アルコールと濃硫酸によって３級カチオンが発生し，これがニトリルと反応し，さらに水が反応することによって*N*-アルキルアミドが生成する。この反応は大きな発熱を伴う反応であるため，反応温度を精密に制御しないと多くのタールが副生する。従来のプロセスでは，原料を混合する際に大きな発熱が起こり，温度上昇が選択性の低下の要因になるとともに，それを防ぐために原料をゆっくりと加える必要があり，原料投入時間が長くなるという問題点があった。

実験室のデータをもとに，IMVT（the Institut für Mikroverfahrenstechnik（IMVT）in Karlsruhe, Germany）は１時間当たり１～２トンの生産ができる反応器を製作した。この反応器では，実験室での装置と混合時間・徐熱効率・滞留時間が同じであるため，実験室での検討と同じような選択性の向上がみられ，プロセスの収率は55％から78％に改善された。DSMでは2014年までに4000トンに達する生産を行ったと報告されている[18)]。

3　実用化の例２：Xi'an Huian Chemical社でのトリニトログリセリンの生産[19)]

バッチプロセスでは危険で実施困難な反応が，フローマイクロリアクターを利用することによって安全に実施できるという点は，企業にとって大きなメリットである。中国のXi'an Huian Chemical社のマイクロリアクターを用いたニトロ化反応はその一例である。Xi'an Huian Chemical社ではトリニトログリセリンの生産において，フローマイクロリアクターを用いたパ

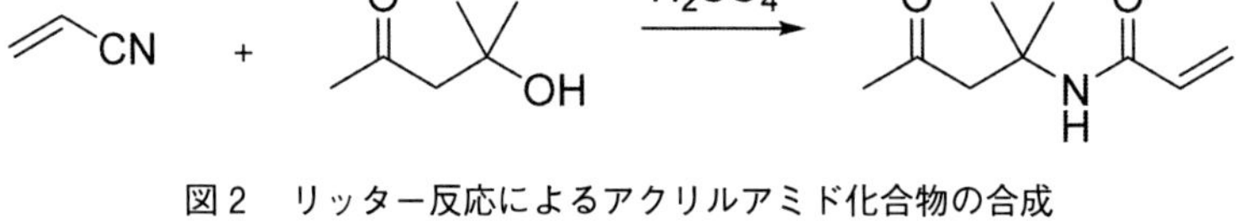

CN + O OH $\xrightarrow{H_2SO_4}$ O N H O

図２　リッター反応によるアクリルアミド化合物の合成

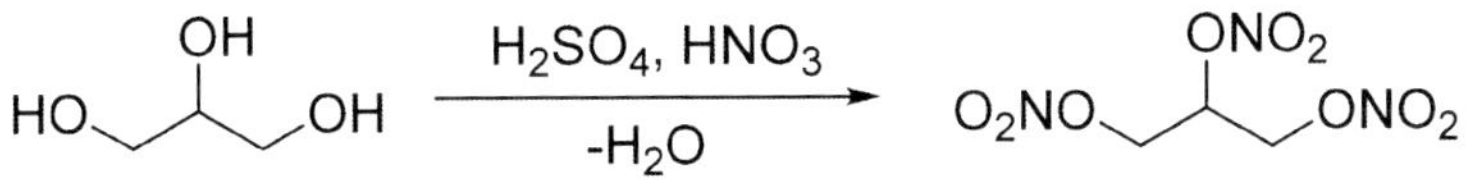

$$HOCH_2CH(OH)CH_2OH \xrightarrow[-H_2O]{H_2SO_4,\ HNO_3} O_2NOCH_2CH(ONO_2)CH_2ONO_2$$

図3　ニトロ化反応によるトリニトログリセリンの合成

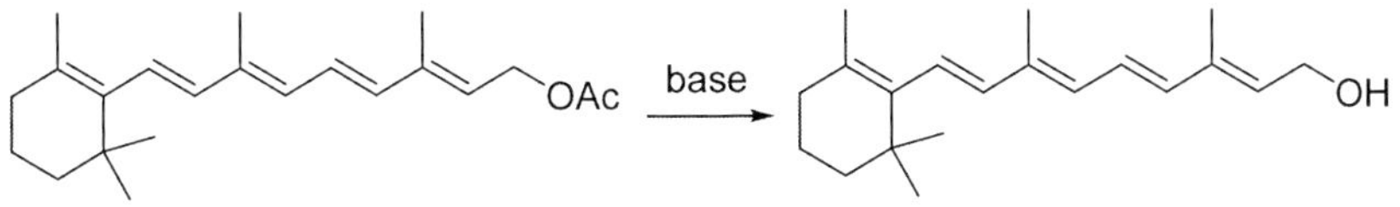

OAc　base→　OH

図4　加水分解によるレチノールの合成

イロットプラントを構築し，年間30トンのスケールで高品質のトリニトログリセリンを自動で安全に生産できることを報告している（図3）。

4　実用化の例3：Sigma-Aldrich社でのレチノールの生産[20)]

Sigma-Aldrich社は，マイクロリアクターを用いた合成プロセスの導入に積極的であり，同社のカタログに掲載されている多くの試薬類やファインケミカル事業向けの化成品が工業的に生産されている。レチノールは同社でフローマイクロリアクター技術を使って工業規模で生産された最初の製品である。以前用いられていたバッチ合成法は，信頼性が低く収率も低かった。このプロセスでは，図4に示すように塩基を用いたアセチル基の加水分解によりレチノールを合成するが，反応自体には問題ないことが知られている。しかしながら，この反応プロセスが完了するまで長時間を必要とし，反応が終わる前に生成物が分解してしまう問題があった。また，反応収率がばらつくことも問題であった。同社は，このプロセスをバッチ法からフローマイクロ法に変更することによって，収率が70%に向上するとともにバラつきなく毎回確実に70%の収率が得られると報告している。生成物が反応器内に長時間留まることなく反応系から出ていくために，生成物の分解が抑制されたものと推定される。

Sigma-Aldrich社ではレチノールの他にも，イオン液体，Boc保護基を持つジアミン，メチレンシクロペンタンなどの生産においても，フローマイクロ合成の実用化に成功している。

5　実用化の例4：Clariant社でのフェニルボロン酸の生産[21)]

Clariant社では，Grignard反応によってフェニルボロン酸を製造するフローマイクロ合成プロセスについて報告している（図5）。この反応は発熱反応であり，混合効率や温度制御が適切に行われないと，副生成物が多く生成するという問題がある。バッチ型反応器を用いた場合，

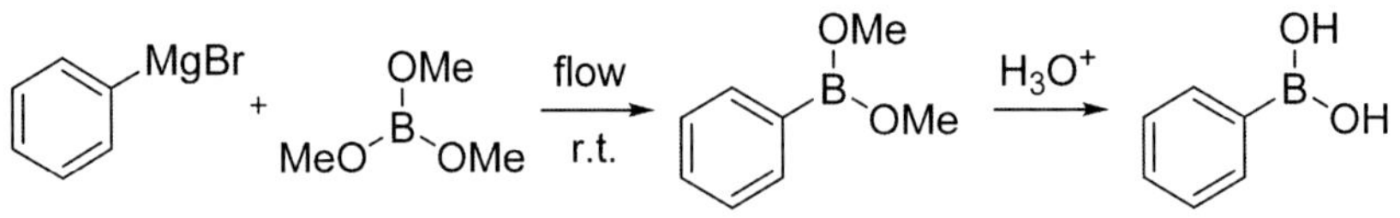

図5　グリニャール反応によるフェニルボロン酸の合成

−50℃といった極低温条件下でもフェニルボロン酸の収率は65%以下であった。しかし，フローマイクロリアクターを用いると，室温で反応を行うことができ，しかも収率が89%まで向上したと報告している。また，生成物の純度が80%から92%に向上したため，従来の蒸留法でなく単純な再沈殿や抽出によって最終製品が単離できるメリットもある。つまり，合成段階はもちろん，精製段階においてもコストが削減できる利点がある。

6　おわりに

以上，主に海外の化学業界においてフローマイクロリアクターがどのように検討され利用されているのか，その動向について紹介した。まだまだ一般に情報開示されている実用化例は多くないが，上で述べた限られた例からも推察できるように，フローマイクロリアクターは化学業界にかなり浸透しており，今後この傾向はますます強くなっていくと考えられる。フローマイクロリアクターが社会に役立つ技術として化学業界で広く利用されることを期待する。

文　献

1）2012年までの論文数：武藤明徳，化学工学2013，**77**，778（2013）
2）https://www.imm.fraunhofer.de/
3）http://www.kit.edu/research/
4）http://www.imperial.ac.uk/pharmacat/
5）http://cordis.europa.eu/result/rcn/46620_en.html
6）https://www.stevens.edu/research-entrepreneurship/research-centers-labs/nj-center-microchemical-systems
7）https://novartis-mit.mit.edu/
8）http://flowmicro.com/
9）http://park.itc.u-tokyo.ac.jp/kitamori/CHEMINAS/
10）http://www2.scej.org/cre/mcp/
11）http://www.nedo.go.jp/activities/ZZ_00083.html

12) http://www.nedo.go.jp/activities/EF_00109.html
13) http://www.cheme.kyoto-u.ac.jp/7koza/mcpsc/
14) http://irc3.aist.go.jp/news/post-20231/
15) A. Adamo *et. al., Science,* **352**, 61 (2016)
16) https://www.linkedin.com/pulse/flow-chemistry-market-2016-global-industry-review-growth-anderson
17) http://www.soci.org/chemistry-and-industry/cni-data/2009/8/continuous-improvements
18) http://selectbioindia.net/proceedings/FCI%20Event%20Proceeding.pdf
19) A. M. Thayer, *C&EN,* **83**, 43 (2005)
20) *Aldrich Chem Files,* **9**, No.4 (2009)
21) V. Hessel, C. Hofmann, H. Löowe, A. Meudt, S. Scherer F. Schönfeld, B. Werner, *Org. Pro. Res. Dev.,* **8**, 511 (2004)

フローマイクロ合成の実用化への展望

2017年1月11日　第1刷発行

監　　修　吉田潤一　　(T1036)
発 行 者　辻　賢司
発 行 所　株式会社シーエムシー出版
東京都千代田区神田錦町 1-17-1
電話 03(3293)7066
大阪市中央区内平野町 1-3-12
電話 06(4794)8234
http://www.cmcbooks.co.jp/
編集担当　上本朋美／門脇孝子

〔印刷　あさひ高速印刷株式会社〕

ISBN978-4-7813-1232-3　C3043　¥72000E